鱗翅類学入門

飼育・解剖・DNA研究のテクニック

鱗翅類学入門

飼育・解剖・DNA研究のテクニック

那須義次・広渡俊哉・吉安 裕編著

東海大学出版部

装丁　　中野達彦

Introduction to Lepidopterology — Techniques for Breeding, Dissection and DNA Analysis

Edited by Yoshitsugu Nasu, Toshiya Hirowatari and Yutaka Yoshiyasu
Tokai University Press, 2016
ISBN978-4-486-02111-7

はじめに

鱗翅類は甲虫類に次ぐ種数を擁し，その多くが植食性であるがその他にも多様な食性をもつものを含むことから，生態系において重要な役割をもつ分類群である．このような鱗翅類に関して，その多様性研究にとどまらず，生態学的・進化学的研究を進める上でも，研究材料となる鱗翅類の採集と飼育法，同定のための標本作製および近縁種間の比較研究のための分類学的・形態学的知識や解剖等のテクニックは非常に重要なものとなる．

しかし，鱗翅類の形態学や分類学を専門に研究している研究者は限られており，しかも上記のテクニックなどについては一部の図鑑などで紹介されているが，まとまった解説書が今までなかった．従来は，いくつかの大学などの各研究室に伝わる方法あるいは各研究者が開発・改変した方法が，個々の研究者に伝えられてきているが，広く周知されてはいない．

本書は，新たに鱗翅類の研究を志す学生やアマチュア，また応用昆虫学関係の研究者や環境アセスメントなどに携わる人のために，基本的な採集，飼育，標本作製，解剖などのテクニック，形態観察などの研究法ならびに近年著しく進歩し普及してきたDNA解析を用いた研究のための標本作製と保存法などの入門的な解説書として企画された．標本作製や解剖などのテクニックに関して，その工程をイラストや写真を多用して紹介・例示することにより，初心者が理解しやすいように心がけた．

本書で扱ったテクニックはあくまでも例であり，他にも様々なテクニックが存在する．たとえば，交尾器の永久プレパラートを作製するために，脱水に使用する液として本書で紹介されている安息香酸メチルでなく，無水エタノールを用いる方法などいくつもある．永久プレパラートの包埋剤にカナダバルサムを使ってもよいし，ユーパラールでもよい．染色液もいろいろとある．このように，解剖とか標本作製などで使用する器具，試薬やテクニックは一人ひとり異なっており，扱う分類群や研究目的に沿って，これらも異なってくる．そして同じ方法でも，個人によりテクニックは微妙に改良されている．本書で紹介したテクニックについて各個人が使いやすいように改良され，さらに，本書が新しいテクニックなどが開発されるきっかけになれば幸いである．

次の方々には，本書で扱った標本作製や解剖などのテクニックに関して，ご教示を受けたり，写真や情報の提供など本書作製にご協力をいただいたりした．とくに，橋本里志氏には形態や解剖に関する項を読んでいただき，貴重なご助言をいただいた．記して厚く御礼申し上げる．

新井朋徳，有田　豊，船越進太郎，濱﨑健児，橋本里志，細矢　剛，黄　国華，本田計一，伊藤慎一，岸本圭子，駒井古実，窪田蒼起，工藤誠也，工藤　忠，久万田敏夫，黒子　浩，間野隆裕，故森内　茂，中臺亮介，仲平淳司，中塚久美子，長田庸平，大島康宏，三枝豊平，斉藤寿久，阪口博一，坂巻祥孝，柴尾　学，四方圭一郎，岡田清嗣，太田藍乃，田中　寛，内田一秀，上村恵美，Robert Vuattoux，和智仲是，王　敏，屋宜禎央，山本勝之，故山本博子，矢後勝也，矢野宏二，矢野高広，安田耕司，保田淑郎．（ABC 順，敬称略）

本書の中で使用している器具や試薬などについて，特殊なものを除いて具体的な品番や購入手続きなどを紹介していない．これら器具や試薬の多くは，日本では志賀昆虫普及社，六本脚，むし社などの昆虫関係用品の販売会社，海外では Watkins & Doncaster，BioQuip など昆虫，生物研究資材関係の会社が取り扱っている．これら以外の理化学器具販売会社や薬品販売会社もインターネットを通じて容易に検索でき，購入手続きも簡単に行うことができる．

最後になったが，本書について最初の企画からご助言をいただき，出版をお引き受けいただいた東海大学出版部の稲　英史氏に感謝申し上げたい．

2016 年 6 月

那須義次・広渡俊哉・吉安　裕

目次

第1章　採集と飼育

1. 採集法

（1）成虫の採集

広渡俊哉

鱗翅類の成虫の採集は，昼と夜のどちらに行うか，あるいは，捕獲に捕虫網を用いるかトラップなどを用いるかで，その方法が大きく異なる.

1）捕虫網による採集

ガ類は一般的に夜行性であると思われがちだが，コバネガやヒゲナガガなどの原始的なグループや，マダラガ，スカシバガ，ハマキモドキなど多くのグループが昼行性である．このような習性をもつ種は，基本的にチョウと同様に捕虫網を用いて採集する（図 1.1）.

コバネガは，西日本の低山地では5月中旬前後に発生する種が多く，寄主植物の苔類が自生する谷部や林道沿いの湿った環境に見られる．ただし，中国南部（広東省など）では，比較的乾燥した林道沿いなどでも見られる（図 1.2,

図 1.1　クリ類の花に集まるガ類を採集（ベトナム北部）

図 1.2　コバネガ（*Vietomartyria*）の一種（中国広東省）

図 1.3　コバネガの生息地（中国広東省）

1.3）．成虫は天気のよい日中に林床や斜面など地表面に近いところをチラチラと飛翔するので，発生時期と気象条件さえ合えば，採集は容易である．

スイコバネガは，4 月上旬から 5 月上旬にかけて成虫が出現する（図 1.4, 1.5）．飛翔中の成虫を採集するのは難しいが，晴天・高温・無風で寄主植物が開葉した直後くらいの時期に，シラカバ（オオスイコバネ，キンマダラスイコバネなど），ミズメ（ミズメスイコバネ），ヤマハンノキ類（ハンノキスイコバネ），ブナ（イッシキスイコバネなど）の枝を捕虫網（ミドリシジミ用の長竿）ですくうと，多くの個体が得られることがある．また，ムラサキマダラスイコバネのように，コナラに訪花したものが採集されることもある．

ヒゲナガガの多くはオスが群飛をして，メスがそれに接近し，空中でオスがメスに飛びつき，落下して植物の葉上などで交尾が成立するものが多い．一般的にヒゲナガガの群飛は，春季から初夏にかけて発生する種は日中に見られるが，盛夏で日中の気温が高い時期に発生する種では，夕方や日没前，あるいは曇天で照度が低くなったときに見られる傾向がある．群飛が見られるのは，カエデ類（ケブカヒゲナガ（図 1.6），キオビクロヒゲナガなど），シイ類（アマミヒゲナガ，タイワンヒゲナガなど），ウツギ（ベニオビヒゲナガ，キオビコヒゲナガなど），イタドリ・ヒメジオン（コンオビヒゲナガ，ヒロオビヒゲナガ（図 1.7）など）の花の真上などで（広渡，2000 など），注意して見ると群飛が見られる場所の周辺で，葉上に止まっているオスやメスを見つけることができる．

図 1.4　スイコバネガの採集（長野県カヤの平）

図 1.5　イッシキスイコバネ

図 1.6　群飛するケブカヒゲナガ
（写真：矢野高広氏）

図 1.7　ヒロオビヒゲナガ

マダラガは日中に高所を飛翔することが多いので，一般的に捕虫網による採集が難しいが，二次林などで大発生することもあるので，場所と時期を選べば，多くの種や個体が得られることがある（図 1.8, 1.9）．また，各種が飛翔する時間帯を知っておくことも重要である．

スカシバガは，訪花したものを採集することもできるが（有田・池田，2000），最近ではフェロモントラップ（フェロモンルアー）を用いた採集（本書の第 1 章 1.（2）を参照）が行われるようになって採集効率が上がり，多くの新知見が得られている（図 1.10, 1.11）．

なお，スイコバネガ，ヒゲナガガ，マダラガなどは後述の灯火採集でも得られている．

ハマキモドキやマイコガ，カザリバガなどは，葉上に止まっていたり，葉上

図1.9　マダラガの一種（中国海南島）

図 1.8　多くのマダラガが見られた二次林（中国海南島）

図 1.10　フェロモントラップで採集されたスカシバガ類

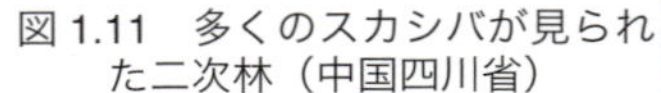

図 1.11　多くのスカシバが見られた二次林（中国四川省）

でくるくるとダンスをする習性をもつものがいたりするので，「見採り法」による観察眼も必要となる．また，姿が見えなくても，葉を軽く叩いたり，スウィーピングを行ったりして，様々な小蛾類の種を採集することができる．

落ち葉が堆積しているような林床部には，クルマアツバ，ヒゲナガキバガ，カザリバ，マルハキバガなどの成虫が見られる（図 1.12）．また，キノコ類や地衣類などを食べるヒロズコガ類は，倒木や立ち枯れを注意して見ると成虫がその周辺を飛び交っていたり，キノコに止まっていたりすることがある（図 1.13）．これらの中には，ライトトラップに飛んでこないものもいるので，昼間の目視による採集で，意外と珍しいものが採れる場合がある．

オビカクバネヒゲナガキバガ

クロギンスジトガリホソガ

図 1.12　森林の林床部で見られるガ類

ニシシイタケオオヒロズコガ

ウスイロコクガ

スジモンオオヒロズコガ

図 1.13　幼虫がキノコを食べるヒロズコガ類の成虫（写真：長田庸平氏）

採集後の処理と殺虫法

採集した鱗翅類は，コバネガやヒゲナガガなどの小型のものは一時的にスクリュー管（10〜20 ml）に保管し，展翅を行う直前にアンモニアで殺虫する．アンモニアは酢酸エチルなどを用いた場合に比べてガ類が死後に硬くならないので，展翅や三角紙に入れるなどの処理が容易である．また，スカシバガなどの大型のものは，採集したらすぐに殺虫管で殺虫し，針を刺してポリフォーム台に並べる（図 1.10）．

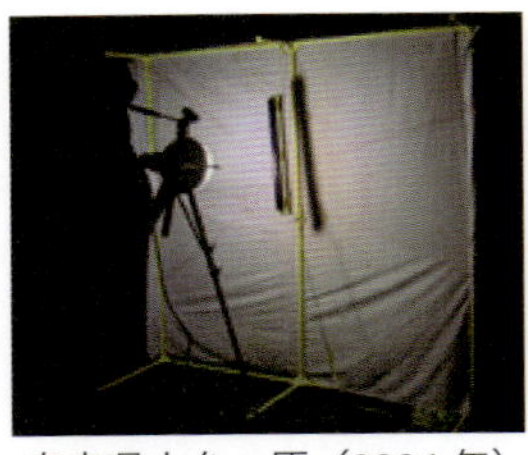
奈良県大台ヶ原（2004 年）

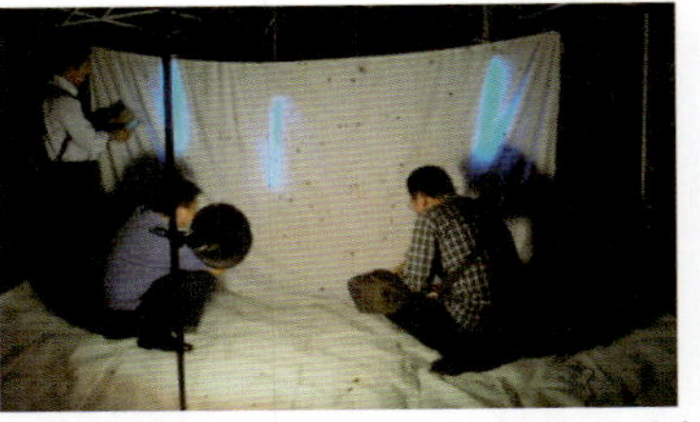
鹿児島大学農学部附属高隈演習林（2014 年）

中国海南島（2004 年 5 月）（写真：大島康宏氏）

図 1.14　灯火採集（カーテン法）

2）トラップなどによる採集

灯火採集

ガ類の採集でもっとも一般的なのが灯火採集である（図 1.14）．灯火採集は，白色の布などをスクリーンとし，水銀灯やブラックライトなどの人工灯を点灯して集まったガ類を調査者が殺虫管などを用いて採集するカーテン法と，蛍光灯などでガ類を誘殺するトラップを用いるボックス法に分けられる．

カーテン法では，一般的にはスクリーンに飛来したガ類をアンモニアや酢酸エチルなどの殺虫管で直接捕獲するが，小蛾類では一時的にスクリュー管（10～20 ml）に保管する．なお，ハマキガやメイガのサイズが大きいものはスクリュー管の中で暴れて鱗粉が落ちたり翅が破損したりするので，現場で殺虫管を用いて麻酔・殺虫した後に微針を刺してポリフォーム台に並べ，宿や研究室に持ち帰って展翅をする．その際，小型の種は乾燥しないように注意する．大蛾類では，殺虫管で処理した後に三角紙内などで復活することがあるので，十分に殺虫処理を行った後に三角紙に入れる．また，大型のスズメガやヤママユガなどは，アンモニアを胸部の腹面から注射器を用いて注入する．

カーテン法では，スクリーンに飛来したものを捕獲するので，どうしてもスクリーンばかりに注目してしまうが，日没直後にスクリーンのまわりを高速で飛翔するコウモリガや，スクリーンには止まらずまわりの地面や木の葉に止まっているものもいるので注意が必要である．

ボックス法に用いるトラップは，用途に応じて様々な形状のものがある．とくに農業試験場などで，ガ類の発生予察に用いられる「予察灯」には，プロペラを内蔵した吸引式のものや，回収ボックスからの逃げ出しを防ぐ工夫がされたものなど，様々な形のものが考案されている．詳しくは，馬場・平嶋（2000），Fry and Waring（2001）などを参照されたい．

ボックス法の殺虫剤としては農薬やドライアイスなども用いられるが，通常は標本の状態は比較的良好に保たれるものの，コガネムシ類やクワガタムシ類など大型の甲虫類がトラップされたときにガ類の破損が大きくなったり，一度捕獲された個体が逃げ出したりすることがある．一方，ボックス法で回収ボックスにエタノールを入れた場合（本書の第5章1.(3)を参照）は，逃げ出しが少なく小型のガ類では同定が難しくなることもあるが，中～大型のガ類では標本を乾燥させれば同定は充分可能である．

気象条件など　灯火採集を行うには，経験的に曇天（あるいは小雨）で蒸し暑く，無風で，霧がかかるような夜がよく，月齢は新月またはそれに近い日が望ましいとされる（一色ら，1971など）．また，宮田（1983）が示したように，灯火へのガ類の飛来時刻は，グループによって異なる傾向が見られるので，場合によっては深夜から翌朝にかけての調査も必要となる．ただし，そういった終夜調査が難しい場合が多いので，宿泊施設で終夜ライトを点灯できる場合などは，深夜や早朝にスクリーンを確認すると珍しい種が採集できることがある．

糖蜜採集

糖蜜を樹幹部などに塗布し，集まったガ類を採集する方法である（図1.15）．ヤガ科のキリガ類やシタバ類（カトカラ）などの他，多くのガ類が得られる．

糖蜜の塗布（間野隆裕氏）
フシキキシタバ
コシロシタバ
キリガ類
キバラモクメキリガ

図 1.15　糖蜜採集と誘引されたガ類（写真：間野隆裕氏）

糖蜜は，黒砂糖，アルコール，酒，酢などを混ぜて作る（一色ら，1971）．たとえば，料理酒に黒砂糖を飽和状態まで溶かしビールで薄めたもの（間野，2006）や，黒砂糖を水で溶かし焼酎とビールを混ぜたもの（安達，2008）などが用いられている．糖蜜は日没前後に噴霧し胸高直径20 cm以上の樹木の高さ約1.5 mの樹幹部に，糖蜜を噴霧するか，脱脂綿に糖蜜をしみこませたものを貼りつける．日没後1～3時間くらいの間に，誘引個体を採集する．

鱗翅類に限られたことではないが，採集を行う場合には，各種の発生時期，分布，寄主植物，採餌・訪花ならびに配偶行動などの生態を知っておくことが肝要である．大変珍しいと思われていた種の生態情報が解明され，多くの個体が採集されるようになった例はよくある．また，既知の採集記録から，標高や緯度を考慮して発生地や発生時期を推測するのは楽しい作業である．

引用文献

安達誠文，2008．宝塚市武庫川渓谷と西宮市甲山のキリガ相．共生のひろば (3): 52-59.
有田　豊・池田真澄，2000．擬態する蛾　スカシバガ．月刊むし・ブックス 3．203pp. むし社，東京．
馬場金太郎・平嶋義宏（編），2000．新版　昆虫採集学．812 pp．九州大学出版会，福岡．
Fry, R. and P. Waring, 2001. A guide to moth traps and their use. The Amateur Entomologist 24.
広渡俊哉，2000．日本産ヒゲナガガ科数種の生態について．やどりが (186): 26-29.
一色周知・六浦　晃・黒子　浩，1971．採集と飼育・標本製作法・研究方法．江崎悌三他著，原色日本蛾類図鑑（下）pp. 245-282．改訂新版，保育社，大阪．
間野隆裕，2006．豊田市都心部において糖蜜で誘引されたガ類群集．矢作川研究 (10): 5-14.
宮田　彬，1983．蛾類生態便覧（下巻）．1451pp．昭和堂印刷出版事業部，長崎．

*　　*　　*

（2）フェロモンを利用した採集・調査　　中　秀司

1）性フェロモンの種特異性と生殖隔離

鱗翅類の大部分の分類群では，配偶行動に性フェロモン（交尾に関係するフェロモンの総称）が関与することが知られている．その多くは，メスが交尾相

近縁種間はフェロモンの組成が類似する

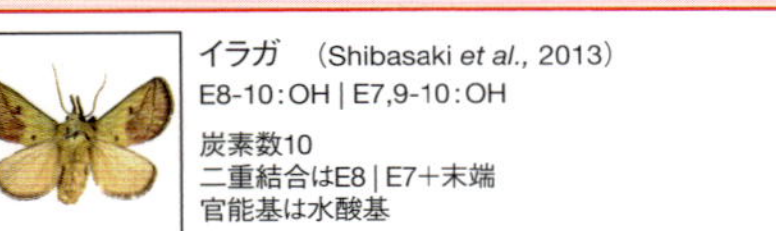

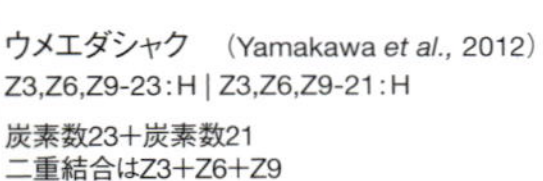

※ (10*E*,12*Z*)-10,12-octadecadienalをE10,Z12-16:Aldと省略し，他も同様に省略した.
E:トランス二重結合
Z:シス二重結合
OAc:アセテートエステル(酸素+アセチル基)
OH:水酸基
Ald:アルデヒド基
H:官能基なし(末端は水素のみ)

図 1.16　性フェロモンの種特異性
ガ類の雌性フェロモンは不飽和の直鎖炭化水素であることが多いが，その組成（二重結合の個数と位置，官能基の有無や種類）は分類群ごとに大きく異なる．一方，近縁種間では同一もしくは類似の化合物が雌性フェロモンとして利用されている

手となるオスを誘引するための揮発性性フェロモンであり[1]，それぞれの種に特有の組成を持っている（図 1.16）．

性フェロモンには種特異性があるため，ある種のガの雌性フェロモンには，原則として同じ種のオスしか誘引されない．メスにとって，交尾相手以外の個体を誘引してしまうことは，交尾相手とはならない邪魔者からの執拗な求愛（繁殖干渉）を受けることになるため，自らの適応度を下げることになってしまう[2]．繁殖干渉を避けるため，近縁種間には様々な生殖隔離機構が進化するとされており（たとえば，奥崎ら，2012），性フェロモンの種特異性は生殖隔離

1　タテハチョウ科のマダラチョウ類では，オスの尾端にヘアペンシルという性フェロモンの分泌器官があり，ここから放出される雄性フェロモンの存在が，交尾の成功に重要な役割を果たすとされている．また，シロチョウ科の複数種で，翅にある発香鱗から同様の雄性フェロモンが分泌されている．雄性フェロモンもまた鱗翅目の様々な分類群で知られているが，異性を遠方から誘引する役割を持つものは，イカリモンガなどごく限られた種類のみからしか報告されていない．

2　交尾相手以外から受ける求愛を，生態学の分野ではセクシュアル・ハラスメント（セクハラ）と呼ぶ．セクハラによりメスは交尾・産卵機会の喪失など大きなコストを受けることが知られており，これによりメスの適応度（次世代に自分の遺伝子をどれだけ残せるか）が低下してしまう．とりわけ，近縁他種から受けるセクハラを繁殖干渉と呼び，近年は，繁殖干渉こそが近縁種が同所的に生息できない主因であり，見た目上「棲み分け」が起こる原因であると考えられている．

に大きく寄与している．

種特異性といっても，国内に生息する，すでに和名がついている鱗翅類だけで 5,000 種をはるかに超えるため（駒井ら，2011），種ごとにまったく別の化合物を性フェロモンに用いていたら，使用可能な物質はあっという間に底をついてしまう．また，近縁種はほとんどの機能遺伝子を共有しており，それは性フェロモンの合成に関わる酵素が近縁種間でほとんど同じであることも意味している（たとえば，Fujii *et al*., 2011）．そのため，近縁種間でまったく組成が異なる物質を性フェロモンとすることも，実質不可能である．

では，近縁種同士で性フェロモンを介した繁殖干渉を回避するために，虫たちはどのような手段を使っているのだろうか．実は，これまでに成分が判明している昆虫の大部分で，性フェロモンが複数物質の混合物であり（2 ～ 3 物質のことが多い），その比率がフェロモン活性に重要な役割を果たすことが明らかとなっている．たとえば，コスカシバのオスは (3*E*,13*Z*)-3,13-octadecadienyl acetate (E3,Z13-18:OAc) と (3*Z*,13*Z*)-3,13-octadecadienyl acetate (Z3,Z13-18:OAc) を 1：1 程度で混合したものに強く誘引されるが，この比率が 1：1 から外れるに従って，誘引されるオスの数は大幅に減少する．また，近縁なヒメコスカシバでは，上記 2 成分のうち Z3,Z13-18:OAc の単体に多くのオスが誘引される一方で，Z3,Z13-18:OAc に 10% 以上の E3,Z13-18:OAc を混合すると，まったく誘引されなくなってしまう（図 1.17，Yaginuma *et al*., 1976；玉木ら，1977；Naka *et al*., 2008, 2013）．このように，複数成分の比率によってオスの誘引活性が決定し，さらにある種が性フェロモンとして利用する物質が，近縁他種の誘引を阻害してしまう例もある．

繁殖干渉を防ぐ手段として，性フェロモンの成分ではなく，配偶行動の時間帯を利用する例も，広く知られている．鱗翅類，とくに夜行性の種の多くは，1 日のうち決まった 1 ～数時間程度の，ごく限られた時間帯のみに交尾する．たとえば，アワノメイガ属の種では，ユウグモノメイガ・アズキノメイガ・オナモミノメイガの 3 種が同じ物質を雌性フェロモンに利用しているが，ユウグモノメイガは夜半過ぎから夜明けまで，アズキノメイガは日没直後から夜半まで，そしてオナモミノメイガは夜明け直後からの 3 ～ 4 時間のみに配偶行動を行うため，互いの繁殖干渉は滅多に起こらないと考えられる．一方，現在までに雌性フェロモン成分が同定されている他のアワノメイガ属の種は，すべて夜半過ぎから夜明けまでに配偶行動を起こすが，これらは種間で雌性フェロ

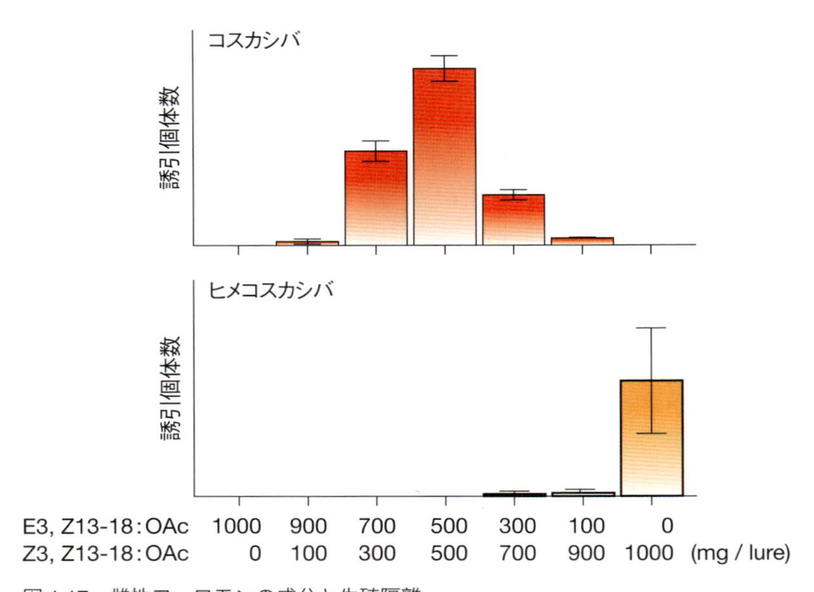

図 1.17　雌性フェロモンの成分と生殖隔離
コスカシバは E3, Z13-18:OAc と Z3, Z13-18:OAc の 1:1 混合物によく誘引され，両者の比率が 1:1 から外れるに従って誘引個体数が減少する．一方，ヒメコスカシバは Z3, Z13-18:OAc によく誘引されるが，1/10 量の E3, Z13-18:OAc を混合すると，誘引活性が極端に低下する

モン成分が重複していないため，同じく互いの繁殖干渉は滅多に起こらないと考えられる（図 1.18，Ishikawa *et al.*, 1999）．

2）フェロモントラップ

工業的にフェロモン成分を合成し，ゴムセプタムなどに含浸させたフェロモンルアー（図 1.19，以下ルアー）は，害虫種のモニタリング，分布調査などに活用されている．ルアーでオスを誘引し捕獲するため，様々な形状のフェロモントラップが実用化されているが，ここでは代表的な 3 種類について紹介したい．

最も広く利用されているのが，プラスチックあるいは防水紙で作られた屋根と，対象種を捕獲する粘着板からなる粘着板トラップで，三角形の屋根型のものが多いことから，屋根型トラップもしくはデルタトラップとも呼ばれている（図 1.20a）．このトラップは安価で設置が容易なのが特徴で，粘着板の中央にルアーを置いてトラップを設置すると，ルアーに誘引された対象種が粘着板に

種類	配偶行動を起こす時間帯 暗期 D1	3	5	7	9	明期 L1	3	5	Z9-14:OAc	E11-14:OAc	Z11-14:OAc	E12-14:OAc	Z12-14:OAc	E11-14:OH
ウスジロキノメイガ			•	●	●				--	--	--	--	--	100
ユウグモノメイガ			•	●	●				--	99	1	--	--	--
オナモミノメイガ						●	●	•	--	2	98	--	--	--
アワノメイガ		•	•	●	●				--	--	--	40	60	--
ゴボウノメイガ				●	●	•			70	22	8	--	--	--
フキノメイガ			•	●	●				45	5	50	--	--	--
アズキノメイガ	●	•	•	•					--	3-99	97-1	--	--	--

円は配偶行動が観察される時間帯とその頻度を示す．数値は雌性フェロモンに含まれる化合物の比率を示す．

図 1.18　配偶行動の時間帯による生殖隔離
　雌性フェロモン成分が重複するユウグモノメイガ・アズキノメイガ・オナモミノメイガの 3 種は交尾の時間帯が異なり，夜半過ぎから明け方までに配偶行動を起こす 5 種は雌性フェロモン成分の組成が大きく異なっている．Ishikawa *et al.* (1999) より引用・改変

絡まって捕獲される．捕獲された個体が激しく汚損することから，標本作製用の個体を得ることは困難である．また，対象種の密度が高い場合には，短期間で粘着板が飽和状態になり，捕殺数の正確な把握が困難になる場合がある．対象種によりトラップの形状や屋根の色に好みがあることが知られている．

次に紹介するのが，通称コーントラップと呼ばれているもので，容易に自作できることが大きな特徴となっている．トラップは円筒形で，この内部に円錐形に成形した網や塩ビ板を上部が狭くなるように設置し，円錐の上部を数 cm 程度開口してその上に虫が入るチャンバーを設置する（図 1.20b，川崎・杉江，1990）．このトラップは，ルアーに定位したガの多くで，探雌行動をあきらめて飛び去る際に上へと逃げる習性を利用しており，ヤガ類やメイガ類を捕獲するときに効果的であることが多い．

最後に紹介するファネルトラップは，イギリスの Agrisense-BCS 社が開発した，雨よけの笠，漏斗（ファネル），虫が入るチャンバーを組み合わせたトラップである（図 1.20c）．上部の笠と漏斗の間に設けた隙間から虫が侵入し，下のチャンバーに落ちることで虫を捕獲する．アワノメイガ（吉沢，2004），ハスモンヨトウなどで捕獲効率が高いとされている．

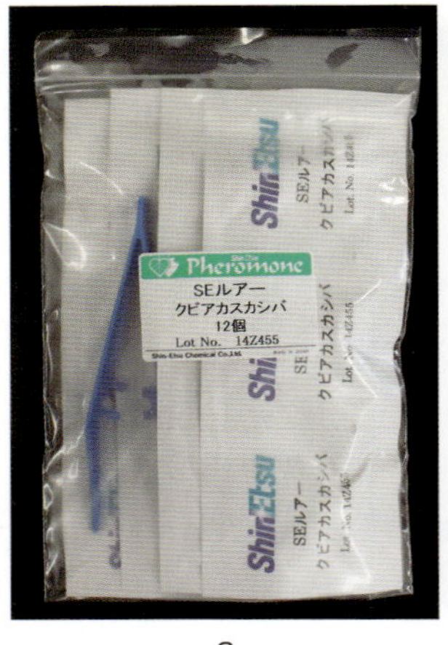

a

b

図 1.19　フェロモンルアー
　工業的に合成した雌性フェロモン成分を含浸させたゴムセプタムをフェロモンルアーとして用いる．ルアーには標準で 1 mg のフェロモン成分が含まれており，室温で約 4 〜 6 週間にわたって適量のフェロモン成分が揮発するが，イラガ，コシアカスカシバなど，特殊な化合物を雌性フェロモンとする種では，ルアーの寿命は数日程度である．また，クビアカスカシバの発生予察用ルアー（a：外装，b：ルアー．ともに信越化学工業製）では，効力を最適化するために，ルアーに含浸させるフェロモン量を 2 mg としている

a

b

c

図 1.20　代表的なフェロモントラップ
　a）粘着板トラップ．主に三角形の屋根をもつものが使われる．b）コーントラップ．円錐形の誘導路と，その上部に設置されるチャンバーを組み合わせる．この写真では，便宜上外側の円筒を外してある．c）ファネルトラップ．上から順に，笠，漏斗，チャンバーからなる

3）オスはただフェロモンを待つわけではない

フェロモンは発生源から霧状に拡散するのではなく，線香の煙のように，1本の流れとして空気中を漂っている．雌性フェロモンを分泌するメスには，風下からオスが接近することが多いが，これは上述したフェロモンの流れを発見できたオスのみが，風上に向かってフェロモン源を探索するからである．

性成熟したオスはただ自分のところにフェロモンが流れてくるのを待つわけではなく，昼行性のチョウが蝶道や縄張りを形成して視覚でメスを探索するのと同じように，メスがいそうな環境を飛翔してフェロモンの流れを探すと考えられている．残念ながら，夜行性のガ類では，フェロモン源から遠方にいるオスの行動はよく分かっていないため，チョウと同じように巡回ルートや縄張りを設定しているのか否かは判明していないが，メスが性フェロモンでオスを誘引する昼行性のガ類，たとえばウメエダシャク（Yamakawa *et al*., 2012）やキアシドクガ（香山・中，未発表）では，一定の空間を飛翔しつつ，性フェロモンを放出するメスを探して交尾に至る．

よって，雌性フェロモンを利用してオスを採集するときには，なるべく風通しがよい，林縁などのいかにも虫がいそうな環境を選ぶことが重要である．

4）モニタリングツールとしてのフェロモン

ある種の昆虫の発生消長や分布状況を知るのに，フェロモンは非常に強力なツールである．目視やネットでの採集では，個体密度が低すぎてデータにならないような場合でも，場所と時間帯が一致すれば，フェロモンには多数の個体が誘引されることが多い．

スカシサンはスカシサン科（旧カイコガ科）の中型のガで，雌雄ともに走光性が乏しいことから，以前はどの地域においても稀少な種と考えられてきた．しかし，本種の雌性フェロモン成分を解明し，同じ成分を工業的に合成して作ったルアーを発生地に持ち込んで調査したところ，フェロモントラップには短期間で多数のオスが誘引された．この調査によって，寄主植物のサワフタギやタンナサワフタギが生えてさえすれば，少なくとも鳥取・兵庫・岐阜・長野の各県では至る所で本種は発生していること，本種は昼行性で，正午から夕刻にかけてオスが雌性フェロモンに飛来すること（図 1.21），オスは高速で飛翔するため目視での採集が困難なこと，さらに本種は多化性で，鳥取県の山中では

図 1.21　フェロモントラップに多数誘引されたスカシサンのオス

少なくとも年に 3 化することが明らかとなった（中ら，2012）．

昆虫は変温動物であり，有効積算温度と発育零点から発育速度を推定することが可能である．つまり，野外で成虫の発生ピークと発生量が把握できれば，そこから次世代幼虫の発生時期と量を予測することができ，さらに，最適な防除法・防除時期および薬剤散布の是非を含めた，総合的な防除計画を立てることができる．

害虫種の発生を知りたい圃場にフェロモントラップを設置し，誘引された害虫種の個体数を定期的（種にもよるが，発生が予想される時期に 1 〜 7 日程度の周期で行う場合が多い）に観察することで，対象とする害虫種の発生量を予測したり，防除適期を知ることができる．

モモハモグリガはモモの重要害虫で，幼虫が葉の内部に潜孔し食害する．このガが大発生すると，光合成阻害・早期落葉が起こり，樹勢の低下を招くとともに，果実の肥大が妨げられ収量に大きな影響が出る．本種の防除には薬剤散布および交信攪乱剤コンフューザ MM の設置が効果的とされるが，葉内の幼虫には薬剤が届きにくいため，薬剤散布の対象は主に孵化後間もない初齢〜葉への食入が進んでいない若齢幼虫となる．

本種は年に数回発生するが，盛夏以降は発生が不斉一となり防除効率が低下するため，防除は越冬世代成虫[3]および第一世代成虫の出現時期となる 4〜5 月

3　成虫が年に複数回発生する虫の場合，最初に発生する成虫から「第一化」「第二化」…と数える場合と，「越冬世代成虫」「第一世代成虫」…と数える場合がある．前者は図鑑などで，後者は害虫防除の分野でよく用いられる．

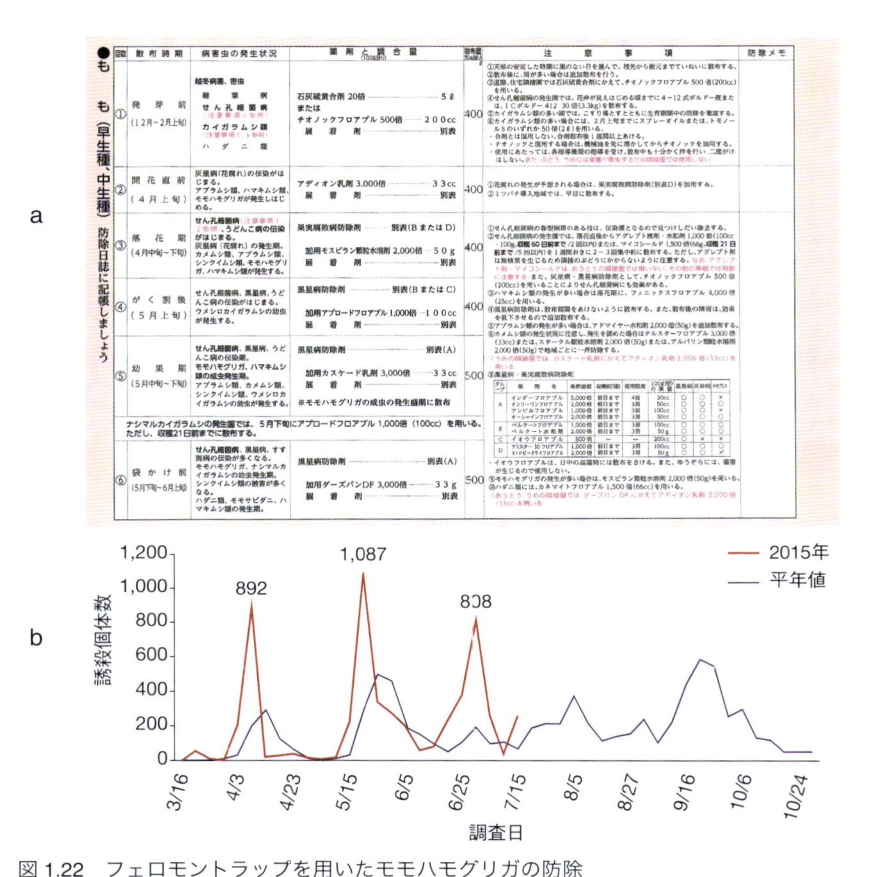

a

●もも（早生種、中生種）防除日誌に記帳しましょう

回数	散布時期	病害虫の発生状況	薬剤と調合量 (100ℓ当り)	散布量 (10a当り) ℓ	注意事項	防除メモ
①	発芽前 (12月~2月上旬)	越冬病菌、害虫 縮葉病 せん孔細菌病 （注意事項4参照） カイガラムシ類 （注意事項5、6参照） ハダニ類	石灰硫黄合剤 20倍 ……… 5ℓ または チオノックフロアブル 500倍 ……… 200cc 展着剤 ……… 別表	400	①天候の安定した時期に風のない日を選んで、枝先から樹元までていねいに散布する。 ②散布後に、雨が多い場合は追加散布を行う。 ③道路、住宅隣接園では石灰硫黄合剤にかえて、チオノックフロアブル 500 倍(200cc)を用いる。 ④せん孔細菌病の発生園では、花弁が見えはじめる頃までに4－12式ボルドー液または、ICボルドー412 30倍(3.3kg)を散布する。 ⑤カイガラムシ類の多い園では、こすり落とすとともに生育期間中の防除を徹底する。 ⑥カイガラムシ類の多い場合には、2月上旬までにスプレーオイルまたは、トモノールSのいずれか50倍(2ℓ)を用いる。 ・合剤とは混用しない。合剤散布後1週間以上あける。 ・チオノックと混用する場合は、機械油を先に溶かしてからチオノックを加用する。 ・使用にあたっては、各指導機関の指導を受け、散布中も十分かく拌を行い、二度がけはしない。また、ぶどう、うめには薬害が発生するため隣接園では使用しない。	
②	開花直前 (4月上旬)	灰星病(花腐れ)の伝染がはじまる。 アブラムシ類、ハマキムシ類、モモハモグリガが発生しはじめる。	アディオン乳剤 3,000倍 ……… 33cc 展着剤 ……… 別表	400	①花腐れの発生が予想される場合は、果実腐敗病防除剤(別表D)を加用する。 ②ミツバチ導入地域では、早目に散布する。	
③	落花期 (4月中旬~下旬)	せん孔細菌病（注意事項1、2参照）、うどんこ病の伝染がはじまる。 灰星病（花腐れ）の発生期。 カメムシ類、アブラムシ類、シンクイムシ類、モモハモグリガ、ハマキムシ類が発生する。	果実腐敗病防除剤 ……… 別表(BまたはD) 加用モスピラン顆粒水溶剤 2,000倍 ……… 50g 展着剤 ……… 別表	400	①せん孔細菌病の春型病斑のある枝は、伝染源となるので見つけしだい除去する。 ②せん孔細菌病の発生園では、落花直後からアグレプト液剤・水和剤 1,000 倍(100cc・100g、収穫60日前まで/2回以内)または、マイコシールド 1,500 倍(66g、収穫21日前まで/5回以内)を1週間おきに2～3回集中的に散布する。ただし、アグレプト剤は無核果を生じるため隣接のぶどうにかからないように注意する。なお、アグレプト剤・マイコシールドは、おうとうの隣接園では用いない。その他の果樹では飛散に注意する。また、灰星病・黒星病防除剤として、チオノックフロアブル 500 倍(200cc)を用いることによりせん孔細菌病にも効果がある。 ③ハマキムシ類の発生が多い場合は落花期に、フェニックスフロアブル 4,000 倍(25cc)を用いる。 ④黒星病防除剤は、散布間隔をあけないように散布する。また、散布後の降雨は、効果を低下させるので追加散布する。 ⑤アブラムシ類の発生が多い場合は、アドマイヤー水和剤 2,000 倍(50g)を追加散布する。 ⑥カメムシ類の発生状況に注意し、発生を認めた場合はテルスターフロアブル 3,000 倍(33cc)または、スタークル顆粒水溶剤 2,000 倍(50g)または、アルバリン顆粒水溶剤 2,000 倍(50g)で地域ごとに一斉防除する。 ⑦うめの隣接園では、カスケード乳剤にかえてアディオン乳剤 3,000 倍(33cc)を用いる。 ⑧黒星病・果実腐敗病防除剤（別表） ・イオウフロアブルは、日中の高温時には散布をさける。また、ゆうぞらには、薬害が生じるので使用しない。 ⑨モモハモグリガの発生が多い場合は、モスピラン顆粒水溶剤 2,000 倍(50g)を用いる。 ⑩ハダニ類には、カネマイトフロアブル 1,500 倍(66cc)を用いる。 ※おうとう、うめの隣接園では、ダーズバンDFにかえてアディオン乳剤 3,000 倍(33cc)を用いる	
④	がく割後 (5月上旬)	せん孔細菌病、黒星病、うどんこ病の伝染がはじまる。 ウメシロカイガラムシの幼虫が発生する。	黒星病防除剤 ……… 別表(BまたはC) 加用アプロードフロアブル 1,000倍 ……… 100cc 展着剤 ……… 別表	400		
⑤	幼果期 (5月中旬~下旬)	せん孔細菌病、黒星病、うどんこ病の伝染期。 モモハモグリガ、ハマキムシ類の成虫発生期。 アブラムシ類、カメムシ類、シンクイムシ類、ウメシロカイガラムシの幼虫が発生する。	黒星病防除剤 ……… 別表(A) 加用カスケード乳剤 3,000倍 ……… 33cc 展着剤 ……… 別表 ※モモハモグリガの成虫の発生盛期に散布	500		
	ナシマルカイガラムシの発生園では、5月下旬にアプロードフロアブル 1,000倍（100cc）を用いる。ただし、収穫21日前までに散布する。					
⑥	袋かけ前 (5月下旬~6月上旬)	せん孔細菌病、黒星病、すす斑病の伝染が多くなる。 モモハモグリガ、ナシマルカイガラムシの幼虫発生期。 シンクイムシ類の被害が多くなる。 ハダニ類、モモサビダニ、ハマキムシ類の発生期。	黒星病防除剤 ……… 別表(A) 加用ダーズバンDF 3,000倍 ……… 33g 展着剤 ……… 別表	500		

⑧黒星病・果実腐敗病防除剤

グループ	薬剤名	希釈倍数	収穫前日数	使用回数	100ℓ当りの薬量	黒星病	灰星病	ホモプシス
A	インダーフロアブル	5,000倍	前日まで	4回	20cc	○	○	×
A	オンリーワンフロアブル	2,000倍	前日まで	3回	50cc	○	○	○
A	アンビルフロアブル	1,000倍	前日まで	3回	100cc	○	○	×
A	オーシャインフロアブル	2,000倍	前日まで	3回	50cc	○	○	○
B	ベルクートフロアブル	1,000倍	前日まで	3回	100cc	○	○	○
B	ベルクート水和剤	2,000倍	前日まで	3回	50g	○	○	○
C	イオウフロアブル	500倍	―	―	200cc	○	×	×
D	アミスター10フロアブル	1,000倍	前日まで	3回	100cc	○	○	○
D	ストロビードライフロアブル	2,000倍	前日まで	3回	50g	○	○	×

b

図 1.22 フェロモントラップを用いたモモハモグリガの防除
成虫の発生時期と発生量をフェロモントラップでモニタリングし，防除適期を決定する．a）山梨県のモモ栽培で利用される防除暦．平成 27 年度果樹病害虫防除暦（全国農業協同組合連合会山梨県本部 2015 より一部抜粋）．b）山梨県山梨市において 2015 年にフェロモントラップに誘殺されたモモハモグリガ成虫の消長（山梨県病害虫防除所 2015 より改変）．2015 年は越冬世代成虫，第一世代成虫の発生が例年より 1 週間ほど早く，発生量が多いことが分かる

に集中して行われる．本種は卵越冬ではないため，初齢幼虫の出現は成虫の発生盛期に集中することとなる．効率的かつ効果的な防除を行うには，成虫の発生消長を正確に把握できることが重要であるため，現場ではフェロモントラップを用いた越冬世代成虫および第一世代成虫のモニタリングが多用されている（村上，2010；全国農業協同組合連合会山梨県本部，2015，図 1.22a；山梨県病害虫防除所，2015，図 1.22b）．ただし，防除時期の決定をフェロモントラ

ップへの誘殺個体数のみに頼るのは危険であり，モモハモグリガの場合はモモの落花・展葉状況と，展葉間もない葉に観察される産卵痕も，防除適期の決定に重要な役割を果たしている（内田，私信）．

さらに，フェロモントラップによるモニタリングは，他のモニタリング手法に比べて省力的であることが多い．カキの大害虫カキノヘタムシガは，成虫が早朝の薄明期に行動するため，ライトトラップにはほとんど誘引されない．一方，成虫は日中には葉裏に静止しており，下から葉を覗くことで，圃場内に発生した成虫のモニタリングが可能である．しかし，このような目視による観察は，探索効率が悪い，首や腰が痛くなるなどの欠点があるため，それに替わるモニタリング手法の開発が望まれていた．筆者らは本種の雌性フェロモン成分を同定し（Naka *et al*., 2003），フェロモントラップによる容易なモニタリング手法の確立に成功した．近年，工業的に合成された雌性フェロモン成分を使った交信攪乱剤[4]が発売されるに至っており（岐阜県農業技術センター環境部，2013），本種のフェロモントラップは，圃場における交信攪乱効果の測定にも使われている．

5）フェロモンを用いた採集法

標本作製のためにフェロモンを使った採集を試みる場合，採集した成虫の鮮度を保つことが重要となる．モニタリングでもっともよく使われる粘着板トラップは，粘着板に捕獲された成虫が激しく汚損するため，種の同定やDNAの抽出は可能であるものの，展翅標本作製を目的とした採集にはまったく不向きである．コーントラップまたはファネルトラップも，設置したまま長期間放置する場合は，トラップ内で虫が暴れ回って汚損が進んでしまう．コーントラップやファネルトラップは，トラップ内にDDVP燻蒸剤などの揮発性殺虫剤を設置し，トラップに誘引された虫がトラップ内で速やかに死亡するようにすれば，採集個体の汚損をある程度防ぐことができる．ただし，トラップの開封時に高濃度の殺虫剤に被曝する可能性があること，トラップを発見した子供などが不用意にトラップに触れる可能性があることには，十分に留意する必要がある．

4　交信攪乱剤とは，防除対象となる害虫種の性フェロモン成分（もしくはその一部分）を大量に含ませた製剤であり，これを大量に圃場に設置することで，メスによるオスの誘引と交尾を阻害して次世代幼虫の発生を抑えるものである．交信攪乱剤の効果を測定するため，交信攪乱が行われている圃場にフェロモントラップを設置し，このトラップにオスが誘引されないことを確認する．

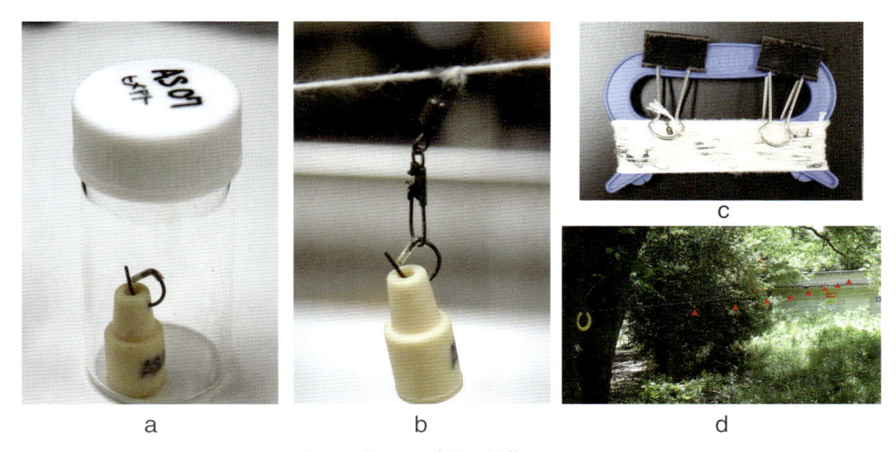

図 1.23　フェロモンルアーによるスカシバガ類の採集
a）ルアーはガラスバイアルで個別包装し，冷凍庫で保存する．b）採集地でルアーの脱着を容易にするため，鮎釣り用のハナカンを通してある．c）等間隔で釣り用のスナップスイベルを結んだたこ糸を用意しておくと，採集地でのルアーの設置が容易となる．d）ルアーを設置した様子．▲の上にルアーがぶら下っている

図 1.24　フェロモンルアーに誘引されたガ類
a）キタスカシバはスカシバガ類が利用する様々な雌性フェロモン成分に誘引される（写真：工藤誠也氏）．b）ウスタビガは午前中によく誘引される（写真：四方圭一郎氏）

トラップを使用せずに，フェロモンルアーを適当な場所に設置してそこで待機し，ルアーに誘引された個体を直接捕獲する方法もある．スカシバガ類では，性フェロモンの種特異性が低いために，しばしば 1 種類のフェロモンルアーに複数種が誘引される．この性質を利用して，適当な場所に 10 種類程度のフェロモンルアーをぶら下げて待機し，いずれかのルアーに誘引された個体を採集する方法がよく行われている（図 1.23, 1.24a）．ルアーに誘引される個体を目視し，ネットで捕獲する方法が一般的であるが，スカシバガ類はネットの隙

間に入り込む性質があり，背中の鱗毛などがはげてしまう場合がある．そこで近年考案されたのが，スカシバガの多くの種で，オスがルアーの近傍で飛翔速度を極端に減じ，探雌行動の最中に時折ホバリングする習性を利用した採集法である．この方法では，ネットの代わりにタッパーあるいはフィルムケースを手に持ち，ホバリング中のオスをそのまま手持ちの容器に閉じこめて，あらかじめ持参したクーラーボックスにそのまま入れてしまう．この容器を持ち帰った後は，そのまま成虫が餓死するまで冷蔵庫で管理する．スカシバガの種には成虫が花蜜や樹液を摂取するもの（クビアカスカシバなど）と水以外飲まないもの（ブドウスカシバなど）があり，前者は冷蔵庫内で数日以内に餓死するが，後者は冷蔵庫内で 1 ヶ月以上生存する個体もある．いずれの場合も，餓死するまで冷蔵庫に入れておくことで，スカシバガ類を標本にするときに問題となる油染みを抑えることができる．また，中型～小型のガ類の場合，餓死した後速やかに展翅すると，脚や触角の整形が非常に容易となる利点もある．

近年になり，前述のスカシサンや，あるいはウスタビガ（図 1.24b，Yan *et al.*, 2015）のような，日中に配偶行動を行うガの性フェロモン成分が徐々に同定され始めた．これらの虫を採集するときにも，フェロモンルアーは極めて有用なツールとなる．ただし，メスはフェロモンにまったく誘引されないので，採集できる個体はすべてオスになる．

以上，本稿では鱗翅類，とくにガ類のメスが放出する性フェロモンについて概説した．ガ類性フェロモンについてさらに知るには，2014 年に日本蚕糸学会から出版された，『蚕糸・昆虫バイオテック』83 巻 2 号の特集「ガ類の性フェロモン研究の最前線」をご参照頂きたい．

工藤　忠氏にはタッパーを利用したスカシバガ類の採集法と管理法をご教示頂いた．また，飯田市美術博物館の四方圭一郎氏，岩手大学大学院連合農学研究科の工藤誠也氏からは，フェロモンルアーに誘引されるオス蛾の美しい写真を貸与頂いた．山梨県果樹試験場の内田一秀氏，農研機構果樹研究所ブドウ・カキ研究領域の新井朋徳博士，山形県病害虫防除所の伊藤慎一氏には，フェロモントラップによるモニタリングを生かした害虫防除の実例について教示頂くとともに，有益な資料を多数頂いた．加えて，全国農業協同組合連合会山梨県本部には本編の資料としてモモの防除暦をご提供頂いた．末筆ではあるが，これらの方々および組織に深甚の謝意を表したい．

引用文献

Fujii, T., K. Ito, M. Tatematsu, T. Shimada, S. Katsuma and Y. Ishikawa, 2011. Sex pheromone desaturase functioning in a primitive *Ostrinia* moth is cryptically conserved in congener's genomes. *Proc. Nat. Am. Soc.* 108: 7102–7106.

岐阜県農業技術センター環境部，2013．カキノヘタムシガに対する交信かく乱剤を実用化．岐阜県農業技術センターニュース 25: 1.

Ishikawa, Y., T. Takanashi, C. Kim, S. Hoshizaki, S. Tatsuki and Y. Huang, 1999. *Ostrinia* spp. in Japan: their host plants and sex pheromones. *Entomol. Exp. Appl.* 91: 237–244.

川崎建次郎・杉江　元，1990．簡便な乾式トラップの試作．応動昆 34: 317–319.

駒井古実・吉安　裕・那須義次・斉藤寿久（編），2011．日本の鱗翅類—系統と多様性．東海大学出版会，1305 pp.

村上芳照，2010．植物防疫基礎講座：フェロモンによる発生予察法－モモハモグリガ－．植物防疫 64: 275–278.

Naka, H., L. V. Vang, S. Inomata, T. Ando, T. Kimura, H. Honda, K. Tsuchida and H. Sakurai, 2003. Sex pheromone of the persimmon fruit moth, *Stathmopoda masinissa*: identification and laboratory bioassay of (4*E*,6*Z*)-4,6-hexadecadien-1-ol derivatives. *J. Chem. Ecol.* 29: 2447–2459.

Naka, H., Y. Horie, F. Mochizuki, L.V. Vang, M. Yamamoto, T. Saito, T. Watarai, K. Tsuchida, Y. Arita and T. Ando, 2008. Identification of the sex pheromone secreted by *Synanthedon hector* (Lepidoptera: Sesiidae). *Appl. Entomol. Zool.* 43: 467–474.

Naka, H., M. Mochizuki, K. Nakada, N. D. Do, T. Yamauchi, Y. Arita and T. Ando, 2010. Female sex pheromone of *Glossosphecia romanovi* (Lepidoptera: Sesiidae): Identification and field attraction. *Biosci. Biotechnol. Biochem.* 74: 1943–1946.

中　秀司・窪田蒼起・四方圭一郎・L. V. Vang・安藤　哲，2012．スカシサン（*Prismosticta hyalinata*）の性フェロモン：同定と野外試験．日本応用動物昆虫学会第 56 回大会講演要旨集 26.

Naka, H., T. Suzuki, T. Watarai, Y. Horie, F. Mochizuki, A. Mochizuki, K. Tsuchida, Y. Arita and T. Ando, 2013. Identification of the sex pheromone secreted by *Synanthedon tenuis* (Lepidoptera: Sesiidae). *Appl. Entomol. Zool.* 48: 27–33.

奥崎　穣・高見泰興・曽田貞滋，2012．同所的オオオサムシ亜属種間の体サイズ差の意味：資源分割よりも必要とされる生殖隔離．日本生態学会誌 62: 275–285.

Shibasaki, H., M. Yamamoto, Q. Yan, H. Naka, T. Suzuki and T. Ando, 2013. Identification of the sex pheromone secreted by a nettle moth, *Monema flavescens* using gas chromatography/fourier transform infrared spectroscopy. *J. Chem. Ecol.* 39: 350–357.

玉木佳男・湯嶋　健・小田道広・喜田和男・北村憲二・矢吹　正・Tumlinson JH (1977) スカシバ類オス成虫に対する 3,13-オクタデカジエニルアセテートの誘引性．応動昆 21: 106–107.

Uehara, T., H. Naka, S. Matsuyama, T. Ando and H. Honda, 2012. Identification and field evaluation of sex pheromones in two hawk moths *Deilephila elpenor lewisii* and *Theretra oldenlandiae oldenlandiae* (Lepidoptera: Sphingidae). *Appl. Entomol. Zool.* 47: 227–232.

Uehara, T., H. Naka, S. Matsuyama, T. Ando and H. Honda, 2015. Sex pheromone of the diurnal hawk moth, *Hemaris affinis*. *J. Chem. Ecol.* 41: 9–14.

Yaginuma, K., M. Kumakura, Y. Tamaki, T. Yushima and J. H. Tumlinson, 1976. Sex attractant for

the cherry tree borer, *Synanthedon hector* Butler (Lepidoptera: Sesiidae). *Appl. Entomol. Zool.* 11: 266-268.
Yamakawa, R., Y. Takubo, K. Ohbayashi, H. Naka and T. Ando, 2012. Female sex pheromone of *Cystidia couaggaria couaggaria* (Lepidoptera: Geometridae): identification and field attraction. *Biosci. Biotechnol. Biochem.* 76: 1303-1307.
山梨県病害虫防除所，2015．調査結果（果樹）平成27年度調査．http://www.pref.yamanashi.jp/byogaichu/92111468716.html（閲覧日：2015年7月20日）
Yan, Q., A. Kanegae, T. Miyachi, H. Naka, H. Tatsuta and T. Ando, 2015. Female sex pheromones of two Japanese saturniid species, *Rhodinia fugax* and *Loepa sakaei*: identification, synthesis, and field evaluation. *J. Chem. Ecol.* 41: 1-8.
吉沢栄治，2004．アワノメイガ合成性フェロモントラップの検討．関東東山病害虫研究会報 51: 111-113.
全国農業協同組合連合会山梨県本部，2015．平成27年度果樹病害虫防除暦.

*　　　*　　　*

（3）幼生期の採集

吉安　裕

分類学の目的が単に多様性の記載だけでなく，個々の種の生態系における役割とそれらの分類群の進化を推定する学問領域（馬渡，1994）であれば，生活史の中で大部分を占める幼生期の解明は重要なテーマである．とくに植食性が多い鱗翅類の幼虫では，寄主植物やその摂食様式，行動，生態などの知見は分類群間の類縁関係と進化の推定につながる重要な情報である．チョウ類ではこれらの情報がほぼ解明されているが，ガ類では，例外的にホソガ科では，日本産225種中223種の寄主が判明している（久万田，2012）が，ほかの多くの分類群ではせいぜい半数程度で，寄主の解明度は低い．とくに小蛾類における幼生期の解明が待たれる．したがって，ここでは，採集にあたって幼虫を発見する手がかりを含めて記述する．

1）幼虫，蛹のホスト（寄主）からの採集

チョウ類や大蛾類では一部を除いて，寄主上で摂食しているのが見えるか，あるいは時に目立つことが多いが，多くの鱗翅類，とくに小蛾類では幼虫は人の目につかないところに潜んでいるか，巣をつくる（造巣）か，寄主内に潜る（潜葉，穿孔）などして摂食している．これらを見つける手段は以下の3つに大別されよう．

① 植物の葉，茎，花部，果実などの摂食による痕，変形，変色

植物の葉が巻かれていたり（葉巻）（図 1.25 左），葉や花部や茎が健全なものと比較して変形したり，膨隆している（虫こぶ；ゴール，gall）のは，病変でなければ中に摂食者，つまり幼虫がいるサインの一つとなる．また，ミノガ科などのように，寄主や周辺の基質を用いて加工し，携帯性のケースをつくる種もいる．これらの表徴は，必ずしもガ類だけではないが，幼虫発見のてがかりとなる．

一方，外形的には変形はないが，寄主葉に潜る種（リーフマイナー，leaf miner）は鱗翅類では多く，潜葉の形状や幼虫の行動が分類形質の一つとして使われている．たいてい白い半透明な潜葉痕で発見も容易である（図 1.25 右）．樹木では表皮下組織などに潜る種（ステムマイナー，stem miner）も知られる．ただし，この習性はハエ類（ハモグリバエ科など）や甲虫類（ゾウムシ科など）ほかにも見られるので，鱗翅類かどうかの判別が難しいが，一般に糞粒が一定しているので，判断できる．

② 幼虫の排泄物と植物砕片

摂食痕や巣の付近に見られる幼虫の排泄物（糞）は幼虫が付近にいることを示し，それが新しければ近辺を詳細に探索する．とくに茎や樹木などに穿孔した種は，糞を植物砕片とともに外に排出することが多い．コウモリガ科，ボクトウガ科，スカシバガ科などでは，その排泄物は顕著で木屑と一緒にかたまって形成されている．図 1.26 はヒメジョン茎に穿孔したエゾギクトリバの幼虫と蛹である．しかし，小蛾類でもハマキガ類の幼虫は糞を飛ばすし，潜葉性の種では内部にためている場合もあるので，必ずしも寄主の周囲に糞が見当たらない場合もある．

③ 幼虫の絹糸および絹糸によって紡がれた巣や巣道

幼虫は絹糸を摂食場所の安定と摂食部位の確保のために用いることが多い．とくに，果実や花など落下しやすいものについては，落下を防ぐために絹糸で紡いでいることもある．植食性の甲虫やハチ類幼虫との違いは鱗翅類の多くの種が摂食場所付近に絹糸を用いていることである．図 1.27 にその例として，ネズミモチの花と蘚苔類上に幼虫が張った（綴った）巣を示す．

図 1.25　オオバギ葉上のリュウキュウマダラマドガの幼虫巣（左）とアカメガシワの葉に見られるアカメガシワホソガの幼虫の潜葉（右）

図 1.26　ヒメジョンのエゾギクトリバの幼虫穿孔部の排出糞（矢印）（左），茎内の幼虫（中央），および茎内の蛹）（右）

図 1.27　フタオビモンメイガの摂食部の絹糸（左），モンチビツトガの絹糸による巣道下の幼虫（右）

図 1.28　ビーティングネット（志賀昆虫普及社製）を畳んだ状態（左）とそれを広げ採集している様子（右）

以上のような手掛かりがない場合についても，あらかじめ寄主の可能性があることを考慮して幼虫の採集を行う．果実などを摂食する幼虫や完全に内部に穿孔摂食している幼虫は発見がむずかしい．とくに若齢の間は小さく，脱糞も見逃しやすい．また，蘚苔類などの摂食者は，外面からの存在確認ができない場合が多い．このような場合，幼虫がいる可能性がある果実部（花部を含む）をそのまま切り取って，また蘚苔類などの生じる樹木表面や崖などの土壌部分を削り取って持ち帰る．いずれも，あとで適当な容器に収容して，幼虫の存在を確認することになる．

同じく，採集者が気づきにくい幼虫については，ビーティング法（叩き網法）といわれる採集法がある（図 1.28）．一般に甲虫などの採集に使用される方法であり，沢田・直海（2000）によってこれを用いた採集法と注意点が詳述されている，鱗翅類でもさわると瞬時に落下する幼虫，とくにシャクガ上科やヤガ上科などの巣をつくらない種や，巣をつくっていても振動で落下する種について，この方法で確実に採集することができる．特定の植物の下にビーティングネット（叩き網）を置いて，植物体を採集棒などで叩き，ネットに落下した幼虫を取る方法である（図 1.28，本書の第 1 章 1.（4）も参照）．ネットは市販のものもあるが，傘を逆さにして，または捕虫網をそのまま目的の植物下に置いて採集することもある．この場合，ときに付近の別植物に寄生していた種や蛹化場所を探索中の幼虫なども捕獲されることがあるので，寄主を確認す

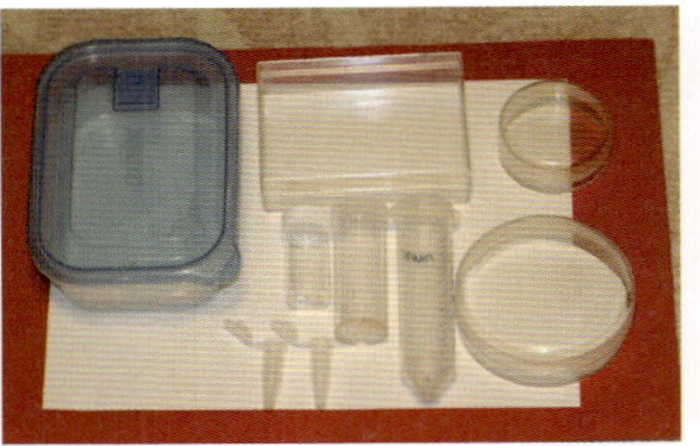
図 1.29　各種の採集道具（左）と各種の採集容器（右）

ることが必要である．ネット上に落下した幼虫のうち小さな個体については，手やピンセットでは傷むので，吸虫管で採集する．

2）採集のための道具

採集のための用具として，布製手袋，革製の手袋（刺の多い植物用），剪定バサミ，根ほり（地下茎部分の採集用），ピンセット（長短 2 本），吸虫管，高枝切りバサミなどがある（図 1.29 左）．水環境では D フレームネットや金魚用水網も用いる．なお，小蛾類の採集用具については，第 1 章 2.(3) に詳述されている．

採集した幼虫の収納容器（図 1.29 右）として，ガラス製管ビン（通常 10 ml），丸型・角型のプラスチック容器（図内の丸型シャーレは，それぞれ径 6 cm と 9 cm），各種密閉容器（塩化ビニール），遠沈管，スピッツ管（小型の種用）などを使用する．これらのプラスチックや密閉容器類は雑貨店や台所用品売り場などで様々なものが入手できるので，用途にあったものをそろえるようにしたい．この中でとくに，志賀昆虫普及社製の丸型シャーレは，本来鉱物標本の展示用に販売されているが，厚さ 3 cm で容量があり，蓋が固定できるので，小蛾類の飼育にもよく使用されている．プラスチック容器や密閉容器には容器の底に，ろ紙か紙タオルなどを敷いておくほうがよい．これらの敷物により，過剰水分が吸収され，また幼虫の脱糞などの確認ができて，幼虫の有無や生存を確かめられる．

3）幼虫の採集

幼虫の存在が確かめられた場合，幼虫がいる葉や枝を剪定バサミで切って，適当なサイズの容器に入れる．崖土上の蘚苔類や地衣類などを摂食する幼虫に

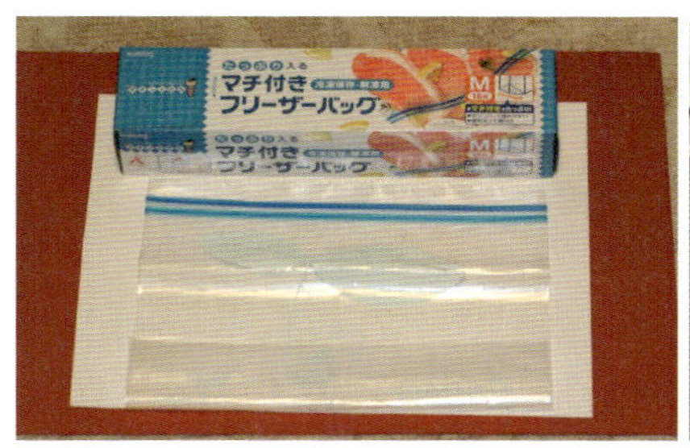

図 1.30　マチ付のビニール袋（下が幅広のタイプ）（左）と寄主植物とともに容器またはビニール袋に収容した採集した幼虫（右）

ついては，その周辺を根ほりなどでそのまま切り取って持ち帰れば飼育も可能である．穿孔習性をもつ種で，地際にいる幼虫については，根ほりで根元から切り取ったあと，採集するが，剪定バサミで根を多少残しておけばその後の飼育ができる．枯葉食の種の場合は，枯葉を集め，大きめのビニール袋に収容しておく．この摂食者については，採集後に枯葉を綴っている幼虫をていねいに探索するか，ツルグレン装置（本書の第 1 章 1.（4）を参照）を用いて，幼虫を採取することになる．多数の幼虫が発見された場合はそれらを一旦大きめのサイズのビニール袋に入れておき，持ち帰ってから小分けにすることも多い．なお，これらの幼虫を採集する際，野外における摂食の状態や周囲の環境などを写真撮影して記録に残すことも重要である．幼虫の生息状況の貴重な情報となるだけでなく，植物の同定などにも役立つ．

採集した幼虫は，密閉した容器あるいはビニール袋に入れておく（図 1.30 左）が，植物から多量の水分が出るために，乾燥したティッシュペーパーなどを一緒に入れておくとともに，採集中や移動中に直射日光にあたらないように気をつけるほか，できるだけ高温になる場所を避けて持ち帰る．とくに夏季にはその注意が必要である．また，採集したら必ず，容器またはビニール袋などに採集地，寄主植物（不明であれば仮名称），採集年月日を書いた，はがせるタイプのタックシール（筆者はサイズ：24×12 mm を使用）を貼っておくようにする（図 1.30 右）．複数の種の幼虫を採集しているときに，採集場所や寄主が不明になることが多いので，少なくとも採集日に処理するように心がけたい．

4）採集後の処理

植食性の種では採集時に植物とともに容器に入れた幼虫について，一部はそ

図 1.31　イボタノキ葉間のヒメシロノメイガ蛹室と蛹（左），ガマ茎内のオオチャバネヨトウの蛹（部分的に切除し蛹を露出，矢印は羽化口）（中央），モウセンゴケ蕾上のモウセンゴケトリバの蛹（右）

のまま採集時の容器を用い，あるいは適度な密度になるように小分けして飼育に回す．幼虫形態を観察する目的の場合は，幼虫標本にする．幼虫の保存法は吉安（2000）に示したように，KAAD 液で処理した後，あるいは簡易的には熱湯処理後に 75 ～ 80％エタノールに保存するようにする（第 2 章 2 を参照）．また，DNA 抽出用材料としてサンプル瓶内の 99.5％あるいは無水エタノールにそのまま入れる（第 4 章 1 も参照）．

飼育をする場合，新鮮な植物を別の袋に入れ，持ち帰る必要がある．その際花や果実を一緒に採取しておけば，寄主植物の同定がより確実になる．市販の保存用ビニール袋にそれらを入れ，幼虫と同じように過剰な湿気を取るようにしておきたい．新鮮な植物の場合，密閉容器あるいはビニール袋に入れ，10 ℃前後の暗黒恒温室に保存するか，家庭であれば冷蔵庫の野菜室に入れておけば，ある程度の期間にわたり保存できる．その間時折袋内の結露を取り除くことも必要である．

他の地域から幼虫をとるために持参した寄主植物，腐植質，枯葉などの飼育後の残渣には鱗翅類以外の動物，微生物が混在することもあり，加熱または熱湯処理を施して破棄するようにしたい．設備がない場合には，それらを密閉容器内に入れ直射日光下で 2，3 日さらしてから処分することもできる．

5）蛹の採集

一般に幼虫は摂食部位（図 1.31 左），あるいは巣や穿孔内（図 1.31 中央）で新たに繭を紡ぎ，蛹室をつくって蛹化する．また，蛹室をつくらない種もある（図 1.31 右）．これらの場合，寄主植物上で蛹を採集することができるが，分類群によってはかなり移動してまったく別の場所で蛹化したり，あるいは植物体から地表に落下し，地面の隙間や別の基質上で蛹室をつくって蛹化する．

前者の例として，ヤガ科キノカワガ類の一部などがある．後者の例は多いが，たとえば葉を巻いて摂食するマドガ科の数種では，老熟幼虫がみずから葉を切断して落下し，蛹化することが知られている．これらの種では，蛹は寄主植物上では得られない場合が多く，この習性を踏まえて，寄主付近を念入りに調べることが必要となる．

引用文献

久万田敏夫，2013．ホソガ科．那須義次・広渡俊哉・岸田泰則（編），日本産蛾類標準図鑑．IV: 91-155．学研教育出版，東京．

馬渡峻輔，1994．動物分類学の論理．233pp．東京大学出版会，東京．

沢田佳久・直海俊一郎，2000．5-5-3 ビーティング法（叩き網法）．馬場金太郎・平嶋義宏（編），新版　昆虫採集学：297-300．九州大学出版会，福岡．

吉安　裕，2000．5-18-2 幼虫と蛹の採集と飼育．馬場金太郎・平嶋義宏（編），新版　昆虫採集学：458-459．九州大学出版会，福岡．

*　　　*　　　*

（4）枯葉・枯枝・土壌調査　　広渡俊哉

鱗翅類の幼虫は大部分が植食性であり，その多くが生きた植物を食べている．一方で，ヒゲナガガ科，ヒロズコガ科，マルハキバガ科，ヒゲナガキバガ科，ハマキガ科，メイガ科，ヤガ科など多くのグループで，幼虫が生きた植物ではなく，落葉や朽ち木などの腐植やキノコ類などの菌類を食べる種が含まれている（Powell *et al.*, 1998；那須，2011）．

1）枯葉を食べる幼虫の採集

①ハンドソーティング

野外で枯葉を食べる鱗翅類の幼虫を発見するのは難しい．そこで，森林の林床部で落葉層と腐植層の枯葉を採集し（図 1.32），ポリ袋などに入れて持ち帰って採取した枯葉を白布の上に広げ，目視により幼虫を見つける．その際に，幼虫自体を見つけるのは難しいが，生きた植物と同様に，幼虫が枯葉を折り曲げたり，糞を糸でつづったりするので，そのような生活の痕跡に注意すれば，幼虫を見つけやすくなる．たとえば，キベリトガリメイガ（メイガ科）（図 1.35c）は，幼虫が枯葉を糸でつづり合わせ，糞で周りを囲って中に隠れる，アカウスグロノメイガ（メイガ科）（図 1.35d）は，幼虫が枯葉の間で糞を糸でつづって部屋をつくる，モトキメンコガ（ヒロズコガ科）（図 1.35e）は，幼虫が枯葉の間に糸を張りめぐらしてその中で枯葉を摂食するなど，様々な習性をもっている．

②叩き網による採集

甲虫類などの採集に使われる叩き網を利用して，枯葉のついた枯枝，あるいは生きた木の枝に堆積した枯葉などを叩くことで，鱗翅類の幼虫を白布の上に落下させて採集する（図 1.33）．この方法は，体サイズが比較的大きなヤガ類やメイガ類の採集に適している．白布の上で幼虫を見つける点では，上記のハンドソーティングと同じだが，枯葉を持ち帰って白布に広げる方法よりも，幼虫を効率的に採集できる．ただし，叩き網の白布を，枯葉のついた枝や枯葉などの溜まり場所の真下に置ける場合に限られる．

③ツルグレン装置による幼虫の抽出

中塚ら（2013）は，土壌動物を抽出するのに用いられるツルグレン装置を使って，腐植食性鱗翅類の幼虫の抽出を試みた（図 1.34）．すなわち，森林の林床部で採取した落葉層と腐植層の枯葉を園芸用のふるい（直径 30 cm, 5 mm メッシュ）にかけ，ふるいに残った腐植層の枯葉を 60 W の電球を利用したツルグレン装置にかけたところ，鱗翅類の幼虫が抽出された．幼虫を生きたまま抽出するために，ツルグレン装置の下に水を含ませたティッシュペーパーを入れたプラスチック容器（直径 12× 高さ 12 cm）を置いた（図 1.34 左）．

この方法ではハンドソーティングに比べて幼虫の羽化率が低かったが，高熱や乾燥などの問題点を解決すれば，ツルグレン装置は腐植食性昆虫を生かして抽出する有効な方法になるとしている．

2）ケースをつくる幼虫

森林で落葉層や腐植層を注意深く観察していると，ポータブルケースをもった鱗翅類の幼虫が見つかる．その多くは，ヒゲナガガ，マガリガ，ヒロズコガなどである．ヒゲナガガ類はウスベニヒゲナガ（図 1.36a）のように，枯葉を三日月形～U字形に切り抜いてつづり合わせたものが一般的だが，ホソフタオビヒゲナガ（図 1.36c, d）のように木くずや土などを糸でつづり合わせたものもいる．また，マガリガ類では，ハンノキマガリガ（図 1.36b）のように，幼虫のケースは，だ円形や円形，あるいは四角形に近い不定形のものが多い．

図 1.32　枯葉の採集（大阪市 2011 年）

図 1.33　叩き網による幼虫の採集（奈良県曽爾村 2015 年 6 月）

図 1.34　ツルグレン装置による幼虫の抽出（中塚ら，2013）

また，マダラマルハヒロズコガの幼虫は 8 字形の扁平で強固なケースをつくる（図 1.36e）が，アリの巣に侵入してアリの幼虫などを捕食することが知られている（Narukawa *et al.*, 2002）．いずれの場合も，幼虫のポータブルケースは，2 つの葉片などを貼り合わせた構造になっている．さらに，ヤガ科にもアトキスジクルマコヤガのように枯葉の一部を切り取って折り曲げ，ケース状にして幼虫がその中に潜むものもいる（小木，2011）．また，中塚ら（2013）の調査で大阪市内の長居公園で見つかったヒロズコガの不明種（図 1.36f）は，砂粒を固めたようなポータブルケースをつくり，枯葉を食べていた．このように，身近な環境でも林床部で枯葉などを食べて生活している種には，多くの未知種が存在している．

a. クロギンスジトガリホソガ

b. オビカクバネヒゲナガキバガ

c. キベリトガリメイガ

d. アカウスグロノメイガ

e. モトキメンコガ

f. ソトウスグロアツバ

図 1.35　枯葉を食べるガ類の幼虫（中塚ら，2013）

a. ウスベニヒゲナガ

b. ハンノキマガリガ

c. ホソフタオビヒゲナガ

d. ホソフタオビヒゲナガ
（ケースを開いたところ）

e. マダラマルハヒロズコガ

f. ヒロズコガの不明種（中塚ら，2013）

図 1.36　ケースをつくるガ類の幼虫

a. ツリガネタケにつくオオヒロズコガ

b. ヒトクチタケにつくスジモンオオヒロズコガ

c. カワウソタケにつくウスイロコクガ

図 1.37　キノコ類を食べるガ類の幼虫（写真：長田庸平氏）

3）キノコを食べる幼虫

ヒロズコガ科のオオヒロズコガ亜科とコクガ亜科に含まれる種は，幼虫がキノコを食べるものが多い（図 1.37）．キノコの種類としては，サルノコシカケ類のように硬いキノコを利用するものが多く，シイタケオオヒロズコガのように，栽培シイタケの害虫になっているものもいる（Osada *et al*., 2014）．また，オオヒロズコガはツリガネタケ（図 1.37a），スジモンオオヒロズコガはヒトクチタケ（図 1.37b）といったように，種によって特定のキノコを利用しているものもいれば，コクガのようにキノコ類だけでなくコルクや貯穀類を幅広く食害する害虫になっているものもいる（広渡，2004）．なお，ヒロズコガ科以外でも，ヤガ科のムラサキアツバなどがシイタケなどのキノコ類を食べることが知られている（吉松・仲田，2003）．

引用文献

広渡俊哉，2004．屋内でみられる小蛾類—食品に混入するガのプロフィール．105pp．文教出版，大阪．

小木広行，2011．カシワを食草とする蛾 26．蛾類通信 (260): 238-241.

中塚久美子・広渡俊哉・池内　健・長田庸平・金沢　至，2013．大阪府内の様々な緑地における腐植食性ガ類の種多様性．*Lepid. Sci.* 64: 154-167.

Narukawa, J., S. Arai, K. Toyoda and U. Kurosu, 2002. *Gaphara conspersa* (Lepidoptera), a tineid moth preying on ant larva. *Spec. Bull. Jap. Soc. Coleopterol.* (5): 453-460.

那須義次，2011．鱗翅類の食性の多様性．駒井古実他（編），日本の鱗翅類．37-56．東海大学出版会，東京．

Osada, Y., S. Yoshimatsu, M. Sakai and T. Hirowatari, 2014. Two new species of the genus *Morophagoides* (Lepidoptera: Tineidae) closely related to the shiitake fungus moth, *M. moriutii*, from Japan. *Appl. Entomol. Zool.* 49: 375-383.

Powell, J. A., C. Mitter and B. Farrell, 1998. Evolution of larval food preferences in Lepidoptera. In Kristensen, N. P. (ed), Lepidoptera, moths and butterflies 1: Evolution, systematics, and biogeography. *Handbook of Zoology / Handbuch der Zoologie* **4**: 403-422. Walter de Gruyter, Berlin & New York.

吉松慎一・仲田幸樹，2003．シイタケの害虫としてのムラサキアツバ（鱗翅目：ヤガ科）．昆蟲ニューシリーズ 6: 101-102.

*　　　*　　　*

（5）鳥の巣調査と羽毛トラップ

那須義次

鳥の巣（巣箱を含む）は様々な生物に生息場所を提供しており，ガは繁殖や越冬などに利用している．鳥の巣で繁殖するガは，巣材である枯枝や枯葉を摂食するメイガ類，羽毛や餌の食べ残しや糞などを摂食するヒロズコガ類が多い．

鳥の巣あるいは巣箱の調査は，幼鳥が巣だった後に行わなければならない．というのも鳥の卵やヒナは法律で保護されているからである．幼鳥が巣だった巣を樹からそのままはずして，小さな巣の場合は巣ごと容器に入れて飼育する (図 1.38)．大きな巣では枯枝などを分けながらふるいなども利用して，目視で幼虫を探す．巣箱の場合も巣材を取り出し，飼育する．樹の上などの巣を回収する場合は，脚立などを利用する場合が多いが，落ちないように気をつけて，場合によっては体を樹に固定する装置などを利用する．また，夏の終わりから秋にかけては，スズメバチ類の活動が活発になり，樹の上や巣箱中で巣をつくっている場合があるので注意が必要である．

図 1.38　飼育容器に丸ごと入れたヒヨドリの繁殖後の巣

図 1.39　枝からつるした羽毛トラップ

図 1.40　羽毛トラップで羽化したマエモンクロヒロズコガ成虫，繭はネットの中に見える

羽毛トラップ

羽毛などのケラチン食性のヒロズコガ類の幼虫を採集するときに便利である．アヒルやニワトリの羽毛を拳大に固めて，ネットなどに入れて木の枝からつるしたり，木の股のところにくくりつけたりする（図 1.39, 1.40）．アリや小鳥などの捕食者からトラップを守るには枝からつるした方がよいだろう．羽毛にはあらかじめ，幼虫の成育がよくなるビタミン B 類（市販のビール酵母粉末でよい）をまぶしておく．酵母粉末を羽毛にまぶす代わりに，粉末を水に溶かして（約 10%），羽毛をこの溶液に浸して乾かしてもよい．羽毛が手に入りにくい場合は，純毛の織物で代用できる．羽毛トラップの作製は，Robinson and Nielsen (1993) を参照した．

引用文献

Robinson, G. S. and E. S. Nielsen, 1993. Tineid genera of Australia (Lepidoptera). *Monogr. Austral. Lepid.* **2**: i–xvi + 1–344. CSIRO Publications, East Melbourne.

コラム

高枝用カッター付きネット

吉安　裕

高枝切りバサミは採集者の手の届かない樹木の上部や川の対岸など離れた場所の幼虫（摂食被害葉，果実，花の部分）をとるのに便利な採集道具である．しかし，せっかくの標的の摂食部分をとっても，手元に引き寄せるまでに落下する危険もある．また，採集ネットのほかに高枝切りバサミを持ち運ぶには労力もいる．そこで，カッターを金具でネットと固定することによって，ネット内に採集品の確保を図った簡便な方法が駒井古実氏によって考案されている．駒井氏による材料と作製方法は下記の通りである．

1. 材料
   - ①オルファフックカッターＬ型（¥831）
   - ②オルファカッター万能Ｌ型（¥519）
   - ③ジョイント金具　マンテン（¥188）
   - ④ジョイントＡ金具（上）ジョイントＥ金具（下）ムシ社（各¥630）
   - ⑤カードケースＡ8（¥57）折り曲げることのできるソフトなタイプ，カッターのケース．二つ折りにして，クリップでとめる．
2. 作製方法
   1）①の刃を③に①と②のネジで取り付ける．
   2）捕虫網の柄にとりつけるために③の金具の穴（6 mm）を 8 mm の穴にボール盤で拡張
   3）ジョイント金具Ａで「高枝切り」を固定．蝶ナットでも可能

実際に作製に用いる材料（写真左）と採集棒のネット（志賀昆虫普及社製直径 36 cm）に取りつけた状態（写真右）を示した．カッターを使わないときはカードケースで刃の部分を覆ってクリップでとめておく．この方法の掲載と写真の提供をいただいた駒井氏にお礼申し上げる．

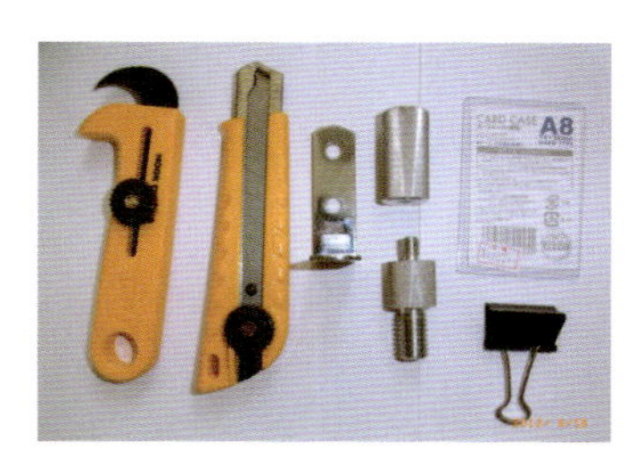

2. 飼育法

(1) 採卵と交配——飼育の基本は卵から——　中　秀司

1) 野外での採卵

広大なフィールドで，大きくても直径数mmしかないチョウやガの卵を，何の手がかりもなく発見するのは至難の業である．しかし，あくまでもそれは「何の手がかりもなく」発見するのが困難なだけであり，卵を発見する手がかりさえつかめれば，種によっては成虫や幼虫を採集するよりもはるかに多くの卵を得ることが可能となる．以下，野外採卵がはかどる4つのヒントを示す．

① 寄主植物を知る

植食性昆虫[5]の大部分は狭食性[6]で，モンシロチョウならキャベツなどのアブラナ科植物，ナミアゲハならミカンやサンショウなどのミカン科植物のような，ごく限られた分類群の植物のみを寄主植物としている．鱗翅類では，幼虫は限られた移動能力しか持たず，物理的に離れたところに生える寄主植物を探索することが困難なため，大多数の種ではメスが寄主植物を探索し，植物上もしくはその近傍に産卵する．

② 産卵部位を知る

前述のように，メスは寄主植物を探索し産卵を行うが，幼虫の好み，植物のフェノロジー（後述），捕食圧／寄生圧などの影響で，植物上には産卵に適した部位と不適な部位が存在する．花芽や果実に潜入するシジミチョウの場合，メスはつぼみや花，もしくは未熟果を探索し産卵する．一方，夏から翌春まで長期間の卵休眠をともなうミドリシジミ亜科のシジミチョウでは，産卵部位は越冬芽，樹幹部，枝の分岐部などの，冬期に脱落しない部位となる．

5　鱗翅目の大部分，膜翅目のハバチ類，鞘翅目の広義ハムシ科などのように，植物を餌として生育する昆虫の総称．

6　マイマイガやクワゴマダラヒトリのように様々な植物を食べるものを広食性，それ以外を狭食性と呼ぶ．狭食性の昆虫には，1種類の植物しか寄主植物としない単食性と，数種類の植物を寄主植物とする寡食性がある．

③　フェノロジー[7]の一致

植食性昆虫の発生時期は，少なからず植物のフェノロジーに支配されている[8]．同じ植物であっても，昆虫の種類によって幼虫が好む状態は異なっており，たとえばナミアゲハであれば，若齢期にはミカン（*Citrus* 属）の新芽や若葉を好むが，中齢ではやや展葉が進んだ葉を好み，終齢では新芽や若葉以外の葉を好む．一方，同属のナガサキアゲハでは，初齢から新芽よりも展開した成葉を好む傾向がある．幼虫は長距離移動に適さないイモムシ型であることから，幼虫の成長に好適な部位の選択は，幼虫自身の移動よりも，むしろ成虫による産卵部位の選択に強く反映される．すなわち，前述のアゲハチョウ 2 種であれば，ナミアゲハは新芽に，ナガサキアゲハは成葉に産卵することが多い．

ミカンは常緑であるが，新芽が展開する時期は限られており，年に 2～4 回程度しか萌芽しない．とくに春～夏には，同一地域のミカンは同一時期に萌芽する傾向が強く，新芽が多く見られる時期と，新芽が全くない時期が存在する．ナミアゲハ，ナガサキアゲハの成虫が飛翔する時期は，それぞれ，その地域でミカンの新芽が萌芽する時期と，新芽が十分展葉し硬化し始める時期であり，ミカンの葉が幼虫の好む状態となる時期とよく一致している．

④　時期について理解する

寄主植物，産卵部位について理解しても，対象種がいつ産卵し，どの時期なら野外に卵があるのかを知る必要がある．フェノロジーの重要性は前段落で説明したが，ここではフェノロジー以外に留意すべき時期について述べる．

ミズキ・クマノミズキを寄主植物とするキアシドクガは，春期にしばしば幼虫が大発生し，公園などの景観を損ねる被害を与える．このガは年一化で，西日本の平地では成虫は 5 月末～ 6 月初旬に羽化する．盛期には多数のオスが寄主植物の周辺を飛び回る姿を見ることができるが，この時期，メスは寄主植物の樹幹に静止し，樹皮とよく似た色の卵塊を産む．この卵を産卵後すみやかに採集して適切な温度管理を施せば，来春にはたく

7　休眠，繁殖，萌芽，開花，落葉など，季節に依存した動植物の行動や状態の変化．単にフェノロジーという場合には，植物の季節的変化を指す場合が多い．

8　好適な状態の餌にありつけるか否かが適応度に大きく影響するため，好適な餌を得られる時期に発生できる個体の遺伝子がすみやかに集団中へと広がる．よって，植食性昆虫の発生時期は，様々な気象条件において植物のフェノロジーに合わせる方向へと進化する．

さんの幼虫を得ることができるのだが，盛夏以降に採集すると，ほぼすべてが卵寄生蜂に化けてしまう．このように，卵採集するうえで考慮すべき「時期」には，フェノロジー以外にも，たとえば卵寄生蜂，捕食性天敵，室内での越夏・越冬の難易度など，様々な要因がある．

2）成虫からの採卵

野外で卵を探すのは困難だが，成虫の採集が容易な種は多数存在する．また，幼生期が未知であり，寄主植物の情報がない種も多数存在する．このような種の飼育を試みる際には，室内で人工的に採卵することが必要となる．野外採集したメスは大部分が既交尾で，すでに産卵の準備が整っている．そのようなメスを母蝶（蛾）とし，人工的に採卵する方法を述べる．交配・採卵を含む成虫の飼育に必要なものと，その準備について，具体的な商品名を出しつつ紹介するが，成虫の飼育には必ずしもここに列記したものが必要なわけではないので，各自の飼育環境にあわせて適宜解釈して頂きたい．

成虫の餌

チョウやガの栄養となる糖類・塩類が含まれていればどのような液体でも構わないが，お勧めはスポーツドリンクである．筆者はホームセンターで粉末のポカリスエット®(大塚製薬）を購入し，蒸留水 200 ml に粉末 10 g を溶解したものを密閉できる瓶に入れて冷蔵保存し，適宜取り出して使っている．

薄めた砂糖水を与えないと腹部が硬くなり卵詰まりを起こすという話があるが，野外で吸蜜する花蜜や樹液はそれよりもはるかに濃いため，成虫の餌は必ずしも薄くする必要はない．ただし，採集したメスに対してその日に与える餌は，メスが口吻伸展を起こしてくれる限界まで薄めた方がよい．原因ははっきりしないが，採集日に濃い餌を与えると，給餌中やその直後にメスが痙攣し死亡することがある．

給餌

小型容器でチョウやガを飼育する場合，小型容器で飼育可能な大きさの鱗翅類は給餌が容易な種がほとんどのため，給餌にはあまり気を遣う必要がない．ティッシュペーパーや脱脂綿に少量の餌を染みこませ，容器の底に置くか，あるいは壁面にぶら下げれば，それで十分である．このときに気をつけたいのは

図 1.41　アゲハチョウ科成虫の給餌に用いる人工花
　アゲハチョウの仲間は青色のプラスチック片に誘引されて口吻を伸展するため，餌の上に青色プラスチックで作成した人工花を載せることで，成虫を餌に導くことができる

餌の量で，多すぎると容器内のチョウやガが溺れてしまったり激しく汚損したりする．逆に少なすぎると，チョウやガが採餌行動を示す時間帯には餌が乾燥してしまっていることがある．

大型容器では，成虫が自発的に吸蜜する仕組みを考える必要がある．タテハチョウ科，ヤガ科などでは，シャーレなどに餌を染みこませた脱脂綿を入れて容器内に置くだけでよいが，アゲハチョウ科やスズメガ科では，給餌に一工夫が必要となる．

植木鉢が入るほどの大型容器であれば，対象種の吸蜜対象となる植物を栽培し，植物をそのまま容器に入れるのが一番であるが，吸蜜植物を準備するのはかなりの困難をともなう．

アゲハチョウ科の場合は，100 円ショップなどで青いプラスチックのファイルを購入し[9]，これを小さく切断して餌の上に載せる（図 1.41）．さらに一手間かけて，中央に円形の空隙がある花形にすると，なおよい．これだけで，アゲハチョウ科の多くの種は自発的に吸蜜するようになる．少なくとも，キアゲハ以外の *Papilio* 属には有効な手段である．ただし，キアゲハは青いプラスチック片に反応しないため，別の手段を講じる必要があるのだが，現在その手段は分かっていない．

自発的に給餌してくれない場合には，成虫を手で持って給餌することとなる．まず，シャーレなどに餌を染みこませた脱脂綿を用意し，餌が室温になるまで

9　アゲハチョウ科の多くの種は，なぜか安っぽい青いプラスチックに誘引され，口吻を伸展する．一方，青い紙に対してはこの反応が見られない．

待つ．次に，利き手には細い棒（筆者はピンセットを使う），利き手でない方には成虫を持つ（図 1.42a）．成虫を脱脂綿に止まらせて，少なくとも前脚，できればすべての脚が餌に触れるようにする．成虫が暴れる場合には，前方から軽く継続的に息を吹きかけると，成虫の動きが止まることが多い．脚が餌に触れたら，利き手で成虫の口吻を伸ばし，餌に触れるようにする（図 1.42b）．このとき，成虫が首を縦に振ったり，あるいは口吻の先で餌をつつくような行動が見られたら，採餌を開始した合図となる．成虫が餌を飲み始めたら成虫を持つ手をそっと放し，成虫よりも大きい容器をそっと成虫の上にかぶせて待つ（図 1.42c）．

スズメガ科（長い口吻を持つ種に限る）の場合は，餌に「匂い」があることが重要となる．筆者は，給餌容器のへりに人工的に合成した花香を塗っているが，餌として認識しやすい匂いがあればどのようなものでも構わない．ただし，室内で羽化した個体はこの方法でよく吸蜜してくれるが，野外採集した個体が吸蜜してくれる率はかなり低くなる．また，ミツバチの巣内にある蜂蜜を主食にするとされているメンガタスズメやクロメンガタスズメについては，残念ながら室内での給餌方法が分かっていない．また，ベニスズメなど樹液を好む種の場合には，スポーツドリンクよりも，甲虫用の昆虫ゼリーを水に溶いたものや，過熟した果実の切片を餌としたほうがよい．

寄主植物を準備する

メスから採卵するにあたって，寄主植物が必要な例は多い．チョウ類の多くは前脚ふ節にある化学受容器（図 1.43）で植物体上の化学物質を受容し（Nishida, 2005；Ozaki *et al.*, 2011），（しばしば複数物質からなる）産卵刺激物質が存在すること，産卵阻害物質が存在しないことを確認してから産卵する．これは直接寄主植物上に産卵しないウスバシロチョウ（山口ら，2015）や大型ヒョウモン類でも同様で，これらの種の採卵にも，寄主植物があった方が採卵の成功率は高くなる．これはガ類でも同様で，スズメガのうち長い口吻を持つもの（ホウジャク亜科の全種，ウチスズメ亜科のホソバスズメ類，スズメガ亜科の大部分）は，6 本の脚で寄主植物に触れて，チョウと同様に植物体上の化学物質を受容して産卵に至る（Sparks, 1973；Shimoda and Kiuchi, 1998）．

よって，これらのチョウやガから採卵するときには，採卵ケージ内に寄主植物を入れる必要がある．しかし，容器内を寄主植物だらけにしてしまうと，メ

a）室温程度に暖めた餌を脱脂綿などに染みこませ，利き手には細い棒（図ではピンセットを使用），利き手でない方の手にはチョウを持つ

b）脚を脱脂綿に触れさせ，利き手で成虫の口吻を伸ばして餌に触れさせる

c）成虫が餌を飲み始めたら成虫を持つ手をそっと放し，成虫よりも大きい容器をそっと成虫の上にかぶせて待つ

図 1.42　アゲハチョウ科成虫の給餌法

図 1.43　シロオビアゲハ雌雄前脚ふ節の顕微鏡写真
ふ節には橙色に見える化学感覚毛が並ぶ．a）メスの前脚ふ節には，ブラシ状の化学感覚毛が多数並んでおり，ここに多数の化学感覚器を備える．b）オスの前脚ふ節の化学感覚毛はごく少ない

スが自由に動くことができなくなってしまうため，ケージ内の寄主植物はごく少量でよい．

ところで，採卵を試みる種の幼生期が未知で，寄主植物が分からない場合はどうすればよいだろうか．そのような場合には，APG 体系（The Angiosperm Phylogeny Group 2009）[10] を参考に，近縁種の寄主植物と近縁な分類群から，対象種の生息域に生えている植物を選んで試すのがよい．ごく稀に，近縁種の食性からはおおよそ類推できないような植物へと食性転換している場合があるが，ほとんどの種では，近縁種の寄主植物に（APG 体系で）近縁な植物が寄主植物となっている．

袋かけ

鉢植えや自生の樹木が利用できるときには，大型の洗濯ネットなどを利用して，寄主植物とメスを同じ袋の中に入れておくのがよい（図 1.44）．メスの餌と温度にのみ留意すれば，比較的容易に多数の卵を得ることができる方法である．袋かけ採卵を行うときには，メスが飛翔できる空間を確保することと，直射日光下にさらすことが多くなるため，こまめに給餌することが必要となる．

ケージ採卵

室内で採卵する場合には，ケージにメスを入れて採卵することとなる．

10　Angiosperm Phylogeny Group (APG) により 1998 年に公表された，葉緑体 DNA を中心とした遺伝マーカーの配列から構築された分子系統樹に基づいた分類体系である．最新版は 2009 年に公開された APGIII である．

a　　　　　　　　b

図 1.44　袋かけ採卵
寄主植物に大きめの袋をかけ，メスをその中に放つ．飛翔空間を確保することと給餌に気を配れば，比較的容易に多数の卵を得ることができる．
a）カラスアゲハの採卵，b）ヒメヒカゲの採卵（写真：仲平淳司氏）

図 1.45 は室内採卵に用いる様々なケージである．図 1.45a はふた付きの食器入れを採卵ケージにしたもので，アゲハチョウ科など大型の鱗翅類に向いている．中央に寄主植物の切り枝と餌を置き，蛍光灯の直下に置いておくと，メスは比較的自由に飛び回り産卵することができる．

筆者が常用しているのは，図 1.45b-d のような直径 13 cm × 高さ 13 cm 程度の円筒形のプラスチックカップ（本体：129 パイ 860B，ふた：129 パイ FSL，リスパック）で，この容器は，大型のアゲハチョウから微小蛾類まで，様々な体サイズの種で有効である．タテハチョウなどの採卵では，容器の縁に餌を染みこませたティッシュペーパーを垂らし，ごく簡易な給餌をしているが，メイガなど小型ガ類の採卵では，給餌と成虫の出し入れを容易とするために，ふたに若干の加工を施してある．ふたには餌を交換するためのスリットと，成虫の投入と容器内の清掃のための正方形の開口部をつくる．開口部は，一度正方形に切った後養生テープで再度貼り付け，養生テープの縁を折り曲げてステープラーで留めることにより，開閉が容易となるようにしてある（図 1.45c）．スリットからは短冊状に折り曲げたティッシュに清涼飲料水を染みこませたものをぶら下げ，脱脂綿でスリットにふたをする（図 1.45d）．また，ふたの上には，乾燥を防止するために，未加工のふたをかぶせてある．ハマキガ類やメイガ類のように，容器の側面やふたに産卵する種類では，得られた卵を容器ごと切り抜いて新しい容器に飼料とともに入れることで，幼虫の孵化を妨げず飼料に食いつかせることができる．

図 1.45　採卵容器

a）ふた付きの食器入れを利用した採卵容器．アゲハチョウ科など飛翔能力が高い大型鱗翅類の採卵に用いる．b）中・小型鱗翅類の採卵容器．寄主植物と成虫の餌を入れた容器に，メスを放つ．写真は左 2 つがツマグロヒョウモン，右上段がヒメトガリノメイガ，右下段がウスオビクロノメイガ．c）プラスチックケースのふたに餌を挿入するスリットと成虫を出し入れする開口部を設け，開口部は容易に開閉できるよう養生テープで貼り付ける．d）使用時のふた拡大図

ミドリシジミ類やツマキチョウなどでは，ペットボトルや縦置きにした水槽など，縦長の容器を準備して採卵するのがよい．また，ミドリシジミ類では，ここまでに紹介した他の採卵法と異なり，寄主植物をある程度密に入れた方がよく産卵する傾向にある．

透明ポリ袋をごく簡易的な採卵用器とすることもできる（図 1.46）．ポリ袋を膨らませ，中に水あるいは餌を染みこませて丸めたティッシュペーパーを入れ，メスを入れる．種によっては少量の寄主植物も同封する．このまま 1〜2 日放置すれば，寄主植物を必要とする種では植物上に，必要としない種ではポリ袋の内面に産卵する．この方法で長期にわたって採卵を継続するのは困難だが，旅行先でも採卵できる，粘着性の卵を壁面に産み付けられたときも容器を切断できるなど，利点も多い．

図 1.46　透明ポリ袋を利用した採卵法
　ポリ袋に清涼飲料水を染みこませたティッシュペーパーと寄主植物とメスを入れて放置する．この図ではモンホソバスズメの採卵のためにオニグルミが入れてある

採集時に収納した三角紙の中にそのまま成虫を放置すると，三角紙の中で産卵を始めることがある．ヤママユガなど口吻が退化した種の場合，三角紙に入れた状態で翅をゆるめたゼムクリップで固定しておくだけで，十分な数の卵を得ることができることがある．ただし，自由に動ける状態に比べて産卵数が少なくなる傾向があるため，多数の卵を得たいときには，ボール箱などに成虫を入れて放置した方がよい．

袋かけ以外のいずれの採卵法でも，容器内が高温（30 ℃以上）になるとメスが死亡する場合があり，とくに直射日光下に容器を置くとそのリスクが高い．よって，採卵容器は直射日光が当たらないところに安置する必要がある．また，いずれの採卵法においても，メスの行動活性が高まる温度帯で採卵することが肝要である．チョウの場合は 25〜28 ℃がおおよその目安となるが，ガの場合は成虫が飛翔する環境に合わせた気温になるよう，蛍光灯の直下に置く，窓際に置くなど，飼育環境に応じて工夫して頂きたい．また，産卵行動には弱い日周性があり，チョウの場合，多くの種では午後〜夕刻（暗期開始前）に産卵活性が高くなる．筆者はエアコンで温度調節が可能な室内にスチールラックで棚を組み，採卵容器の直上に容器内が 25〜28 ℃となるよう蛍光灯を複数つるし，日長をタイマーで制御している．

絞り出し

寄主植物が分からず，効果的な採卵法が存在しないときにも，交尾済みのメスから強制的に有精卵を得る方法が絞り出しである．メスは通常，腹端に1個の有精卵を持っており，産卵時にはこの有精卵を産卵すると同時に，次の卵を受精させる．何らかの手段で腹端の有精卵を取り出すことができれば，1卵のみではあるが，確実に有精卵を得ることができる．

方法は極めて単純で，メスを手で持ち，産卵口の少し内側にある卵を，体外に出るよう指やピンセットで押し出すのみである．これで腹端から有精卵を取り出すことができる．取り出した有精卵は，本来底面となる面を下にして，そのままパラフィン紙などに付着させればよい．種類によっては卵の底面が薄く，底面が露出すると孵化に至らず死んでしまうものがあるため，パラフィン紙にあらかじめ卵白を塗っておき，その上に絞り出した卵を置くと，なおよい．

また，メスが元気であれば，1分に2〜3回程度の絞り出しで複数の有精卵を得ることもできる．

ただし，この方法で採卵できるのは，アゲハチョウ，ヤママユガなど卵殻が硬い種のみであり，卵が柔らかい種では絞り出しの際に卵が潰れてしまうため，絞り出しで有精卵を得ることはほぼ不可能である．

3）成虫の交配

国内には多くの昆虫愛好家がおり，写真撮影・標本蒐集・飼育など様々な手段で昆虫と関わっている．その中でも，鱗翅類を興味の対象とする者，いわゆる「蝶屋」「蛾屋」は昆虫愛好家のかなりの割合を占めており，非常に高いレベルの知識や技術を共有している．鱗翅類の飼育技術もまた非常に高いレベルにあり，飼育対象となる種の生態・食草・飼育のコツなどの知見は広く知れ渡っている．しかし，これは主に母蝶（蛾）・卵・幼虫の段階からF1成虫を羽化させるまでの話であり，成虫を羽化させた後の累代飼育になると，国内に生息するすべての飼育対象を満足に累代飼育できるわけではない．

一部の種，たとえばヒョウモンモドキやオオルリシジミ，チョウセンアカシジミなど希少種とされ，野外での採集がままならない種類では，長年にわたって累代飼育が行われており，複数の飼育系統が存在するのみではなく，累代飼育の技術が野外での保護活動にフィードバックされているものもある．また，同様の累代技術はギフチョウやアゲハチョウ属 *Papilio* の美麗種でも培われている．海外ではチョウ類のみならずヤママユガ科，スズメガ科，ヤガ科などのガ類でも累代飼育が活発に行われている．このうち，アゲハチョウ科，ヤママ

図 1.47　円筒形洗濯ネットを利用した吹き流し　あらかじめいくつかつくって常備しておくと，成虫の飼育・交配にとても重宝する．使用によりかなり汚損するため，容易に分解・洗浄できるようなつくりとするのがよい

ユガ科では頻繁にハンドペアリング法を使った交配が行われるが，その他の種では吹き流し（図 1.47，円筒形ネットの飼育ケージ）などを用いたケージ交配が主流である．

累代飼育の多くの例でケージ交配が行われるのは，ケージ内で容易に交尾が成立する種類が多いこともあるが，アゲハチョウ科以外の種でのハンドペアリングが難しいと思われていることも原因の一つであろう．筆者はタテハチョウ科，シジミチョウ科，セセリチョウ科の多くのチョウでハンドペアリング法による累代飼育を経験しており，またヒサゴスズメ，オキナワルリチラシなどの中型〜大型ガ類についても，ハンドペアリングによる累代飼育を行ってきた．そこで本稿では，中型〜小型チョウ類のケージ交配，大型〜中型ガ類のケージ交配，小型ガ類のケージ交配を概説した後，鱗翅類の多くの種に通用するハンドペアリングの原理を解説する．なお，ハンドペアリング法に関する記述は，中（2007）から加筆・修正した．

吹き流しをつくろう

円筒形に成形したネットケージを通称「吹き流し」と呼び，鱗翅類の羽化[11]・飼育・交配など様々な局面で多用している．吹き流しは 100 円ショップ

11　吹き流し全面がネット地で，足場が良好なため，垂蛹・帯蛹のいずれも底面に転がしておくだけで成虫が正常に羽化してくれる．

やホームセンターで市販されている材料で容易に作整できるため，簡易な吹き流しの作整法は覚えておきたいところである．ここでは，洗濯ネット，針金，網戸補修用の網押さえゴムを使ったつくり方を紹介する．

洗濯ネットには様々な大きさ，形状，網目の細かさがあり，大きさと網目の細かさは用途に応じて選べばよい．迷ったら網目が細かく大きい「毛布用」を選ぶこと．ただし，形状は必ず「円筒形」とする（図 1.48a）．円筒の上下を支える針金は，ステンレスもしくはスチール素材がよい．アルミニウムは容易に成形できるが，これは使用中に容易に変形してしまうことも意味しているため，吹き流しの作製にはふさわしくない．最後の「網押さえゴム」は，円形に成形した針金の両端を固定するために用いる．網押さえゴムはちくわのように中央に穴が空いているが，ここに針金の両端を挿入して固定するため，この直径が針金の直径と同じか，若干狭いものを選ぶ．

まず，洗濯ネットの直径に合わせて針金を切断し，丸く成形する．針金は同じ長さのものを 2 本用意する．次に，網押さえゴムを 4〜6 cm 程度に切断したものを 2 個作整し，丸く成形した針金の両端を網押さえゴムに挿入する（図 1.48b, c）．針金，洗濯ネットは頻繁に脱着して洗うこととなるため，挿入口は接着剤などで固定しない方がよい．このようにして作整した円形の針金を洗濯ネットの中に入れて，ネットの天井と床面に固定する．筆者は上下それぞれ 6〜8 ヶ所を糸で縫いつけ，ネットを洗浄するたびに糸を切って縫い直している．

このようにして作成した吹き流しは，天井にひもなどを取り付け，上からぶら下げて使用する（図 1.47）．筆者は天井の直径の 1.5〜2 倍くらいの長さに調節した荷造りひもを準備し，中央もしくは 1：2 くらいの位置（吹き流しを斜めにする場合）にやや大きめのダブルクリップを結びつけ，さらに両端に小さいダブルクリップを結びつけたものを用意している．ひもの両端のダブルクリップで吹き流し天井の隅を 2 ヶ所留め，中央のダブルクリップで枝や窓枠などを挟んで吹き流しをぶら下げて使用する．

吹き流しをつくる際には，洗濯ネットにあらかじめ取り付けられているファスナーの上下に気をつけよう．些細なことかもしれないが，ファスナーを閉じた際に持ち手が底面にある方が，逆向きよりも圧倒的に使い勝手がよい．

中型・小型チョウ類のケージ交配

シロチョウ科，シジミチョウ科など中型〜小型チョウ類の交配は，吹き流し

a

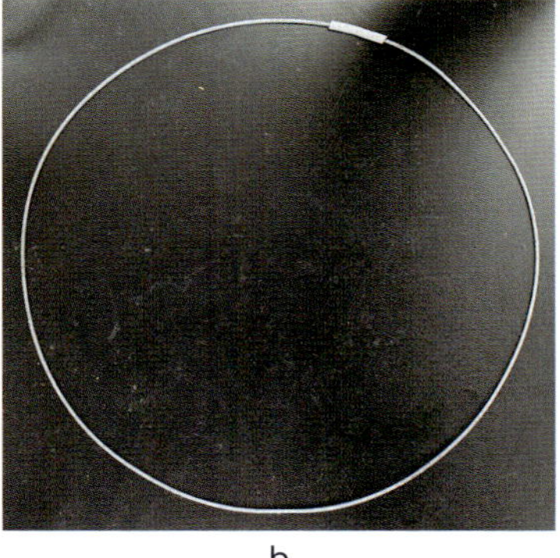

b

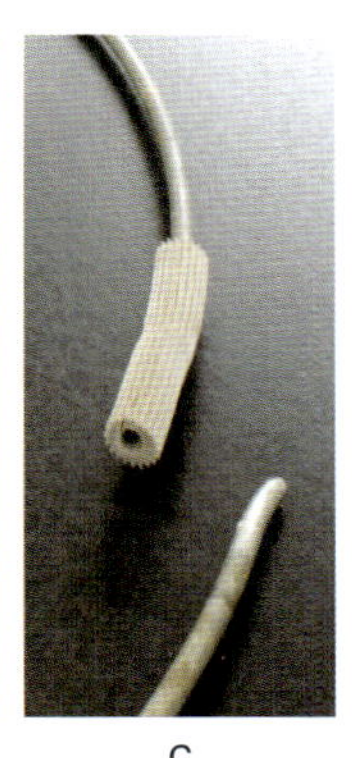

c

図 1.48　吹き流しの材料
a）毛布用洗濯ネット（円筒形）．100 円ショップなどで容易に入手できる．b）針金と網押さえゴムで作成した円形の骨組み．どちらもホームセンターで入手できる．c）針金の結合部の拡大写真

を用いるのが極めて有効である（図 1.49）．アオタテハモドキ，メスアカムラサキなどは，吹き流しに 2 ペアくらいの成虫を入れて直射日光に当てるだけで，10 分もかからずに交尾が成立する場合が多い．しかし大部分の種では，吹き流しに雌雄を入れただけで交尾に至ることは少ない．

吹き流し交配の場合，雌雄がともに吹き流しの中で動き回ることが重要となる．気温が高い日に吹き流しを設置したり，日光を効果的に当てたりすることで，オスの動作は活発になる．しかし，未交尾メスは吹き流しの壁面に静止したままで滅多に動かない．とくに，天井に静止したメスに対して，オスは滅多に求愛しないし，交尾が成立することも少ない．吹き流しの中では，オスは静止したままのメスを交尾相手と認識しづらいようで，しばしばメスが動いたタイミングで求愛を開始する．ここでは，いかにオスを活性化させ，メスを動かしてオスに求愛させるかに注目し，いくつかの注意点について説明する．

① 交配させる時間帯

チョウ類が配偶行動を示す時間帯にはある程度の日周性があり，たとえばモンシロチョウでは午前中に，キマダラルリツバメ，オオムラサキでは午後に交尾が多く観察される．種によっては強い日周性を示すものもあり，アカタテハは日没前の短い時間のみに交尾が成立することが多い．吹き流し交配の際にも，この時間帯には留意しなければならない．

図 1.49　吹き流しによる交配
　屋外や窓際に吹き流しを設置し，適切な数の成虫を吹き流しの中に放つ．写真はウラゴマダラシジミの交配（山本勝之氏提供）．写真の吹き流しは垂直に垂れ下がっているが，チョウの交配では斜めにした方が効率がよい

② 性成熟にかかる日数

一般に，チョウ類ではオスは性成熟に数日を要するのに対し，メスは羽化直後にすでにオスを受け入れる体制が整っていることが多い．また，羽化後の日数が経過したメスは，交尾経験の有無にかかわらず吹き流しの中で暴れ回ってオスを拒否する傾向が強い．そのため，吹き流しに入れる個体は，オスは羽化後数日が経過したもの，メスは羽化当日もしくは翌日のものがよい．また，オスは羽化当日から吹き流しに入れ，なるべく運動させた方がよい．

③ 気温と日照

昆虫は変温動物であるが，チョウの体温は必ずしも気温のみに左右されない．たとえば，飛翔する個体は体温が高くなるし，日向で縄張りを張る個体も体温は高くなる．吹き流し交配，ハンドペアリングともに，オスの体温が高いことが交尾成立には重要となるため，気温と日照には十分気を遣う必要がある．

一般には気温が高い方がよいが，野外で対象種が飛翔するときの気象条件を加味する必要がある．オスを入れて吹き流しをつるしてみて，オスが飛翔を交えて活発に動き回るようであれば，十分に気温が高いと判断できる．ただし，真夏の炎天下に吹き流しをつるすと，中のチョウは短時間で死亡してしまう．そのため，夏期は日陰もしくは半日陰に吹き流しをつるすべきである．

チョウの配偶行動には日照も重要である．日照が体温上昇に寄与するのは当然であるが，それ以外の効果もある．一般に，チョウは視覚でメスを認識し求愛するが，その際にはメスの色彩と斑紋が重要な役割を果たす．チョウの色覚は人間のそれとは大きく異なっており，紫外領域を認識できることが最大の特徴である．それ故，メスの色彩や斑紋にも，紫外領域でのみ識別可能なものが多く含まれており，時としてそれはオスにとってメス認識の重要な鍵刺激となる．野外では，たとえ日陰であっても吹き流しの中には十分な紫外線が入射するが，室内ではガラスが紫外線の大部分を吸収してしまうため，チョウにとって十分な紫外線量が確保できないことが多いため，強く日が差し込む窓際でないと交尾が成立しないことが多い．

④ 風

吹き流しの設置場所が野外であればさほど問題とならないが，室内の場合「風がない」ことが交配に支障を来す場合がある．無風状態だと吹き流しの中でメスが静止してしまい，オスがメスを認識しづらくなるため，扇風機やエアコンで風を当てることでメスが動くようになる．

⑤ 個体数

吹き流しの大きさ，対象種の体サイズによって，吹き流しに入れる適正な個体数は変動する．個体密度が高すぎると，互いに干渉し合い配偶行動連鎖が途中で止められてしまうことが多く，逆に個体数が少なすぎる場合には，雌雄が出会う機会が極端に少なくなってしまう．たとえば，ウラゴマダラシジミなどはあまり個体数にこだわらなくともよいが，ヒメジャノメ，ベニヒカゲなどであれば，直径 30 cm，高さ 30 cm 程度の吹き流しに 2〜3 ペアを入れるのが適正となる．また，リュウキュウムラサキやツマムラサキマダラでは，直径 50 cm，高さ 50 cm 程度の吹き流しに 2 メス 3 オスまでが限度となる．

⑥ 吹き流しの角度

そして，吹き流しでチョウ類を交配させるときに欠かせないのが，吹き流しを斜めにすることである．吹き流しを地面と垂直にぶら下げると，メスが天井で静止してしまうことが多い．この状態だとオスがメスを発見しづらいうえに，メスの腹部が翅の中にすっぽりと隠れてしまうため，オスによる結合試行が極めて困難となる．また，吹き流しを斜めにすることで，個体間の干渉が増え，メスが動く機会が増加する．

ガ類の交配と日周性

チョウ類の多くでは，オスは視覚を利用してメスを探し交尾に至るが，ほとんどのガ類では，メスが腹部末端などにある性フェロモン腺から揮発性の性フェロモンを分泌し，オスは性フェロモンの香り（嗅覚刺激）をたよりにメスにたどり着き交尾に至る．ガ類の配偶行動には強い日周性があり，メスは1日のうち決まった時間帯のみに性フェロモンを分泌するとともに，オスもまた同じ時間帯のみにメスが分泌する性フェロモンに応答し配偶行動を起こす．

よって，ガ類を交配するには，チョウ類の交配時よりも，さらに日周性に格段の注意を払う必要がある．多くの種で，日周性は暗期開始のタイミングと連続暗期の長さで決定されるため，ガ類を交配する場合には，野外でその種が羽化する時期の日長条件を基に，決まった時間に消灯／点灯するような明暗の周期を与えることが重要となる．

大型・中型ガ類のケージ交配

ヤママユガ科，スズメガ科など大型〜中型のガ類を交配するには，チョウ類の交配と同じく吹き流しを用いるのが簡便かつ効果的である．これらの大部分は交尾に性フェロモンを利用するため，ある程度風通しがよい空間に吹き流しを設置することが重要である．必ずしも室外に設置する必要はないが，室内であれば，扇風機やエアコンなどで室内の風が循環する環境を作る方がよい．また，チョウの場合と異なり，吹き流しを斜めにする必要はない．

スズメガ科昆虫のうち，前述した口吻が長いスズメガでは，メスの性成熟に数日を要することが多いため，交配容器の中に前述したような給餌容器を設置して，性成熟まで容器内で飼育する必要がある．ヤガ科にも交配に大型の容器を必要とする種が存在するが，ヤガ科の場合，野外採集した個体であっても，ほとんどの種で給餌装置から容易に吸蜜することができる．

ダブルケージ

欧米にはヤママユガの愛好家が多く，累代飼育が盛んに行われていることを前述したが，彼らの一部は，美麗な交雑個体を得ることを目的に，様々な組み合わせで近縁種間の種間交雑に挑戦している．ヤママユガは後述するハンドペアリングが容易な種が多いため，種間交雑もハンドペアリングに頼ることが多いのだが，ハンドペアリングが容易でない一部の種では，図1.50に示すよう

図 1.50　ダブルケージ
夜行性ガ類の多くが性フェロモンによる嗅覚刺激と鱗粉の感触による触覚刺激で交尾に至ることを利用した，種間交雑を容易にするための交配容器（写真：Robert Vuattoux 氏）

な，ダブルケージ（double cage）と呼ばれる特殊なケージで種間交雑を行っている．たとえばA種とB種を交雑させるとき，片方にA種のメスとB種のオス，もう片方にその逆の組み合わせで雌雄を投じておく．すると，A種が配偶行動を示す時間帯には，A種のメスが性フェロモンを放出するため，A種のオスがそれに応答し探雌行動に入る．A種のメスはすぐ隣のケージで性フェロモンを放出しているため，オスはフェロモン源の近くでするべき行動，すなわち触覚（鱗粉の感触）などで交尾相手となるメスを探索する．しかし，同じケージ内にはA種ではなくB種のメスが同居しているため，A種のオスはB種のメスに結合試行することとなる．多くの場合，B種のメスは回避行動をとるが，少ないながらもA種のオスからの求愛を受け入れ交尾に至るものもいる．

小型ガ類のケージ交配

ハマキガ，メイガなど小型のガ類は，10 cm四方程度の小型のケージ内で交尾が成立することが多いため，交配が容易な種が多い．これらの交配には，筆者は採卵法の解説で述べた使い捨てのプラスチックカップを利用している．カップ内に，ハマキガやメイガであれば4ペア程度の成虫を入れ，必要に応じて（なるべく葉が少なくなるように）少量の寄主植物を入れて，成虫の飼料を毎日交換する（図1.45b）．多くの場合，数日のうちに容器内で雌雄が交配し，寄主植物上や容器の壁面，ふたの凸凹面などに卵が産み付けられる．

ハンドペアリング法

アゲハチョウ科を筆頭とする大型のチョウ類は，吹き流しなどのケージ交配では，滅多に配偶行動を起こさない．ケージ交配が困難な種を累代飼育するために有効なのがハンドペアリング法である．ハンドペアリング法は，手に持ったオスの交尾器を刺激することにより，人為的に配偶行動連鎖の最終段階となる結合試行と同様の状態を作り出す方法である．

交尾と交尾器

鱗翅類の交尾器は，雌雄とも様々なパーツが組み合わさって形成されており，そのすべてを覚えるのは困難である．筆者は分類学的素養をまったく持ち合わせていないため，交尾器の外部形態・名称ともにあまり理解していない．しかし，ハンドペアリングによる交尾成立を目指す場合には，少なくともそれらのうち一部を覚えておく必要がある．図 1.51 に，ナミアゲハの交尾器を参考にして，一般的なアゲハチョウ属の交尾器を模式図として表した．

- バルバ valva：雌交尾器を外側から把握する．ベニモンアゲハなど，バルバが退化した種類もある．
- ウンクス uncus：雌交尾器に引っかけて，メスと結合するとともに交尾器を露出させる．ミカドアゲハなどでは，ウンクスが退化している．また，シジミチョウ類ではウンクスはなく，代わりに 1 対のソキイ socii とファルクス falx（＝ブラキウム bracium）があり，ファルクスが支持器官として働く（三枝，1984）．
- ファルス phallus：メスの交尾口 ostium bursae に挿入される．挿入後メスの体内へ精包を送り込む．
- レセプタクルム・ウンキ receptaculum unci：オスのウンクスが挿入され引っかかる部位．アゲハチョウなどの場合，膣後板 lamella postvaginalis と産卵管口との間の陥入部になる．
- 交尾口 ostium bursae：オスのファルスが挿入される．平常時には露出せず，オスを受け入れる際のみ露出する種類が多い．

図 1.52 に，交尾が成立するまでの典型的な交尾器の動きを示した．交尾器結合の第一段階で，オスはウンクスでメスのレセプタクルム・ウンキを引っかける．この行動により，雌雄の交尾器が結合するとともに，ウンクスに引っ張られることにより雌交尾器全体が露出する．種によっては，ウンクスで引っかける際に雌交尾器の一部がすでに露出している必要があり，そのような種では，配偶行動連鎖における結合試行の前段階で，特徴的な行動（特徴的な羽ばたきやオスによる接触，雄性フェロモンによるメスの刺激など）がみられることが多い．また，そのような種では，雌交尾器全体を覆い隠すように腹部第 8 節

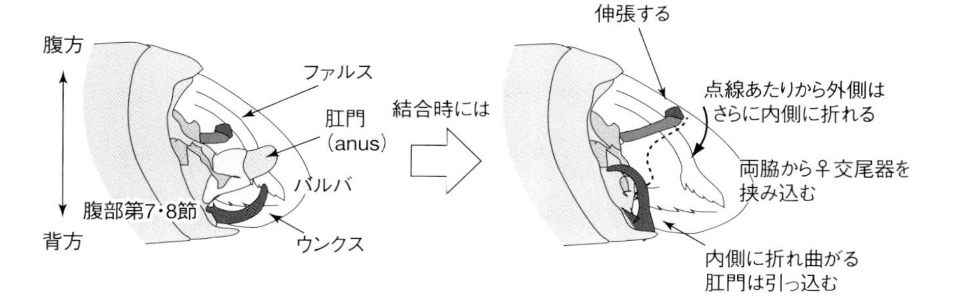

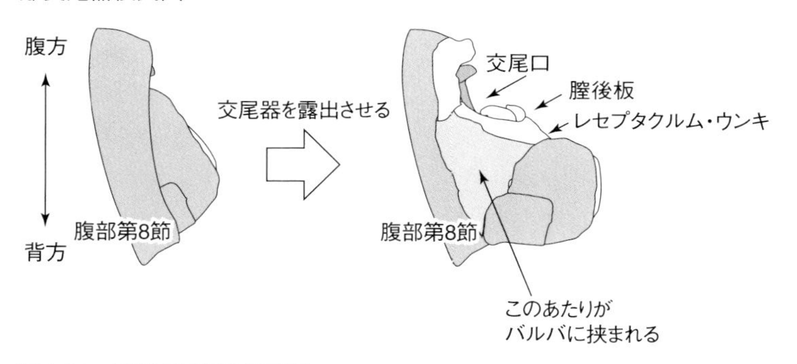

図 1.51　雌雄交尾器の模式図
ナミアゲハの交尾器を参考にして描画した．中（2007）を改変

などがふた状に発達しているものもある．また，分類群によっては，ウンクス以外の器官も雌交尾器との結合に用いられる．シジミチョウ類ではファルクス，ジャノメチョウなどではグナトス gnathos と呼ばれる稼働する鉤状器官があり，それぞれ雌雄交尾器の結合に用いられる．

雌交尾器が露出した後，オスはすかさずバルバを締め，左右から雌交尾器を把握する．バルバは中央あたりで内側に曲がる種類が多く，強く雌交尾器を把握できるようになっている．露出した雌交尾器をよく観察すると，バルバに対して鍵と鍵穴の関係になるようなへこみがある場合が多い．バルバで挟まれた雌交尾器は交尾口がさらに露出する．ここでオスはファルスをメスの交尾口に挿入する．

ハンドペアリングを試みるときには，この連鎖を雌雄成虫に再現させる必要がある．幸い，多くのチョウでは，ウンクスを引っかけることができれば，ファルスの挿入まで一気に連鎖が進むものが多い．つまり，ハンドペアリングが成功するか否かは，いかにウンクスを正しい場所に引っかけるかにある．ハンドペアリングに初めて挑戦する種類の場合，雌雄の交尾器をよく観察して，ウンクスは果たしてどこに引っかかるのか，バルバはどのような角度でメスを挟むのか，交尾の最終形態はどのようになるのかを考えてからペアリングに挑戦することが必要である．

ハンドペアリングの手順（図 1.52 およびビデオ参照）

① 雌雄を手に持つ．オスを利き手に持つ方が，後の作業が簡単になる．筆者は脚が上，翅が下になるように持つが，これは個人の好みでよい．雌雄とも，親指と人差し指で胸部と腹部の付け根を持つような感じでつかむ．親指の腹が腹部基部を押さえるようにすると，圧迫により交尾器を容易に露出できるとともに，腹部を固定して，ハンドペアリングに適した姿勢にすることができる．ヒョウモン類，モンシロチョウ，ヒメジャノメなど多くの種では，雌交尾器が奥に隠れているために，そのままでは雄交尾器が結合できない．そのような種類では，親指の腹でメスの腹部基部を押さえて，雌交尾器を露出させる必要がある．

② リュウキュウムラサキなど，種類によっては，交尾器を機械的に刺激しなければならないものもある．また，シロチョウ科の多くやウラナミジャノメなどのように，ウンクスを機械的に押すことで交尾器の露出が容易になるものがある．そのときにはメスを持つ方の手に面相筆やピンセットなどを持つことになる．面相筆などを持つときには，人差し指と中指の間に挟むのがよい．筆者は柄の部分を2/5程度に切りつめた面相筆を使用している．

③ 雄交尾器を開かせる．開かせる方法には主に2通りがある．1つ目は，腹部を圧迫してその圧力で交尾器を開かせる方法で，アゲハチョウ科やシロチョウ科などで有効である．2つ目は筆などで交尾器を刺激する方法で，タテハチョウ科やシジミチョウ科などで有効である．筆などで交尾器を露出させる場合には，ウンクスとファルスの間をつついて刺激する（タテハチョウ科の多く），バルバの内側を刺激する（アゲハチョウ属やセセリチョウ科），ウンクスを強く背中側に弾く（ジャノメチョウの多く）などい

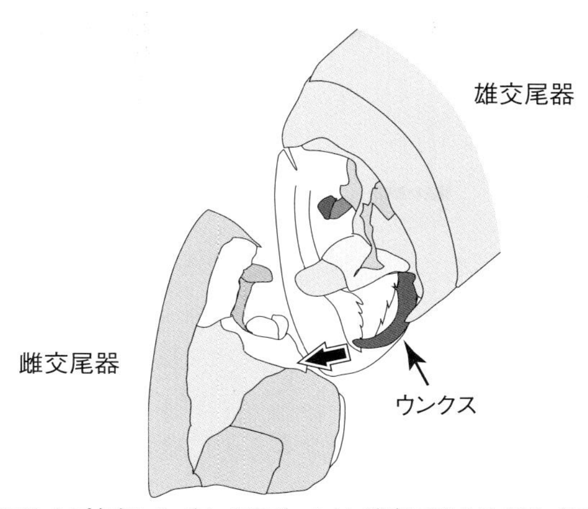

a）ウンクスでレセプタクルム・ウンキを引っかけ，雌交尾器全体を引っ張り出す

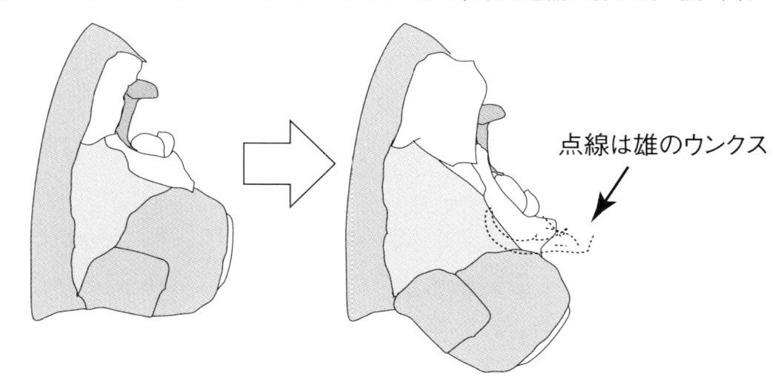

b）第 8 腹節腹板の内側に隠れている雌交尾器が露出する

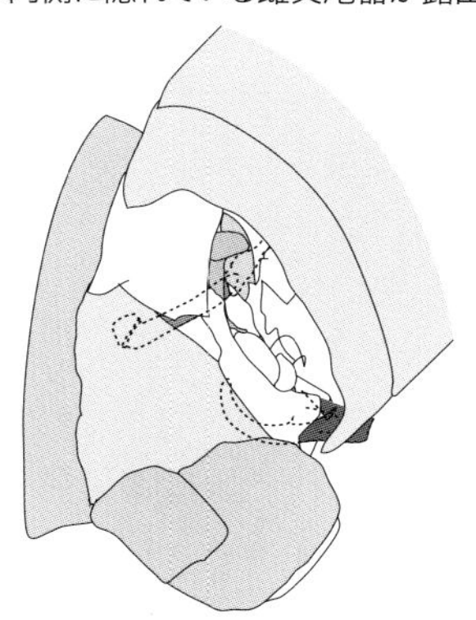

c）バルバで両脇から挟まれ，ファルスが膣後板に挿入される

図 1.52　雌雄交尾器の結合模式図
ナミアゲハの結合様式を参考にして描画した．中（2007）を改変

くつかの方法があり，種類によってどの方法が有効かはまちまちである．

④ 雄交尾器を露出させた後は，バルバとファルスの間をつついて刺激すると，盛んにウンクスを曲げる，バルバを大きく開く，交尾器が刺激源の方を追うなど，交尾に関連した行動を起こすようになる．この段階を必要としないチョウも多いが，慣れないうちは交尾器を刺激して雄交尾器の活性を上げるのが有効である．オスに結合する気があると，この段階で腹部側面の筋肉が突っ張るような感覚が指に伝わるので，それを目安にしてもよい．

⑤ 雄交尾器を雌交尾器にあてがう．このとき，ウンクスがレセプタクルム・ウンキを挟めるような位置にすること，雌雄交尾器の角度が「正しい」ことの2点に気を払うこと．ウンクスの位置はある程度オス自身が合わせてくれるが，所定の位置から大きくずれてしまうと，ウンクスが産卵管あるいはその周囲の柔らかい皮膚を挟み傷つけてしまうことで，産卵に支障が出る．また，誤った角度で交尾器をあてがっても，うまく結合に至らない場合が多い．このようなミスを減らすには，あらかじめ対象種あるいはその近縁種の交尾を観察し，雌雄の結合部位や結合形態について理解しておくことが肝要である．

⑥ 上記の①〜⑤までがうまく進めば，雌雄の結合は一瞬で行われる．メスの腹端が雄交尾器に引っ張られるような感覚があれば，うまく結合していることが多い．結合していると感じたら，オスを持つ手を放して，メスにオスをぶら下げるようにする．この状態で長く持つと結合が解かれてしまうことがあるため，結合を確認したら速やかにメスをどこかに止まらせる．

⑦ 結合後15分くらいで離れてしまったときは，交尾が成立していない場合が多い．はじめ15分間は，結合が続いているか様子を見るのがよい．

⑧ 交尾終了後は，雌雄ともに十分量の餌を与えること．

参考資料として，ハンドペアリングのビデオクリップを用意した．下のURLにアクセスして頂きたい．2015年5月末の時点で，リュウキュウムラサキのハンドペアリングのみをアップしてあるが，映像の準備ができ次第，公開種を順次拡大する予定である．

https://www.youtube.com/watch?v=RrqXTrCOEU0

鱗翅類のハンドペアリング法について，ごく一般的な例を挙げて概説した．

ハンドペアリングによる交配法を確立することで，ケージ交配が困難な種類の累代飼育が可能となるばかりでなく，今まで選択的な交配ができなかった種類を用いた交配実験や，個体数回復を目的とした希少種の累代飼育などに応用できるものと思われる．

阪口博一氏ならびに南大阪昆虫同好会の皆様には，ハンドペアリングに関する報文の加筆転載を許可して頂いた．また，九州大学の広渡俊哉博士および東京大学の矢後勝也博士には，雌雄交尾器の各部位の名称についてご教示頂いた．Robert Vuattoux 氏には，ダブルケージとその使用法をご紹介頂くとともに，欧米におけるガ類飼育のトレンドについて多数のご助言を頂いた．本田計一博士には，ふた付きの食器入れを用いたアゲハチョウ科昆虫の採卵法についてご教示を頂いた．本編に用いた写真の一部および動画は，鳥取大学農学部の窪田蒼起氏および上村恵美氏に撮影を協力して頂いた．山本勝之氏および仲平淳司氏には，チョウ類の交配法全般について，様々な視点からのご教示を頂いた．とくに，チョウ類の吹き流し交配に関する記述は，ほぼすべてがご両名の知識と経験に基づいている．末筆ではあるが，これらの方々に深甚の謝意を表したい．

引用文献

中　秀司，2007．チョウ類のハンドペアリング．南大阪の昆虫 9: 22-24.

Nishida, R., 2005. Chemosensory basis of host recognition in butterflies? Multi-component system of oviposition stimulants and deterrents. *Chem. Senses,* 30: i293-i294.

Ozaki, K., M. Ryuda, A. Yamada, A. Utoguchi, H. Ishimoto, D. Cales, F. Marion-Poll, T. Tanimura and H. Yoshikawa, 2011. A gustatory receptor involved in host plant recognition for oviposition of a swallowtail butterfly. *Nat. Comm.* 2: 542.

三枝豊平，1984．ゼフィルス類のハンド・ペアリングのテクニックと最近の成果．昆虫と自然 19 (12): 4-9.

Shimoda, M. and M. Kiuchi, 1998. Oviposition behavior of the sweet potato hornworm, *Agrius convolvuli* (Lepidoptera; Sphingidae), as analysed using an artificial leaf. *Appl. Entomol. Zool.* 33: 525-534.

Sparks, M. R., 1973. Physical and chemical stimuli affecting oviposition preference of *Manduca sexta* (Lepidoptera: Sphingidae). *Ann. Entomol. Soc. Am.* 66: 571-573.

The Angiosperm Phylogeny Group, 2009. An update of the Angiosperm Phylogeny Group classification for the orders and families of flowering plants: APG III. *Bot. J. Linn. Soc.* 161: 105-121.

山口夕紀・小野　肇・矢代敏久・西田律夫，2015．アゲハチョウ科食性進化の起源を探る：ウスバシロチョウの産卵刺激物質．第 59 回日本応用動物昆虫学会大会講演要旨集 *.

（2）小蛾類成虫の飼育と交配

大島一正

1）小蛾類成虫の飼育

いわゆる大蛾類の飼育法はチョウ類の飼育法との共通点が多いため，本稿では小蛾類の飼育に焦点を絞って解説する．小蛾類の成虫を飼育する機会は大蛾類やチョウ類に比べると少ないかもしれない．ただし小蛾類には，虫体自体が小型のため配偶行動などの観察も比較的省スペースで行える，という実験材料としての利点がある．また，卵の形態や幼虫の生態を解明する上でも，室内で成虫を飼育・交配できることのメリットは大きい．

野外で成虫を採集した場合

スウィーピングやライトトラップで小蛾類の成虫を採集した際は，ガラス製もしくはプラスチック製の管ビンに成虫を入れる．採集するガのサイズにもよるが，10〜25 ml 程度の容量のものが使いやすい．この際，1つのビンには1個体しか入れないようにする．複数個体を入れると，互いに干渉して翅が傷んだり，不必要な交配につながる．管ビンのふたはスクリュー構造になっているものが多いが，ふたをした状態でも半日程度は生かしておくことができる場合が多い．ただし，日中の採集では，極力サンプルに直射日光が当たらないように配慮し，室内まで持ち帰る．筆者の経験では，野外で採集したメス個体は交尾済みであることが多く，うまく室内で産卵を誘導できれば次世代を得ることができる．これ以降の作業は以下で説明する羽化個体の場合と同様である．

飼育個体を羽化させた場合

飼育個体が羽化した場合，速やかに成虫を回収するのが望ましい．これは，羽化した成虫が飼育容器内を飛び回って傷むのを防ぐためだけでなく，交配実験などに用いる場合に計画外の交配が起こらないようにするためでもある．ただし，羽化後すぐに交配する種もいるため，そのような種の場合は蛹のときから個別飼育を行うべきである．

羽化した成虫個体は，各ガの虫体サイズに合ったサイズの容器で飼育する．たとえば，筆者が研究しているホソガ科ガ類の場合は 50 ml の自立型遠沈管を使用している（図 1.53；Ohshima, 2005）．遠沈管の中には，キムワイプで作整

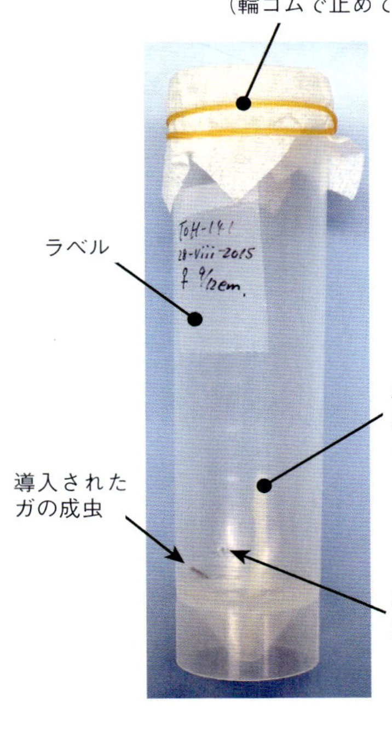

図 1.53　遠沈管の中でホソガ科ガ類の成虫を飼育している様子．遠沈管の中にはこより状にしたキムワイプが入れてあり，飼育しているガの種類に合わせた濃度の砂糖水が染み込ませてある．外側に貼られたメンディングテープには，個体ごとの情報が記入されている．使用している遠沈管は，アズワンの C571-2，2-4726-02 である

したこより（キムワイプを 2 × 10 cm ほどに切り，これを丸めて 2 cm ほどの長さのこよりにする）を入れておき，成虫の餌用の砂糖水を染み込ませておく．砂糖水の濃度はガの種によって調整するが，たとえば筆者が専門としているホソガ科の場合，キンモンホソガ亜科 などの小型種なら 1 %，クルミホソガ などの中型種なら 2 %，ハマキホソガ属などの大型種（ホソガ科にしては）なら 5 %を用いている．

遠沈管に小さなガの成虫を移す際には，吸虫管（図 1.54）を使用する．吸虫管（もともとは遠沈管のふた）を遠沈管にしっかりと取り付け，長い側のチューブを口にくわえて吸引する．このとき，あまり急激に吸引するとガが遠沈管の内壁に衝突して弱るため注意する．

遠沈管に移したあとは，キムワイプを輪ゴムで止めて遠沈管にふたをしておく．小蛾類の成虫は隙間に入り込むことが多いため，ふたのキムワイプと遠沈管との間に隙間ができないように取り付ける．同様に，餌用の砂糖水を染み込ませるためのこよりも，開かないようにきつくひねっておく．遠沈管には，下

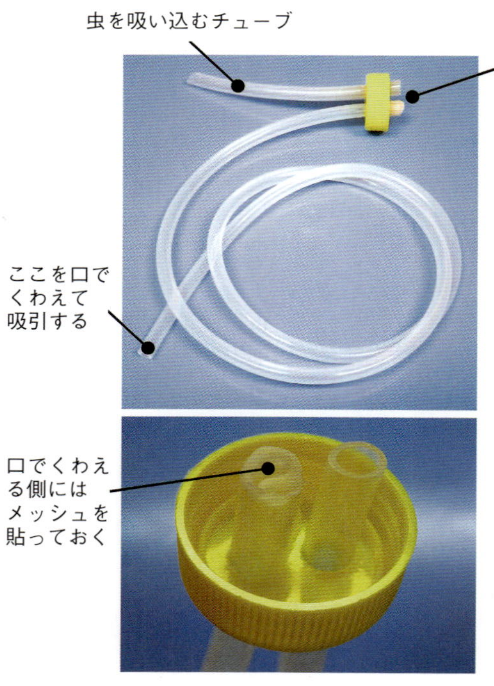

図 1.54　吸虫管の構造．遠沈管のふたにコルクボーラーで 2 ヶ所穴を開け，口にくわえて吸引するチューブと，ガが吸い込まれるチューブがそれぞれ穴を通っている．吸引側チューブの遠沈管に取り付ける側の先端には，メッシュを貼り付けてあり，これによって遠沈管内に吸い込まれたガが口の中まで入ってくるのを防いでいる．吸虫管に用いるチューブは，折れ跡が残りにくいシリコンチューブが適しており，筆者の場合，吸引側には内径 5 mm 外径 8 mm のチューブ（内壁が厚くて折れ曲がりにくい）を，虫が通る側には内径 6 mm 外径 8 mm のチューブをそれぞれ使用している

部付近（7.5 ml の目盛り付近）にあらかじめ熱した針で小さな穴を開けておく．これにより，この穴から注射針を差し込むことで砂糖水の追加ができる．ただし，穴の大きさはガが逃げ出さない程度に留める必要がる．

ガを入れた遠沈管には適宜ラベルを貼り付け，個体ごとの情報を記録する．筆者の場合はメンディングテープをラベルに使用しており（図 1.53），交配させるときにも交配用の遠沈管に容易に貼り直せるため便利である．

成虫を移した遠沈管は，遠沈管ラックに並べて飼育する（図 1.55）．砂糖水を切らさなければ，ホソガ科の場合，この方法で 1 ヶ月ほどは飼育可能である．また，成虫で越冬する種の場合は，4 ℃程度の低温室や冷蔵庫に遠沈管ラックごと入れておくことで，長期間（クルミホソガの場合，最長で半年程度）成虫を維持しておくことが可能である．ただし，2 週間に 1 度程度，室温に戻して砂糖水を追加し，室温のまま 2〜3 時間程度放置して給餌させ，その後再び低温条件に戻す，という作業を行っている．

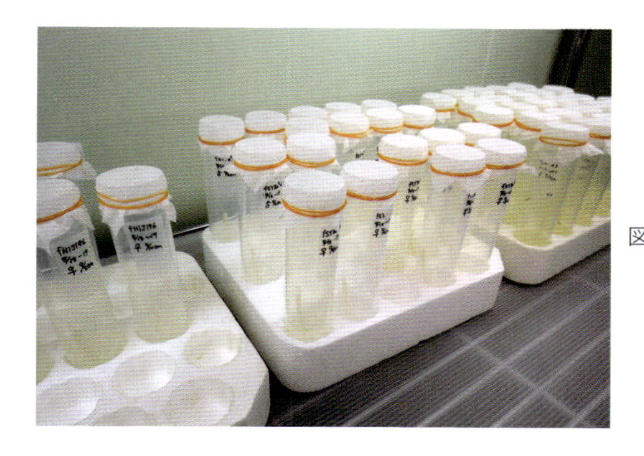

図 1.55 成虫が入った遠沈管を並べた様子．遠沈管ラックに並べると遠沈管が多数あっても扱いやすい．使用している遠沈管ラックは，IWAKI の RACK-50, 11-044-002 であり，1 つのラックに 25 本の遠沈管を立てられる

2）小蛾類の交配

交配を行う場合も飼育容器は遠沈管で十分である．種によっては，寄主植物がないと交配が促進されないこともあるため（たとえば，Ohshima, 2010），寄主植物がわかっている場合は寄主植物の葉も遠沈管に入れておく（図 1.56）．葉を入れる場合は，葉柄側の葉身を切って中肋を切り出し，この部分にキムワイプを巻きつけるとよい（巻きつけ方の詳細は大島（2012）を参照）．

ガ類の交配は 1 日のうちの決まった時刻に起こる場合が多いため，交配させる場合は一定の日長で飼育することが望ましい．日長を一定にすることが困難な場合でも，光源が不定期に ON/OFF を繰り返すような環境下は避け，屋外の日長を反映させるといった工夫をすることが望ましい（ただし直射日光は避ける）．逆に，交配する時刻さえ把握できれば，明期と暗期を規則的に繰り返すことで，容易に配偶行動を観察できることも多い．

先にも述べたが，種によって，羽化後すぐに交配するもの，羽化後しばらくしないと（たとえば 2〜3 日）交配しないものがあり，交配させようとしている種が羽化後の性成熟にどの程度の期間を要するのかを把握することは，交配実験を行ううえで重要な情報となる．これに加えて，1 日のうちで交配が起こる時間も把握しておくことで，羽化後どのタイミングで成虫を回収すれば，計画外の交配を防げるかがわかる．また，羽化後の性成熟に餌の摂取が不可欠な種もいるため，砂糖水の供給も忘れないようにする．羽化後の性成熟に必要な時間がわかれば，性成熟が完了するまでは雌雄を別々に飼育しておき，その後に雌雄を 1 つの遠沈管に入れることで個体間の干渉を最小限にとどめること

図 1.56　交配実験の様子．写真ではクルミホソガを交配させており，寄主植物であるカシグルミの葉を遠沈管内に入れている

ができ，交配時の死亡率や衰弱化を軽減できる．

交配がうまく成立すると，メスは遠沈管内の寄主植物の葉や遠沈管の壁面に産卵を開始する．これから先の採卵や累代飼育の方法に関しては，大島（2012）を参考に工夫されたい．

引用文献

Ohshima, I. 2005. Techniques for continuous rearing and assessing host preference of a leaf-mining moth, *Acrocercops transecta* (Lepidoptera: Gracillariidae). *Entomol Sci.* **8**: 227–228.

Ohshima, I. 2010. Host-associated pre-mating reproductive isolation between host races of *Acrocercops transecta*: mating site preferences and effect of host presence on mating. *Ecol. Entomol*. **35**: 253–257.

大島一正．2012．リーフマイナーの自然史と採集法，飼育法，標本作製法．種生物学研究第 **35** 号「種間関係の生物学」文一総合出版．第 13 章（pp. 331–356）．

（3）小蛾類幼虫の飼育法

小林茂樹

チョウ類や大型のガ類では，すでに多くの図鑑や解説書で様々な幼虫の飼育方法が考案され紹介されている．そのため，個々の種類や様々な目的に応じた詳細な飼育法は，該当する文献などを参照していただきたい．ここでは，前半で植物を食べる植食性鱗翅類幼虫の飼育法の概要を紹介する．後半は，一例として幼虫が葉内で生活する小型のガ類（リーフマイナー）の採集から飼育までの方法を紹介する．

1）飼育の準備

野外の場合，虫の卵，幼虫，蛹を食草ごと採集する．葉の場合，葉柄や枝ごと採集し，ビニール袋やプラスチックカップに入れ乾燥や加湿に気をつけて持ち帰る．

餌（食草）の管理

餌は，野外で幼虫が利用していたものを用いるのが望ましいが，いつでも大量に入手できるとは限らない．たとえ年間を通して入手できても時期によって適，不適があり均一な餌として利用できないことがある．そのため幼虫の採集時に食草も大量に入手しておき，可能であれば冷蔵して長期保存する．草本であれば根ごと抜き移植するか，入手や栽培のしやすい代替の餌を利用してもよい．しかし，本来利用しない代替の餌では，得られる成虫のサイズなどに影響がでることがある．

飼育容器

プラスチックカップ，シャーレ，タッパーなどの密閉容器，ビニール袋など幼虫の種類や餌の大きさに合わせて用意する（図 1.57, 1.58）．タッパーなどの気密性の高い容器は，湿度に注意しないとカビや水滴が発生しやすく，逆に気密性の低い容器では乾燥に気をつける．目的に応じてふたに空気穴をあけるなど湿度を調節する．いずれにしても飼育スペースの大きさ，食草と幼虫の種類，大量飼育するなど飼育の目的と計画に応じて容器を選択したい．

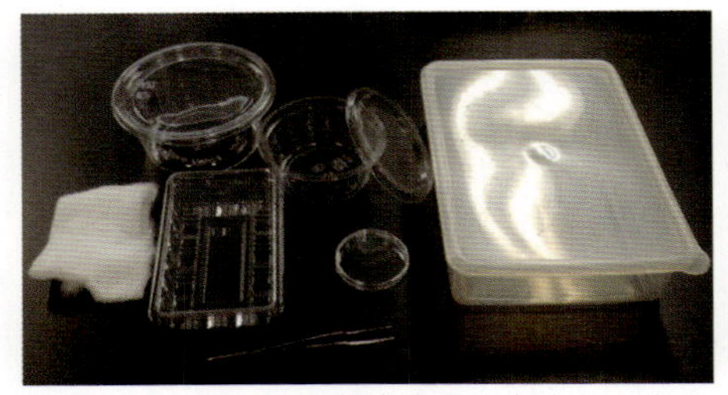

図 1.57　いろいろな飼育容器．左上から大カップ（ϕ129 × 60 mm），小カップ（ϕ101 × 44 mm），タッパー，長方形プラスチック容器（138 × 86 × 6 mm），ペトリ皿

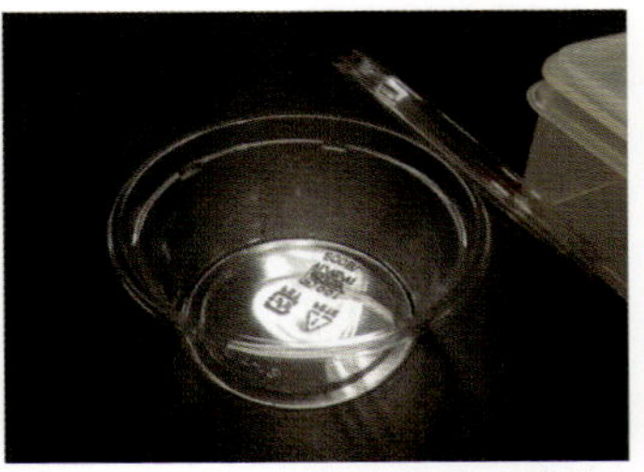

図 1.58　プラスチックカップ（ϕ101 × 44 mm）の容器とふた

飼育施設

温度，湿度，日長などが制御できる部屋や恒温器に飼育容器を置き飼育を行う．カビや病気の蔓延を防ぐため，施設内は整理整頓し清潔に保つ．

飼育環境

① 温度

一般的には 23～27 °C ぐらいで飼育することが多い．温度が低いと個体が休眠することがあるので注意する．種類によっては飼育環境を制御することで年間を通して飼育できる．

② 湿度

湿度に対する感受性はステージにより異なる．高湿を好む種類もいるが，飼育容器内の湿度を高くすると餌にカビやバクテリアが繁殖しやすくなるほか容器内の結露により幼虫が溺死することがある．飼育室の湿度は 50 % 前後にして飼育する虫の湿度要求を満たすようにする．蛹期間は，一見湿度が低くてもよいように思うが湿らした脱脂綿を入れるなどして過度な乾燥に注意したい．

③ 光

16 時間明期，8 時間暗期の長日条件を用いることが多い．光周期を制御することで休眠，不休眠の虫を飼育できる．

④ 密度

飼育下では，効率を上げるため，狭い空間に多数の個体を入れ高密度で飼育することが多い．高密度下では共食いを起こす種や異なる密度条件で

図 1.59　シジミチョウの飼育の様子

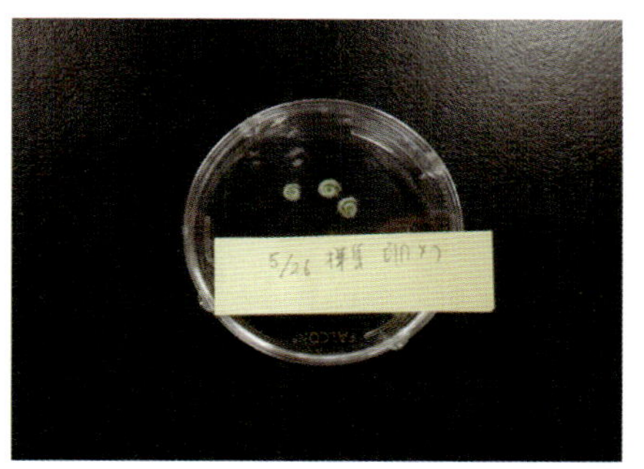

図 1.60　卵の飼育の様子．寄主植物（ソテツ）の新芽に卵がついている

多型が出現する種もいる．飼育目的に合わせた密度条件を考える必要がある．

病気の予防と対策

室内での飼育は，虫にとっては不自然な飼育条件となるため，病気が発生しやすくなる．そのため，飼育用具の清掃と消毒を行い，常に新鮮な餌を与える．飼育容器は，風通しのよい場所に置き，多湿に気をつける．発病を防止するため，幼虫の頭数を制限し，病気の疑いのある個体や死亡した個体は，すぐに取り除く．また，集団感染のリスクを避けるため，飼育場所を複数設けて幼虫を分散して飼育する．

2）飼育の実際

幼虫と食草，容器が準備できたらいよいよ飼育にとりかかる．容器の中に虫と食草を入れ，食草の切り口に水を含ませた脱脂綿やティッシュを巻きアルミ箔で包む．食草は定期的に取り替え，容器内の清掃を行う（図 1.59）．

卵（図 1.60）：卵は，産付された食草（葉）ごと管理し，食草が枯れないよう水分を与える．種類によるが 3〜10 日でふ化する．適度な水分が必要な場合は，容器内に湿らせた脱脂綿など置く．

幼虫（図 1.61, 1.62）：幼虫の体は，直接触らず，やわらかい筆などでそっとすくうか葉などの基質ごと動かす．幼虫の成長に応じて容器を大きなものに移す．容器にフンがたまるので，食草を取り替えるときに掃除する．幼虫は，10〜

図 1.61　幼虫の飼育①．ヒョウモンチョウの 1 齢から 4 齢幼虫を飼育している．若齢には生の植物を中齢以降は人工飼料を与えている

図 1.62　幼虫の飼育②．容器の底にキムワイプをひき水で満たして寄主植物とミズメイガの幼虫をいれている

図 1.63　蛹の飼育．翅がきれいに伸びるようにカップを 2 つ重ね合わせて上面に蛹を設置している

30 日で蛹になる．容器の中が湿っているとカビや病気の原因となるため，水滴がついたら拭き取る．

蛹（図 1.63）：蛹化する場所は種類によって異なるので，葉などの基質，体を固定する棒，土壌など適当な場所を容器内に提供する．チョウ類など大きな翅をもつグループは，羽化台のような羽化するための容器や場所に蛹を移し羽化しやすくする工夫を加える（図 1.63）．蛹は 7〜20 日程度で羽化する．

3）リーフマイナーの採集と飼育

幼虫が葉内で生活する小型のガ類（リーフマイナー）は，様々な植物で見られ，葉の葉肉組織を食い進む幼虫の生活は不思議で魅力的な生態をしている．幼虫が食い進んだトンネル（潜孔 mine）は，野外で目につきやすく，そこか

表 1.1　リーフマイナーのガ類の潜孔の形状分類と特徴*

潜孔タイプ		潜孔タイプの特徴
線状潜孔（L）	線状潜孔（L）	幼虫が一方向のみに食い進む
	蛇行線状潜孔（SL）	初めらせん状で後に蛇行状に伸びる
	腸形線状潜孔（ICL）	小腸のように屈曲後，線状に伸びる
斑状潜孔（B）	正形斑状潜孔（ORB）	多方向に食い進む，一次食痕よりなる（円形，楕円形）
	掌状潜孔（DB），星状潜孔（SB）	中央斑状部から数方向に伸びる枝を出す
	蛇行形斑状潜孔（OPB）	線状潜孔が集積．一次，二次食痕よりなる
	水泡状潜孔（BB）	潜孔内に水蒸気がたまる
	テント状潜孔（TB）	内壁にはられた吐糸でテント状に中高になる
線 - 斑状潜孔（L-B）		初め線状，後に斑状潜孔になる
トランペット型潜孔（T）		初め線状でだんだん幅広くなる
ケース形成（C）		後齢幼虫は円盤状のケースを作り葉の表面を摂食する
葉巻（R）		初め潜孔し，後に葉を巻く

* 信岡ら（2012）を改変

ら種類を同定することもできる（図 1.64）．しかし，リーフマイナーは，特定の寄主植物に依存していたり，新葉のみを好んだりと野外での発生が局所やある時期に限られる種も多い．幼虫が得られても羽化まで至らない場合も多く，その分類や生態はよくわかっていない種が多い．

リーフマイナーの飼育で大事な点は，植物を枯らさないことである．幼虫期のほとんどを植物体内で過ごすため，植物を健全な状態に保てるかが飼育の可否にかかわってくる．多くの種類では，採集した葉のみで餌は十分であり，たくさんの餌を必要とする他の鱗翅類より飼育はしやすい．

ここでは，様々な植物を利用するリーフマイナーの幼虫の採集と成虫を得るための飼育方法を紹介したい．リーフマイナーの採集，飼育方法などについては大島（2012）にも詳しく解説されているのであわせて参考にしていただきたい．

図 1.64　リーフマイナーのガ類の潜孔タイプ．A–D. 線状潜孔（L）・E–J. 斑状潜孔（B）．
A）線状潜孔（L）．B）線状潜孔（L）．C）蛇行線状潜孔（SL）．D）腸形線状潜孔（ICL）．E）正形斑状潜孔（ORB）．F）掌状潜孔（DB）．G）星状潜孔（SB）．H）蛇行形斑状潜孔（OPB）．I）水泡状潜孔（BB）．J）テント状潜孔（TB）．K–L）線－斑状潜孔（L-B）．M）トランペット型潜孔（T）．N）ケース形成（C）．O）葉巻（R）．各潜孔タイプの名称は表 1.1 を参照

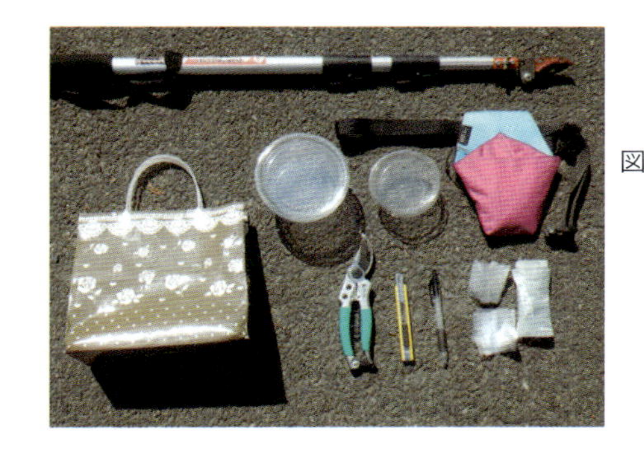

図 1.65　採集用具．上から高枝切りバサミ（3 m 伸長），プラスチックカップ（大小），刃物，小物類を収納する腰袋，ビニール袋とカップを入れる紙袋，剪定バサミ，カッターナイフ，記録用のボールペン，ビニール袋，携帯用ビニール製エコバック．写真にはないが腰袋に成虫捕獲用のスクリュー管，ラベル用の付箋をいれておくと便利

リーフマイナーの採集

採集道具（図 1.65）

ビニール袋，プラスチックカップ，スクリュー管，剪定バサミ，高枝切りバサミ，カッターナイフ，紙袋，カメラ．

幼虫の見つけ方

潜孔は，白，茶，黒色で線が伸びていたり，渦を巻いていたり，シミのように見えることもあり，とても目立つことが多い（表 1.1，図 1.64A～O）．基本は，採集対象の寄主植物を手がかりに探すことになる．種ごとに好む葉の質や潜孔する葉や茎など植物組織は決まっており，採集対象に合わせて探索部分を考えておく．リーフマイナーには鱗翅類のほかに甲虫類，ハエ類，ハチ類が知られており，それぞれ潜孔と幼虫の特徴で見分ける（図 1.66）．リーフマイナーのガ類については，表 1.2 に特徴をまとめているので採集と飼育の参考にしていただきたい．ひとたび，潜孔を見つけたとしても生きた幼虫がいるとは限らない．潜孔の終点部分を日光にすかして幼虫の有無を確認する（図 1.67）．幼虫が生きている場合，幼虫のいる潜孔部分が盛り上がっていたり，ほかの部分より緑色が明るくなっていたりする（図 1.67a）．幼虫が寄生されたり死亡した場合，黒くマミーと化した幼虫や扁平に干からびた幼虫が見つかる．幼虫が脱出した場合，潜孔の終点部分に切れ込み（脱出孔）があり，潜孔内は空になっている（図 1.67b）．しかし，周辺を探せば葉上に幼虫や繭が発見できるかもしれない（図 1.68）．幼虫が死亡したり古くなったりした潜孔は褐変し，潜孔部分の表皮が脱落するので見分けることができる（図 1.67b, 1.69）．

図 1.66　リーフマイナーの種類と特徴の一例．A-D）ハエ類のリーフマイナー．E-H）コウチュウ類．I-L）ハチ類．M-P）チョウ類．A, B, E, F, I, J, M, N）葉の潜孔と幼虫．C, Ca, G, K, O）潜孔からとりだした幼虫．D, H, L, P）成虫．＊それぞれ潜孔，幼虫，成虫は必ずしも対応していない

幼虫が潜っている葉を葉柄から手でちぎるか，ハサミを使って枝や茎ごと切り落とす（図 1.70）．生の葉（とくに落葉樹や草本）は乾燥しやすいので採集後すぐにビニール袋やカップに入れ封をする．採集地，リーフマイナーの種類や寄主植物ごとなどで採集容器を分けると整理しやすく，リーフマイナーの混同を防ぐことができる．繭や外に出た幼虫など小さく紛失しやすいサンプルは小さいプラスチック容器に入れる．幼虫が潜孔の外に脱出して繭をつくる種は，ひとつの袋に多種の葉を入れていると幼虫と寄主植物の対応がわからなくなるので 1 種ごとに袋は分けるのが好ましい．水泡状に膨らんだ潜孔や枝の潜孔

表 1.2　日本に生息する主なリーフマイナーのガ類とその特徴

科名	潜孔タイプ	寄主植物	潜孔する組織部位	蛹化場所（潜孔内 / 外）	繭の形状
モグリチビガ科	L, SL, ICL	ブナ科，バラ科，ヤナギ科，ムクロジ科	葉（全層*）	外(葉上, 地面)	楕円
ツヤコガ科	L-B	ブドウ科，ミズキ科	葉	外(地面)	ケース
マガリガ科	C	ブナ科，カバノキ科，スイカズラ科	葉	外	ケース
ムモンハモグリガ科	ORB, L-B	ブナ科，バラ科	葉（上層*）	内	円形
ヒカリバコガ科	ICL	ブナ科，カバノキ科，ホルトノキ科	葉（全層）	外(葉上)	葉巻型
チビガ科	L, SL, ICL	キク科，ブナ科，シナノキ科	葉（全層），茎	外(葉，枝上)	紡錘
ホソガ科	SL, B, L-B, R	ブナ科，カバノキ科，バラ科，マメ科	葉，茎，枝	内，外(葉上)	楕円
ハモグリガ科	L, B, ORB, L-B	バラ科，ツバキ科	葉（全, 上層）	外(葉上)	ハンモック型
ヒルガオハモグリガ科	ORB	ヒルガオ科	葉（全層）	外(葉上)	ハンモック型
クサモグリガ科	L, T	イネ科，カヤツリグサ科	葉（全層）	外(葉上)	蛹周辺に糸を張る
カザリバガ科	L, T	イネ科	葉（全層）	内	楕円
キバガ科	OPB, T	グミ科，ヒユ科，アカザ科，イネ科	葉	外(葉上)	円形

* 全層は，葉の柵状，海綿状両組織を，上層は柵状組織を指す．葉をすかしたとき，葉の両面から潜孔が確認できるのが全層，向軸側からが上層．潜孔タイプは表 1.1 を参照

も互いに接触して破損することもあるので小分けにするとよい．葉を入れたビニール袋とカップは，紙袋にいれ直射日光に当てないように注意して携帯する．野外で採集時は，邪魔にならない腕に下げられる紙袋（300 × 200 × 300 mm 程度）が使いやすい（図 1.65）．手紐がプラスチック製で袋がビニール加工されて厚みがあるものなら汗などの水分に強く，野外での活動にも十分な耐久性があってよい．紙袋がいっぱいになったら大きな紙袋や箱に順次移していく．

寄主植物の同定のために

幼虫の寄主植物は，飼育にはもちろんのこと，分類や生活史を知るうえで非常に重要な情報である．とくに植物の結びつきの強いリーフマイナーでは，植物と幼虫の組み合わせで種の同定ができることもある．そこで野外で幼虫を採

図 1.67　日光にかざした潜孔．a 新しい潜孔．先端（写真右方向）に黄色い幼虫が見える．b 古い潜孔．全体が褐色に変化して幼虫は脱出済みのため見当たらない．ab ともにバッコヤナギ（ヤナギ科）

図 1.68　リーフマイナーのガ類がつくる繭．A）楕円形（モグリチビガ科）．B）葉を巻く（ヒカリバコガ科）．C）紡錘形（チビガ科）．D）楕円形（ホソガ科）．E）ハンモック形①（ハモグリガ科）．F）ハンモック形②（ハモグリガ科）．G）糸で周辺を囲う（クサモグリガ科）．H）円形（キバガ科）

図 1.69　表皮が破れた潜孔．幼虫が脱出したあと水泡状潜孔の白い表皮部分はほとんどが脱落して潜孔下面の茶褐色部分が露出する

a

b

図 1.70　幼虫の採集．a）手でちぎる．b）剪定バサミで切る．ハサミでないとうまく切れない植物も多いので採集効率を考えて使い分けたい

集するとともに寄主植物の情報も集めておきたい．幼虫が潜っている葉一枚のみを持ち帰ることは避けたい．植物の同定には，葉の特徴のほかに葉のつき方（対生，互生），葉柄や茎の特徴（長さや毛の有無）などの情報が必要なので余裕があれば別にシュートや枝ごと植物体を採集して持ち帰る．また，生えていた場所や木本であれば木の高さが種をしぼるうえで大切になる．ぜひ，写真やメモなどで周辺環境の特徴を残しておきたい．新葉を好むリーフマイナーでは，採集する木本植物が幼木や多くのシュートを展開した状態のことが多く，葉の特徴が通常の場合と異なることがあるので注意する．葉を用いた植物の同定は，小学館フィールドガイドシリーズ 23『葉で見わける樹木』（林　将之（著））が葉のスキャン画像が豊富で調べやすい．同じ著者の山渓ハンディ図鑑 14『樹木の葉』もおすすめである．

リーフマイナーの飼育

飼育道具

ビニール袋，プラスチックカップ，脱脂綿，剪定ばさみ，付箋，ピンセット，スクリュー管．

幼虫の飼育

持ち帰ったサンプルは，潜孔がある葉を葉柄で切り分けて脱脂綿を巻きつける（図 1.71〜1.73）．このとき，しばしばほかのガ類幼虫もくっついていることがあるので除去する．葉を飼育容器に入れ，脱脂綿を水で湿らせる．飼育容

図 1.71　幼虫の飼育例①．a–b）葉柄に脱脂綿を巻きつける．c）脱脂綿を水で湿らせ容器にいれる．d）ふたをしてデータラベルを添付する

図 1.72　幼虫の飼育例②．a）枝に脱脂綿を巻きつける．以降図 15 と同じ．枝を水に差して飼育するのも有効な手段

図 1.73　幼虫の飼育例③．a）あらかじめ葉を短く切っておく．b）容器の底に湿らせた脱脂綿を薄く敷く．c）葉柄の切り口が底にあたるように並べる．d）ふたをする．省スペースで多量の虫を飼育したい場合にとる方法のひとつ．幼虫の観察には向かない．また，多湿によりカビが発生しやすくなる

器のふたには付箋などで採集日，採集場所，植物名などのデータ，もしくはデータに対応した飼育番号を割り当て管理する．

葉は，乾燥しないように定期的に脱脂綿を水で湿らせる．幼虫が十分成長し，蛹化したら水分を徐々に減らす．葉内で蛹化する場合，水をやりすぎると蛹や繭周辺にカビが発生しやすくなるので注意する．葉の外で蛹化する幼虫には，適切な蛹化場所（枝や土壌）などを提供する．繭を形成したあとも容器の端に水で湿らせた脱脂綿を置き乾燥を防ぐ．羽化した成虫は，乾燥した状態では 1〜2 日で死亡してしまうが 1 %ショ糖溶液を染み込ませた脱脂綿を置いておけば 1〜2 週間程度生かすことができる．

新葉は，蒸散が活発で容器内が水分でくもりやすく，カビが発生しやすい．葉の種類によって日持ちしやすさは変わる．マメ科は葉柄から葉身が脱落しやすく長期の飼育には向かない．クルミ科も離層形成で葉が脱落しやすい．一方でヒルガオ科やヘクソカズラなどでは発根が見られ扱いやすい．葉を長持ちさせるために水の代わりにショ糖溶液を与えるとか，木本や大きな葉では，水挿しにしてビニール袋で袋がけをするとか，草本では，根ごと採集し，鉢に植え付けて飼育する方法もよい．簡単にできる方法は，葉柄を採集時の切り口から少し切り戻し，新しい切り口に脱脂綿を巻くことでかなり水の吸い上げが改善できることもある．

越冬方法

成虫になる過程で越冬する種類もいる．蛹や終齢幼虫で越冬する場合，寒冷地では，野外の軒下の土や雪に埋めたり，家屋内の冷暗所で保管したりすると春に成虫が羽化することがある．しかし，暖地では成虫の羽化が難しいことが多い．繭内で蛹（前蛹）や終齢幼虫で越冬する種類は，室内で乾燥に気をつけて加温飼育することで春までに羽化することがある．しかし，潜孔の途中で幼虫越冬する種類は，温度日長を制御しても幼虫が覚醒しない，もしくは葉の劣化のほうが早く，うまくいかないことがある．採集地が近くの場合，潜孔のある葉に袋がけをして天敵から守り春に幼虫が活動しはじめてから葉を採集したほうが効率的かもしれない．逆に潜孔のある落ち葉を大量に採集して加温し成虫を得ることもできる．

引用文献

大島一正，2012．リーフマイナーの自然史と採集法，飼育法，標本作成法．種生物学会（編）川北　篤，奥山雄大（責任編集），種間関係の生物学：pp. 331-356．文一総合出版．東京．

信岡淳史・小林茂樹・広渡俊哉，2012．「三草山ゼフィルスの森」における潜葉性小蛾類の種多様性．*Lepid. Sci.*63: 124-141．

林　将之，2010．小学館フィールドガイドシリーズ 23．葉で見わける樹木 増補改訂版．303 pp．小学館，東京．

林　将之，2014．山渓ハンディ図鑑 14．樹木の葉．実物スキャンで見分ける 1100 種類．759 pp．山と渓谷社，東京．

（4）人工飼料の作製と活用

平井規央

大量飼育や均一な条件での飼育のために，様々な昆虫で人工飼料の開発が試みられてきた．人工飼料の使用には，乾燥状態で寄主植物がストックできることや，葉の採集量が少なくて済むメリットもある．鱗翅類の飼育に用いられる人工飼料の多くは，タンパク質，脂肪，ビタミン，抗生物質などを調製したもので，水分を加えた練り物のような状態で与えられることが多い．寄主植物がある程度限られた狭食性や単食性の種では，寄主植物の乾燥粉末を添加することが多いが，広食性のガ類では，市販のソーセージ状の人工飼料で飼育できる場合も多い．ここでは，人工飼料を用いた具体的な飼育の手順について解説する．

1）人工飼料の調製と飼育

食草粉末を用いた人工飼料では，ベースとなる食草粉末以外の部分を成分ごとにそろえて自分で調整する方法と，市販の粉末飼料に食草粉末を加える方法がある．食草粉末の調製は野外で新鮮な食草の葉を採集し，40～60 ℃に設定した通風乾燥機で約 1 日乾燥させる．乾燥した葉は手で細かく砕き，コーヒーミルなどを用いてさらに細かく粉砕する（図 1.74）．抹茶のようなパウダー状になるまで粉砕するのが望ましい（図 1.75）．食草の粉は，速やかに人工飼料に加工して利用する方がよいが，保存する場合は冷凍庫に入れる．1 年以上経過したものは使用しない方がよい．

市販のインセクタ F-II（日本農産工業製；粉末）をベースとして用いる場合，食草粉末は 30～40％程度入れるのが一般的である．この比率で食草を用いた

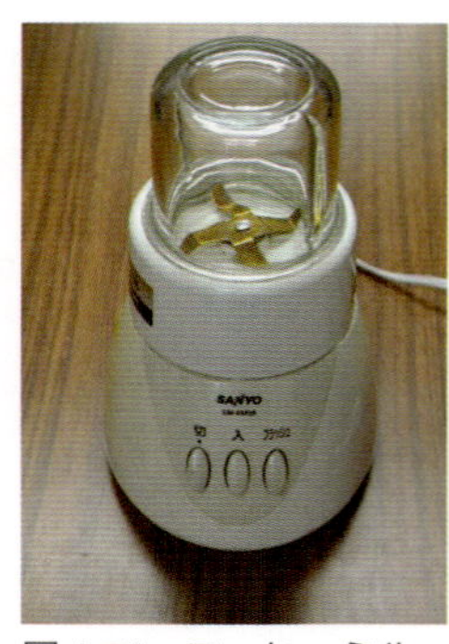

図 1.74　コーヒーミル

図 1.75　リーフパウダー

図 1.76　蒸し器の中の飼料

図 1.77　完成した飼料

図 1.78　人工飼料を食べるクロマダラソテツシジミ幼虫

図 1.79　アサギマダラの終齢幼虫の飼育の様子

場合，生葉で飼育する場合の半分程度の量に節約できていると考えてよい．耐熱のプラスチック容器に粉末を入れて混合後，水を加えて蒸し器で 30〜40 分蒸し（図 1.76），さらに混合した後で常温まで冷えてから使用する（図 1.77）．与える鱗翅類の種によっては，蒸し器の代わりに 1〜2 分程度電子レンジで加熱するだけの方が良い場合もある．飼料は冷蔵庫で 1〜2 週間保存できる．

人工飼料はスプーンで少量を取り，シャーレなどの容器に入れて幼虫に与える．生葉と比較して交換頻度は少ないが，乾燥したり，変色したものはすぐに取り換えたほうが良い．飼育温度にもよるが，20 ℃で 5 日〜1 週間くらいは交換の必要はない．飼料への食いつきを促進するためには，できるだけ小型の容器を用いて幼虫が飼料に到達しやすくすることや，乾燥による飼料の硬化を防ぐことも必要である．筆者は，図 1.78 に示した，透明で比較的密閉性のあるプラスチックシャーレ（Becton Dickinson 製 Falcon 351006 直径 50 mm × 高さ 9 mm）を若齢幼虫や小型の鱗翅類に用いている．幼虫の発育にともなって適当な量の人

表 1.3　幼虫期の人工飼料による飼育が試みられたチョウ類とガ類

科名	種名	食草粉末など	成分	出典	備考
1. 発育期間の一部または全部を人工飼料で飼育できる種					
セセリチョウ科	イチモンジセセリ	メヒシバ	市販飼料	黒田ら(2009)	
	チャバネセセリ	メヒシバ	市販飼料	平井ら(未発表)	やや不適
	チャマダラセセリ	キジムシロなど	市販飼料	平井ら(未発表)	
アゲハチョウ科	キアゲハ	シシウド	市販飼料	Hirai *et al.* (2016)	
	ナミアゲハ	カラタチ	専用組成配合	釜野(1965)	
	ナガサキアゲハ	ミカン	専用組成配合	Yoshio and Ishii (1996)	
	ベニモンアゲハ	ウマノスズクサ	市販飼料	最上(1998)	
シロチョウ科	オオモンシロチョウ	キャベツ	専用組成配合	David and Gardiner (1965)	
	モンシロチョウ	キャベツ	専用組成配合	Kono (1968)	
		セイヨウカラシナ	市販飼料	平井ら(未発表)	
	キチョウ	ネムなど	市販飼料	加藤・坂倉(1994)	
	タイワンキチョウ	ネムなど	市販飼料	加藤・坂倉(1994)	
	ツマベニチョウ	ギョボク	市販飼料	最上(1998)	
	クロテンシロチョウ	(なし)	市販飼料	最上(1998)	コナガ用
タテハチョウ科	アサギマダラ	ガガイモなど	市販飼料	Hirai and Ishii (2001)	
	オオゴマダラ	ホウライカガミ	市販飼料	平井ら(未発表)	
	ツマムラサキマダラ	ガガイモ	市販飼料	平井ら(未発表)	
		キョウチクトウ	市販飼料	清水(1999)	
	ヒメアサギマダラ	ガガイモ	市販飼料	平井ら(未発表)	
	カバマダラ	ガガイモ	市販飼料	平井ら(未発表)	
	スジグロカバマダラ	ガガイモ	市販飼料	平井ら(未発表)	
	クジャクチョウ	カラハナソウ	市販飼料	平井ら(未発表)	若齢は不適
	シータテハ	カラハナソウ	市販飼料	平井ら(未発表)	若齢は不適
	ヒオドシチョウ	エノキ	市販飼料	平井ら(未発表)	若齢は不適
	アオタテハモドキ	キツネノマゴ	市販飼料	Hirai *et al.* (2011)	
	ツマグロヒョウモン	パンジー	市販飼料	平井ら(未発表)	
シジミチョウ科	シルビアシジミ	シロツメクサ	市販飼料	Sakamoto *et al.* (2011)	
		ミヤコグサ	市販飼料	平井ら(未発表)	
	ヒメシルビアシジミ	シロツメクサ	市販飼料	平井ら(未発表)	
	クロマダラソテツシジミ	(なし)	市販飼料	石井・平井(2010)**	小型になる
	ルリウラナミシジミ	(なし)	市販飼料	平井ら(未発表)	
ハマキガ科	チャノコカクモンハマキ	チャノキ	専用組成配合	野口(1991)*	
	リンゴコカクモンハマキ	チャノキ	専用組成配合	野口(1991)*	
	チャハマキ	チャノキ	専用組成配合	野口(1991)*	
	カンシャノシンクイハマキ(カンシャシンクイ)	サトウキビの茎	専用組成配合	金城(1991)*	
シンクイガ科	モモシンクイガ	リンゴ果実	市販飼料	川嶋(1991)*	
メイガ科	モモノゴマダラノメイガ	(なし)	専用組成配合	Honda *et al.* (1979)	

科名	種名	食草粉末など	成分	出典	備考
	シロイチモジマダラメイガ	(なし)	専用組成配合	服部(1991)*	
	ワタノメイガ	アオギリ	専用組成配合	本田(1991)*	
	クワノメイガ	クワ	市販飼料	Seol *et al.* (1986)	
	アワノメイガ	(なし)	専用組成配合	斉藤(1991)*	
ドクガ科	マイマイガ	(なし)	専用組成配合	島津(1991)* など	
	ヒメシロモンドクガ	(なし)	市販飼料	佐藤(1991)*	
ヒトリガ科	アメリカシロヒトリ	(なし)	市販飼料	竹田・五味(1991)*	
	クワゴマダラヒトリ	(なし)	市販飼料	国見(1991)*	
ヤガ科	ウワバ類	(なし)	専用組成配合	一瀬(1991)*	
	カブラヤガ, タマナヤガ	(なし)	専用組成配合	若村(1991)*	
	ヨトウガ	(なし)	専用組成配合	平井(1991)*	
	アカエグリバ, ヒメエグリバ, アケビコノハ	(なし)	専用組成配合	大政(1991)*	
	アワヨトウ	(なし)	市販飼料	平井ら(未発表)	
	イネヨトウ	(なし)	専用組成配合	金城(1991)*	
	シロイチモジヨトウ	(なし)	専用組成配合	堀切(1991)*	
	ハスモンヨトウ	(なし)	専用組成配合	川崎(1991)*	
	シロモンヤガ	(なし)	専用組成配合	後藤・筒井(1991)*	
	オオタバコガ	(なし)	市販飼料	吉田(2010)**	
コナガ科	コナガ	キャベツ	専用組成配合	宮園ら(1992)	
ヒロズコガ科	クロテンオオメンコガ	サトウキビ	市販飼料	吉松・広渡(2010)**	
2. 人工飼料での飼育を試みたものの成功していない種					
アゲハチョウ科	ギフチョウ	カンアオイ	市販飼料	平井ら(未発表)	ほとんど食べない
シロチョウ科	ヒメシロチョウ	ツルフジバカマ	市販飼料	平井ら(未発表)	ほとんど食べない
タテハチョウ科	ゴマダラチョウ	エノキ	市販飼料	平井ら(未発表)	ほとんど食べない
	アカボシゴマダラ	エノキ	市販飼料	平井ら(未発表)	ほとんど食べない
ヤガ科	イチジクヒトリモドキ	イヌビワ	市販飼料	石井・平井(2010)**	食べるが発育しない

* 湯嶋ら（1991）の分担執筆より
** 積木ら（2010）の分担執筆より

工飼料を追加するが，終齢幼虫はとくに多くの量を必要とする場合がある．飼育容器は幼虫のサイズに応じてプラスチック容器などを用いる（図 1.79）．

人工飼料での飼育が可能な鱗翅類の種と，飼育が困難な種について表 1.3 にまとめた．筆者がこれまでにインセクタ F-II を用いて予備実験を行った種に

図1.80　インセクタLFS（日本農産工業社製）

ついてもこの表に示した．素直に食べて生葉と同様かそれ以上に良好に発育する種もあれば，食いつかずに死亡したり，発育が遅延する種もいる．原因はよくわからないが，若齢期に与えると発育せず，終齢やその1齢前から与えると良好に発育する種が結構見られる．

2）市販のソーセージタイプの人工飼料

カイコ飼育用の桑の葉成分を多く含んだ人工飼料（シルクメイト；日本農産工業社製），アブラナ科を食べる種に特化した飼料（インセクタコナガ；日本農産工業社製），広食性のガ類を主な対象とした人工飼料（インセクタLFS；日本農産工業社製，図1.80）などがソーセージ型に加工して市販されている．インセクタLFSは様々な鱗翅類に利用できる．広食性のアメリカシロヒトリ，ハスモンヨトウなどのヤガ類はこの飼料のみで累代飼育ができる．ヤクシマルリシジミやクロマダラソテツシジミなど一部のチョウでもインセクタLFSによる飼育が可能である．

以上のように，人工飼料は省力化や安定した飼育に適している半面，種によって食べない場合も多い．また，野外から幼虫を持ち帰る場合などは発育の途中から人工飼料に交換することになるが，問題なく食べる種もあれば，食いつきが悪い種もある．広食性種の多いガ類では，まず汎用性の高いインセクタLFSのような飼料を与えてみるのがよく，狭食性種の多いチョウ類では，インセクタF-IIなどに乾燥食草粉末を大目に加えて調製した飼料を与えて様子を見るのがよいだろう．以下参考となる主要な文献をあげておく．

引用文献

David, W. A. L. and B. O. C. Gardiner, 1965. Rearing *Pieris brassicae* L. larvae on a semi-synthetic diet. *Nature* 207: 882–883.

Hirai, N. and M. Ishii, 2001. Rearing larvae of the chestnut tiger butterfly, *Parantica sita* (Kollar) (Lepidoptera, Danaidae), on artificial diets *Trans. lepid. Soc. Japan* 52: 109–113.

Hirai, N., T. Tanikawa and M. Ishii, 2011. Development, seasonal polyphenism and cold hardiness of the blue pansy, *Junonia orithya orithya* (Lepidoptera, Nymphalidae). *Lepid. Sci.* 62: 57–63.

Hirai, N., Y. Hirai and M. Ishii, 2016. Differences in pupal cold hardiness and larval food consumption between overwintering and non-overwintering generations of the common yellow swallowtail, *Papilio machaon* (Lepidoptera: Papilionidae), from the Osaka population. *Entomol. Sci.* 19 (in press).

Honda, H., J. Kaneko, Y. Konno and Y. Matsumoto, 1979. A simple method for mass-rearning of the yellow peach moth, *Dichocrocis puncriferalis* GUENEE (Lepidoptera: Pyralidae), on an artificial diet. *Appl. Entmol. Zool.* 14: 464–468.

加藤義臣・坂倉文人，1994．タイワンキチョウの人工飼料育およびその寄主植物についての若干の知見．蝶と蛾 45: 21–26.

釜野静也，1965．人工飼料によるアゲハ幼虫の飼育．応動昆 9: 133–135.

Kono, Y., 1968. Rearing *Pieris rapae crucivora* BOISDUVAL (Lepidoptera : Pieridae) on artificial diets. *Appl. Entomol.Zool*. 3: 96–98.

黒田修司・平井規央・石井　実，2009．幼虫寄生蜂セセリオナガサムライコマユバチの発育に及ぼす寄主齢の影響．応動昆 53: 85–90.

宮園　稔・山本牧子・大羽克明・腰原達雄・石黒丈雄・林　幸之，1992．コナガの人工飼料による簡易飼育．応動昆 36: 193–196.

最上絵里，1998．多摩動物公園における人工飼料によるチョウの飼育．インセクタリゥム 35: 188–193.

Sakamoto, Y., N. Hirai, T. Tanikawa, M. Yago and M. Ishii, 2011. Two Strains of *Wolbachia* and sex ratio distortion in a population of an endangered butterfly, *Zizina emelina* (Lepidoptera: Lycaenidae), in northern Osaka Prefecture, central Japan. *Ann. Entomol. Soc. America* 104: 483–487.

Seol, K. Y., H. Honda and Y. Matsumoto, 1986, Artificial diets for mass-rearing of the lesser mulberry pyralid, *Glyphodes pyloalis* WALKER : Lepidoptera: Pyralidae. *Appl. Entmol. Zool.* 21: 109–113.

清水聡司，1999．箕面公園昆虫館におけるツマムラサキマダラの累代飼育．インセクタリゥム 36: 364–368.

積木久明・田中一裕・後藤三千代，2010．昆虫の低温耐性，343pp．岡山大学出版会，岡山．

吉尾政信，1998．人工飼料の利用．日本環境動物昆虫学会編，今井長兵衛・石井実（監修），チョウの調べ方．pp. 198–206.

Yoshio, M. and M. Ishii, 1996. Rearing larvae of the great mormon butterfly, *Papilio memnon* L. Lepidoptera Papilionidae), on artificial diet. *Jpn. J. Ent.* 64: 30–34.

湯嶋　健・釜野静也・玉木佳男，1991．昆虫の飼育法．廣済堂，東京．

コラム

チョウ類成虫の飼育法・飼育容器・ケージのいろいろ

平井規央

チョウ類成虫の飼育には様々なサイズの容器，ネットなどを用意し，それぞれの種に適した方法を見つけることが重要である．おおむねチョウの体サイズに応じた容器でうまくいくことが多いが，繁殖にかなりのスペースを要する種もいる．シジミチョウ類には腰高シャーレのような透明プラスチックケース（図1：志賀昆虫普及社製）を用いると，採卵がしやすい．佃煮などを入れる目的の透明プラスチックカップでも十分である．パネット（図2；クラーク株式会社製）は，小～中型のチョウ類の飼育で用いることが多く，生地が柔らかいので翅が痛みにくい．野外調査時の一時保管（マーキングなど）や輸送にも使える．使用しないときは折りたたんで保管できるので便利である．Bugdorm（図3；台湾昆虫用具専門店，BugDorm Store製）は，ネット部分と透明ビニール部分が半分ずつあり，内部の照度が高いので，シジミチョウ科，セセリチョウ科，シロチョウ科などの交配に使いやすい．中に瓶挿しの花を入れて吸蜜源にするとよい．小型の容器やケージで交配や採卵がうまくいかない場合は大型ケージ（図4；クラーク株式会社製）を用いることもある．キャンプ用品の網でできたテントや，蚊帳などを用いることもできるが，出入りの際に虫が逃げないよう，細心の注意が必要である．

図1　密閉型の透明プラスチックシャーレ（志賀昆虫普及社製）

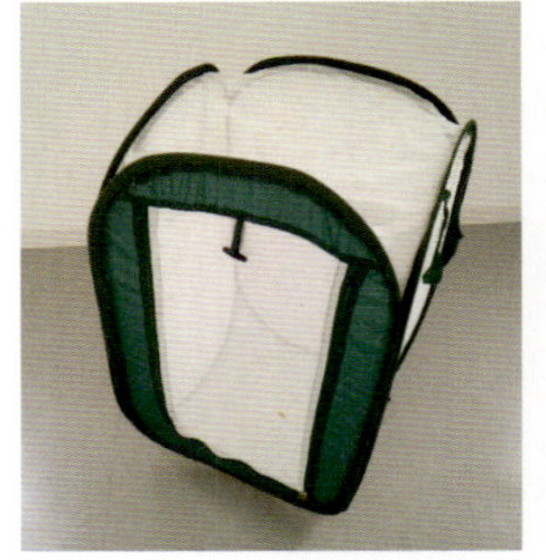

図2　成虫の保管に便利なパネット(クラーク株式会社製)

図3　小～中型チョウ類の交配に使いやすいBugdorm（台湾昆虫用具専門店，BugDorm Store製）

図4　大型ケージ（クラーク株式会社製）を屋外に設置した様子

第2章　標本作製

1. 成虫の標本作製法

（1）小蛾類の展翅法

広渡俊哉

小蛾類をテープで押さえて展翅する方法は，基本的にチョウの展翅と同じなので，チョウの展翅をやったことがある人にとってはさほど難しくはないかもしれない．しかし，サイズが小さいだけに，チョウとは要領が違う点もいくつかある．展翅法については，Holloway *et al.*（1987），広渡（1999），大島（2013）も参考になる．また，簡易展翅法や翅押さえ針を使う方法は，本書の第2章1．（2）や同章のコラムを参照してほしい．

1）展翅用具

基本的にチョウの展翅と同じ用具を用いるが，いくつか特殊なものもある（図2.1〜2.7）．

ここでは，殺虫に用いる用具も含めて解説する．

殺虫管：ガ類の殺虫には殺虫管を用いる．殺虫のための薬剤としては，アンモニア水を使用する．酢酸エチルなどでも代用できるが，虫体が少し硬くなって展翅がしづらくなる．また，薬剤を使用せずに管ビンごと凍結させて殺虫する方法もあるが，解凍後に虫体が硬くなったり，管ビン内の結露によって鱗粉がとれたりすることがある．

ポリフォーム台（図2.2）：プラスチックケースの底にポリフォームを貼ったもの．針を刺す際に，チョウは体（胸部）を左手で持って右手で昆虫針を刺すことができるが，小蛾類の場合は，虫体を手で持つことができないので，ポリフォーム台の上に虫体を置いてから針を刺す．ポリフォーム台には，後述の各種微針を刺しておくと便利である．

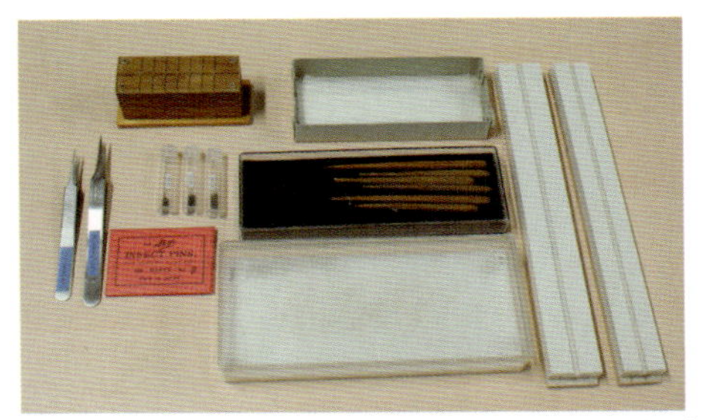

図 2.1　展翅・標本作整用具一式（殺虫管を除く）

図 2.2　ポリフォーム台

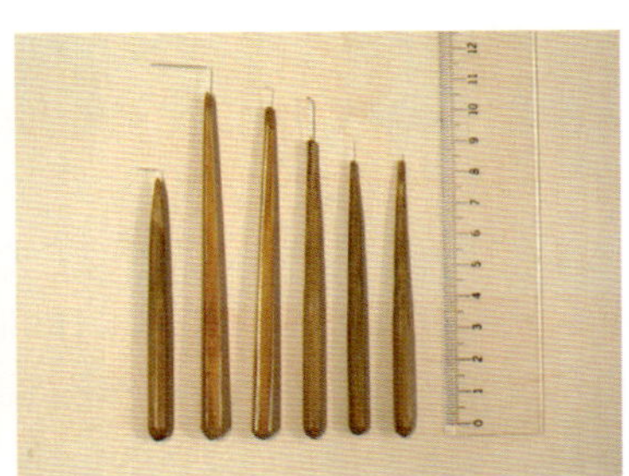

図 2.3　柄付き針各種

図 2.4　平均台

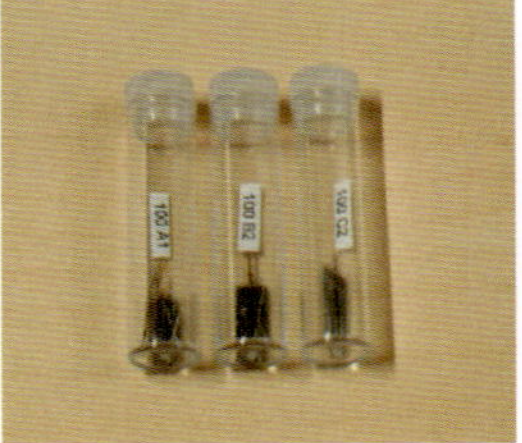

図 2.5　微針

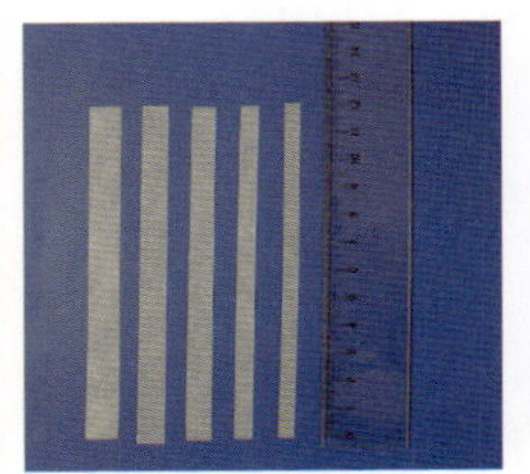

図 2.6　展翅テープ

展翅板（図 2.7）：チョウのものより小型で，長さ 23 cm，幅 20～30 mm，溝幅 1～5 mm 程度のものが一般的．ガのサイズや体の太さによって展翅板を選ぶ．溝が広すぎてガの翅の外側だけが展翅テープで押さえられたり，幅が狭くて翅が展翅板からはみ出したりしないように注意する．小蛾類用の展翅板はあまり市販されておらず，材料を揃えれば自分で作製することも可能だが，モグリチビガ科などの研究者である平野長男氏（松本市在住）作製のものが優れている．

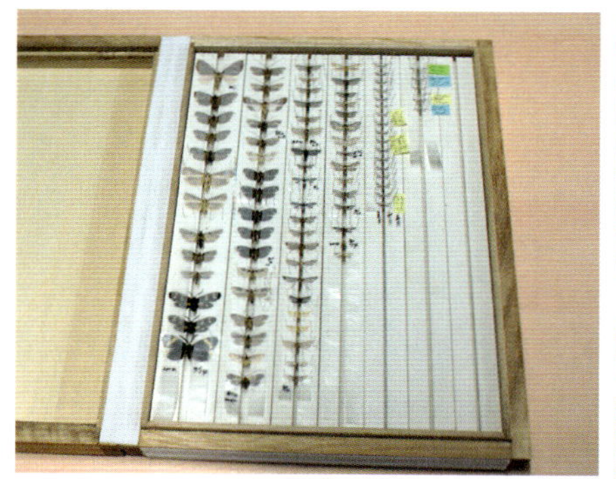
図 2.7　携帯用ケースに納まった展翅板

図 2.8　調査地での展翅の様子（中国海南島）

展翅テープ（図 2.6）：展翅板の広さに応じて幅の違うものを準備する．テープの幅が狭すぎると翅の外側がテープからはみ出て反り返ることがある．また，テープの幅が展翅板からはみ出さないものを選ぶ．図示したのは長さが約 12 cm と短いもの．テープが長すぎると，展翅の際に扱いにくく，多数の個体を展翅する際に少しずつ左右にずれることがある．

針（微針）（図 2.5）：Watkins & Doncaster 社製のものを紹介すると，太さは A（0.14 mm）B（0.19 mm），C（0.22 mm）などがあり，A，B，C の順に太くなる．また，A1，B2 のような数字が付されており，1 は 10 mm，2 は 12.5 mm で，通常 A1，B2，C2 の各微針が使用されることが多い．筆者の場合，一般的な小蛾類では B2 を使用するが，ハモグリガ，モグリチビガ，キバガ科の極小サイズのものなどは A1，ハマキガやメイガなどの大型サイズでは C2 を用いる．なお，展翅の際の留め針としては，C2 が適当である．これ以上細いと針が曲がることがあり，これ以上太いと展翅板に留め針を刺した穴が目立つようになる．

柄付き針（図 2.3）：図示したのは，竹製の箸を短く切って削り，先端に微針をつけた手製のもの．右の 2 本が，展翅の際に使用するもの．先端に穴をあけて微針を差し込む（あるいはカッターなどで先端に切れ目をいれて微針を差し込み，ボンドで固定する）．真ん中の 2 本は，微針の先端を鉤状に曲げたもの．触角を整形する際，下方に曲がって展翅板の溝に入り込んだ触角を拾い上げるのに使用する．左の２本は，針（微針）の先端をＬ字形に曲げたもの．触角の整形に用いる．柄の部分や針の長さは，使いやすさによって適当に調整する．

その他の用具

微小なガ類を展翅するには，ヘッドルーペや携帯用実体顕微鏡が必要な場合がある（図2.8）．また，十分な明るさを確保するために，照明器具も準備したい（図2.8）．展翅板から標本をはずした後に，標本の高さ，ラベルの高さやマウント台の高さを揃えるのに平均台（図2.4）を使うと便利である（平均台の使い方は本書の第２章1.(3) を参照してほしい）．

2）展翅の手順（92〜93ページ，図2.9〜2.17）

① まず，展翅をする前に殺虫する必要があるが，上述のように殺虫にはアンモニア殺虫管を使用する．その際に，管ビン（スクリュー管）などに捕獲しておいたものを，小蛾類が逃げないように管ビンごと殺虫管に入れる（図2.9）．

② ガを殺虫管から取り出してポリフォーム台の上に置き，ピンセットなどを用いて微針を虫体に刺す．このとき，チョウと同じで胸部（中胸）背面の中央に針を刺すが，胸部背面が真上になるようにポリフォーム台に置いて，正面，側面のいずれから見ても針が体に対して直角になるように注意する（図2.10）．

③ 適当な大きさ（幅と溝）の展翅板を選び，針が斜めにならないように溝の部分に刺す．この際に，翅を広げる面と展翅板の面とが同じ高さになるように注意する．虫体が展翅板の高さより高すぎて浮いたり，低すぎて溝に沈んだりすると，翅が折れ曲がってしまう（図2.11）．

④ 虫体の高さを調節できたら，ピンセットや柄付き針などを使って翅を広げて展翅テープをかぶせる（図2.12）．翅が広がりにくい場合は，テープをかぶせる前に口をすぼめて「ポッ」という破裂音で虫体の後方から息を吹きかけると，翅が簡単に広がる場合がある．

⑤ 翅を整形する前に，触角をテープの下で整形しておく（図2.13）．その後に左前翅，左後翅の順番に柄付き針を用いて翅を上げる．この際に，チョウであれば翅の基部の翅脈に針を引っかけても大丈夫だが，小型のガ類の

場合は，柄付き針の先端を翅の基部から裏面側に滑り込ませるようにし，なるべく翅の表面を柄付き針で触らないようにする．

⑥ 翅を上げる場合には，左手で展翅テープをゆるめ（図 2.14），翅が上がって形が整ったら展翅テープを後方に引っ張り，微針を刺して固定する．

⑦ これと同じことを右翅でも繰り返す（図 2.15）．

⑧ また，可能な限り，脚を整形する（図 2.16, 2.17）．スカシバガやメイガなどでは，脚の色彩や鱗毛が特徴的である場合が多い．展翅を終えた状態のメイガ 2 種を図 2.17 に示した．左のガは，触角の形や翅の整形の仕方が悪い例．

⑨ 最後に，腹部が下がって展翅板の溝に沈んでしまうような場合は，脱脂綿などを小さくまるめたものを腹部の下（展翅板の溝）に入れるか，腹部を微針で支えるなどの処理をする．あるいは，展翅板を垂直に立てるか，ぶら下げると簡単である．

図 2.7 は，携帯用ケースに納まった展翅板．
採集地点ごとに，採集日やデータを記入した仮ラベルをつけておく．

引用文献

Holloway, J. D., J. D. Bradley and D. J. Carter, 1987. CIE Guides to Insects of Importance to Man. 1. Lepidoptera. Betts C. R. ed. 262pp. CAB International Institute of Entomology, British Museum of Natural History, UK.

広渡俊哉，1999．標本製作法．Pp. 173–180．チョウの調べ方．日本環境動物昆虫学会（編），文教出版．

大島一正，2013．小蛾類の研究と観察の方法．那須義次・広渡俊哉・岸田泰則（編），日本産蛾類標準図鑑 **4**: 10–13．学研教育出版，東京．

展翅の手順

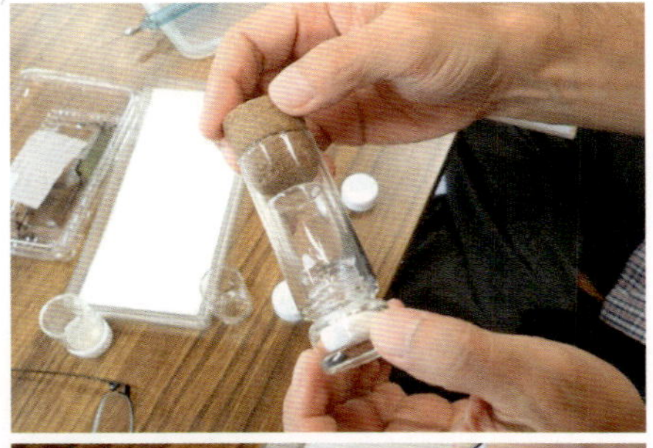

図 2.9　アンモニア毒ビンにガの入った管ビンごと投入

図 2.10　ポリフォーム台の上にガを置き，微針を刺す

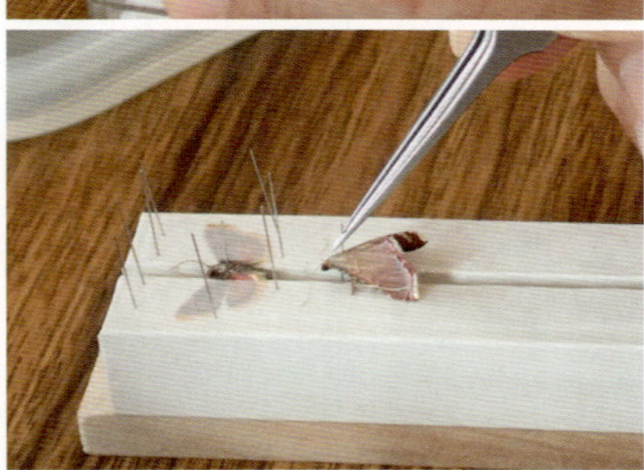

図 2.11　展翅板にガを固定する

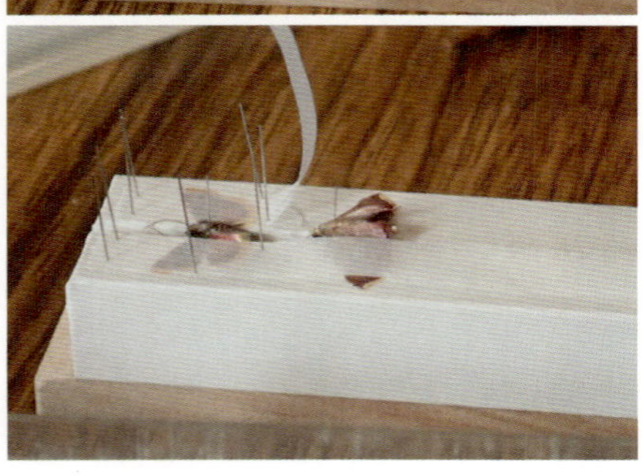

図 2.12　翅を広げてテープをかぶせる

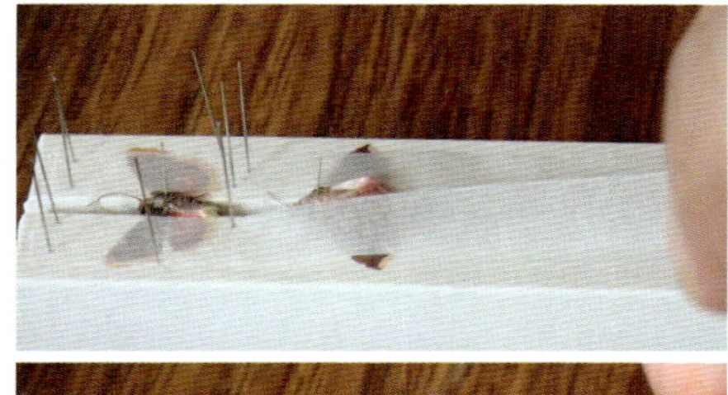

図 2.13　この状態で触角を整形する

図 2.14　柄付き針で左前翅から上げていく

図 2.15　右の翅を上げる

図 2.16　翅を整形後，脚や腹部を整形する

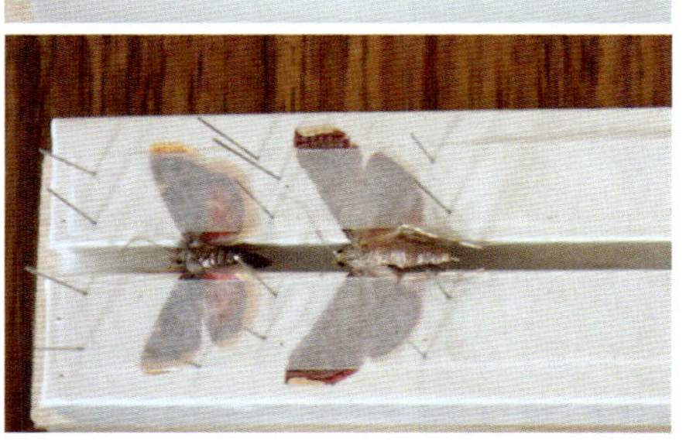

図 2.17　展翅を終えた状態．左の個体は，触角や翅の整形ができておらず，悪い例（奈良県曽爾村 2015 年 6 月）

コラム

翅押さえ針を使った展翅

那須義次

図のような翅押さえ針を使った小蛾類用の展翅法（通称豚毛法）は，テープ法に比べて少し時間がかかるが，小蛾類の展翅において翅や触角などの整形に優れている場合がある．筆者も学生のとき，はじめて小蛾の展翅を習ったときはこの方法であった．本方法については，一色ら（1958）に紹介されている．しかし，翅の基部を豚毛で押さえるため，押さえた部位が傷つくことがあること，展翅に時間がかかること，豚毛が手に入りにくいこともあり，今ではテープ法が普通になった．しかし，小蛾類を軟化展翅するときはこの方法の方が整形しやすいことがあるので，時には有用な方法であると考える．そこで，手に入りにくい豚毛に替わってナイロン糸（釣りで使用する太い道糸など）を使う方法を紹介したい．

必要な器具：翅押さえ針，小さく切ったパラフィン紙，パラフィン紙固定針（細い針，小蛾類の展翅に使うC3あるいはD3の微針でもよい），翅を動かすための3号程度の昆虫針（柄付き針でも可），ピンセット，展翅板．

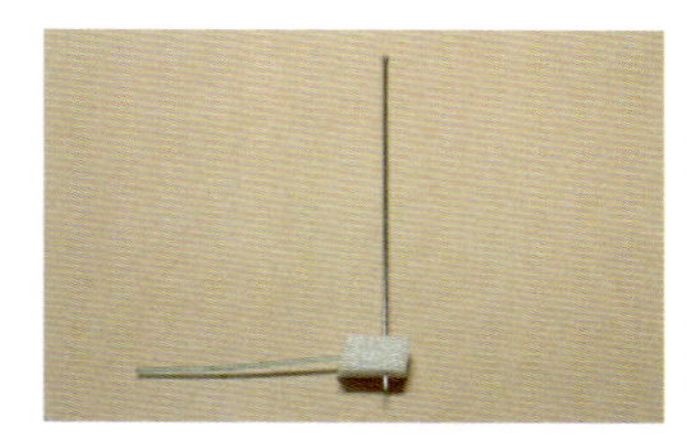

翅押さえ針のつくり方

材料：図のような小さな長方形のポリフォーム（コルク片でもよい），1～3号程度の昆虫針，2cmほどのナイロン糸（釣りの道糸5号程度）．

ポリフォーム片に昆虫針を垂直に刺し，先端を少し出す．このポリフォーム片にナイロン糸をほんの少し斜め下に向くように図のように差し込む．ナイロン糸は少ししなる方がいいので，道糸なら5号程度がよい．

展翅の手順

① 針を刺したガを展翅板に垂直に，翅の高さが展翅板と同じになるように，展翅板の溝に刺す．
② 蛾の翅を尾方から息をふっと吹きかけ翅を展翅板に斜めに広げて乗せる．息で広がりにくいようであれば，針などを使って翅を斜めにする．
③ 翅の基部を翅押さえ針で押さえる．押さえる力が強すぎると翅に傷がつ

くので，注意する．

④ 触角の位置を決め，小さく切ったパラフィン紙で固定する（触角の固定は翅の固定の後でもよい）．

⑤ 前翅の基部の裏側からそっと針を斜めに入れて，展翅板の前方に動かす．前翅の位置が決まったらパラフィン紙を翅の上から固定針で刺して翅を固定する．

⑥ 後翅も同様に動かして，パラフィン紙で固定する．

⑦ 固定が終われば，翅押さえ針をはずす．

⑧ 反対側の翅，触角も同様に固定する．

⑨ 標本の乾燥が終われば，針とパラフィン紙を除く．このとき，丁寧に外さないと触角などを傷めることがある．

①②ガを展翅板に刺す

③翅押さえ針を翅の基部に

④触角の位置を決め，固定

⑤前翅を動かして固定

⑥後翅も動かして固定

⑦⑧反対側の翅と触角を同様に固定

引用文献

一色周知・六浦　晃・黒子　浩，1958．採集と飼育・標本製作・研究方法．江崎悌三ら（著），原色日本蛾類図鑑（下）：245-282，保育社，大阪．

（2）証拠標本の簡易展翅法　　那須義次

応用分野や基礎分野を問わず，研究・調査対象の虫の名前が不正確では論文の価値が損なわれる大問題となる．研究対象の害虫によく似た種が複数混じっていたなんてことは少なからずあるし，分類研究が進んで今まで1種類だったものが複数種に分けられることはよくあることである．研究対象の虫を正確に同定するため，あるいは将来の分類研究の進展に対応するためにも証拠となる標本の作製と保存は重要になる．甲虫類と違い，鱗翅類は鱗粉に覆われているため，同定上重要な手がかりである斑紋の鱗粉がすぐにはがれて同定に支障を来すことが少なくない．まして，小蛾類はその小ささゆえ，手荒に扱うと鱗粉がすぐはがれてしまうことが多い．このため，シャーレや三角紙に死んだままの姿で放り込まないこと．斑紋を傷めず，同定作業に適した標本を作製するには，針刺しと展翅は不可欠である．とくに，小蛾類は殺虫後すぐに展翅しなければ，体が硬くなって後の処理が難しくなってしまう．ここでは，証拠標本（voucher specimen）としての小蛾類の簡易な保存，展翅法を駒井（2001）および那須（2005）に基づいて紹介したい．

器具と薬品：殺虫管（スクリュー管ビンなどでもよい），殺虫剤（アンモニア水），昆虫針（あるいは微針）と厚めの発砲スチロールなど（図2.18）を準備する．昆虫針は志賀昆虫普及社製の有頭昆虫針（1号以下の細い針で，有頭針が扱いやすい）が手に入れやすい．

① 殺虫管などでガを完全に殺す．アンモニア水で殺すのがよい（死後しばらくの間は体が硬くなりにくい）．数分で完全に殺すことができる．ポイントは，完全に殺しておくこと，蘇生すると翅が動いて傷んでしまう．殺したらすぐに次の作業に移る．時間をおくと体が硬くなってしまう．

② ガの胸の真ん中かあるいは少し尾方に針を垂直に刺す．厚めの発砲スチロールにガの体を水平にのせ，針の頭が1.5 cmほど出るまで，針を押し込む（図2.19）．

③ その後，ピンセットか針を翅の基部の下に入れて左右の翅を上にあげる

（図 2.20, 2.21）．翅は斜めになっていても良い．翅があがりにくいときは，針を発砲スチロールに垂直でなく，針をやや斜め後方に倒して，体を腹部の方から斜めにやや倒して突き刺すと，発砲スチロール面と翅の摩擦で，翅があがりやすくなる．標本はできるだけ数多く作製しておくことが肝心．複数種混じっている可能性があるときはなおさらである．

④ このままの状態で，乾燥させる．このとき，カツオブシムシやチャタテムシなどから標本を守るため，40〜42 ℃に設定したインキュベーター内で乾燥させるとよい．インキュベーターがない場合は，殺虫のためのナフタリンなどを入れた容器の中に入れておく．乾燥は数日で OK．標本の保存はこのままの状態でもよいが，乾燥後，発砲スチロールから抜き，必要事項を記したラベルを付けて，標本箱に保管しておく．標本箱にはナフタリンなどを入れ，冷暗所に保存する．

この方法は，大きなガなどの展翅にも応用できる．三角紙標本のままにしておくと，後での整理や同定依頼が困難になったり，せっかくの標本が傷んでしまったりするおそれがある．昆虫針は体の大きさに合わせて変える．号数が大きいほど太くなる．

体が小さいものには．長い昆虫針の代わりに微針を使ってもよい（図 2.22, 2.23）．この方がきれいな標本になるが，微針を体に刺す方法は，本書の第 2 章 1.（1）を参照されたい．

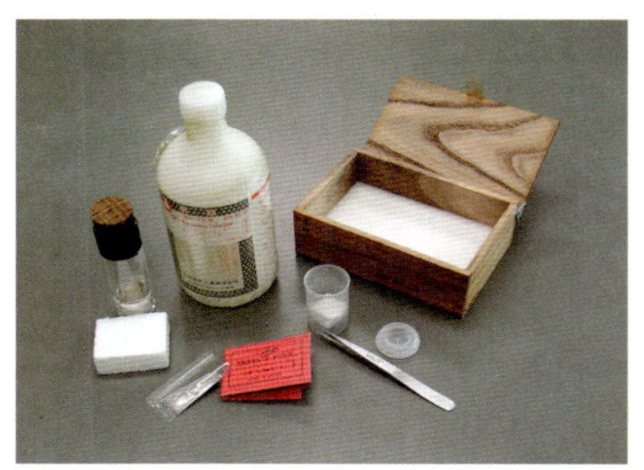

図 2.18　準備するもの：殺虫管，アンモニア水，発砲スチロール，昆虫針，ピンセット

図 2.19　ガの胸に針を刺し，針を押し込む．このとき，針を真っ直ぐに刺すのがポイント

図 2.20，2.21　ピンセットか針で左右の翅をあげる．このとき，後翅の根本にピンセットを斜めに差し込み，前に翅をずらすようにする．翅があがりにくいときは，針を発砲スチロールに垂直でなく，針をやや斜め後方に倒して，突き刺すとよい．左右の翅をあげて，できあがり．左右の翅の開きはこの程度でよい．このまま，乾燥させる．発泡スチロールが厚ければ，針をもっと差し込んでおく

図 2.22，2.23　長い針の代わりに，微針を胸に刺した場合も同じように展翅する

この簡易展翅の方法は，灯火採集などで大量にガが採れたときなどで，展翅する時間があまりないとき，針を刺して保存しておくときにも利用できる（図2,24, 2.25）.

図 2.24　ポリフォーム板に簡易展翅したところ

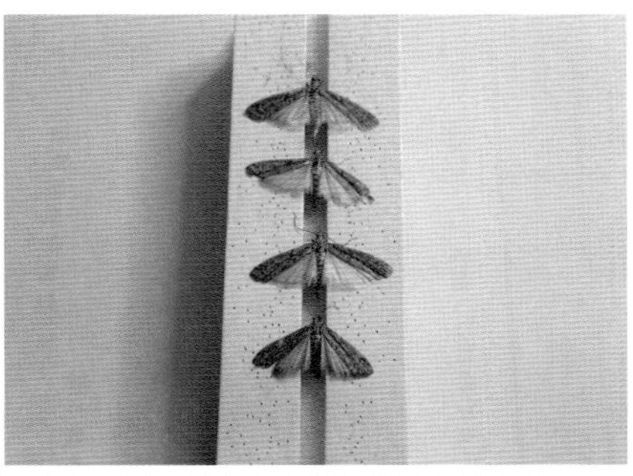
図 2.25　展翅板に簡易展翅したところ

引用文献

駒井古実，2001．小蛾類の簡単な展翅法．植物防疫 55：31-32.

那須義次，2005．研究している虫の名前はだいじょうぶ？　―小蛾類の超簡単展翅法と同定依頼―　農林害虫防除研究会 News Letter14: 9-11.

*　　　*　　　*

（3）標本のラベル作製と活用　　吉安　裕

ラベルのない標本は価値がない．展翅板から丁寧に取り外した成虫標本には，すぐに標本ラベルを付す．昆虫針を用いたチョウや大蛾類では，そのまま成虫体の下にラベルを付ければよいが，微針で刺した標本は一旦，カッターナイフで小さな長方体状に切ったポリフォーム片（ペフ）（図 2.26）を平均台上に置いて，昆虫針をその端に刺した後，その小片上に標本を固定した後にラベルを付ける．

1）ラベルの作製

ラベルは手書きであると第三者の読み間違いや誤解を生む可能性もあり，で

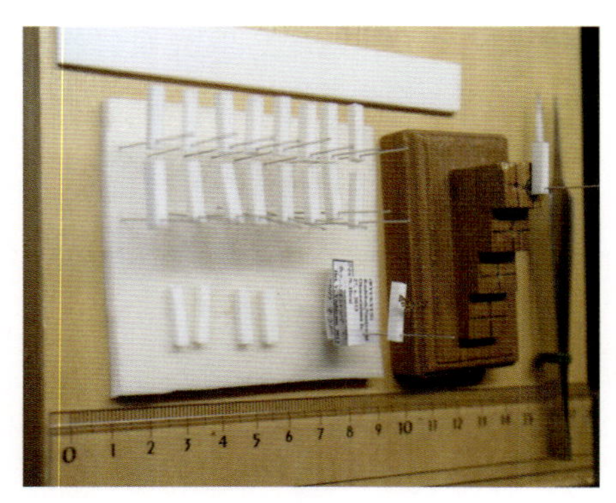

図 2.26　ポリフォーム台とそれを昆虫針に刺した小蛾類用の標本

図 2.27　A4 判ケント紙に印字したラベルの一例．下の 3 段は同定ラベル

きれば印刷したものを用いるのが望ましい．従来は印刷会社に依頼することが多かったが，近年は Excel などのソフト上で，個人で簡単に作製できるようになった（図 2.27）．ラベルの内容や記載順序は研究者によって異なるが，最低限の情報として，採集地，採集年月日，採集者を入れる（図 2.28）．なお，標本は作製後，国外の研究者にも利用されることも踏まえて，記載情報もローマ字（英語）表記が望ましい．加えて，地名で難解な漢字や独特の読み方もあることから，日本語より正しい情報を伝えることができよう．

採集地の記述と順序は多様であるが，筆者は最初に大きな地域を示すため，国外の場合は最初の行に「ラオス」，「ベトナム」などの国名を，国内の場合では島嶼を除いて「北海道」，「本州」，「四国」，「九州」などを最初に示し，次の行に具体的な採集地名または市町村名，次の行に都道府県名を入れている．これに，標高や地区の区分を加えることも多い．最近は地点の緯度と経度が容易にインターネットで検索できるので，それを入れるとピンポイントで場所がわかるとともに標高も示されることになる（図 2.28 中央）．

採集年月日は一般に日，月，年（または月，日，年）の順に記載する．月と日，時には年は順序が不明な場合もあるので，月はアラビア数字の日との区別をするため，一般にローマ数字か英語表記にする．これ以外にガ類の場合，灯火採集で得られることも多いので，Light trap またはその略の LT を入れる場合がある．

最後の行には採集者を入れる．採集者名の後に leg.（lego）（＝採集）をつけることもある．

一例として，図 2.27 に A4 サイズの中厚のケント紙に印刷したラベルを掲載した．これでは，1 枚のラベルのサイズは文字部分（5 行）が縦約 10 mm 横 17 mm の長方形となる．ラベルのサイズは文字サイズや内容の多寡によって変わる．

上記以外の情報として，幼虫や蛹を採集して成虫を羽化させた場合，羽化日と寄主名を 2 枚目のラベルに記載して，標本につける．「em. 年月日，ex 寄主（部位）」，または「ex」のかわりに，「host（plant）」も使うが，肉食性のものであれば，「em. 年月日，ex 寄主動物，on 生息寄主（植物）」という表示もできる．em. は emerged の略で羽化，ex は〜からという意味．

上記の標本ラベル以外に同定できるものは，同定ラベルを標本ラベルの下に付す．「Det. 氏名＋年（月日）」としている．基本的に学名を入れるが，余裕があれば，和名も入れておくようにする．なお，特別なコレクションである場合はその旨のラベルを下に付すこともある（図 2.29）．また，標本の一部や DNA 抽出に用いた場合は，解剖スライド番号や登録番号などの情報を記入したラベルをつけておき，標本との対応がつくようにする（図 2.30）．

これらのラベル情報は，標本が得られたときの種の分布，発生時期，生息場所の環境を示し，また飼育して得られた場合は，寄主の情報により生態や生息環境を推定する重要な手がかりとなる．したがって，ラベル情報は採集された当時の昆虫相を含む生物相解明の一端となる．また，限られたスペースではあるが，特異的な情報があれば，簡潔にその情報を盛り込むことがあってもよいと思う．たとえば，灯火採集の場合であれば飛来時間など，また幼虫が植物から得られたのならどの部分を摂食していたのかも，その種の生態を知るうえで参考となるであろう．

2）標本へのラベル付け

①乾燥標本

ラベルを付ける際，高さを揃えるため，一般に平均台を用いる．図 2.28 の左のラベルを順に，図 2.28 右の平均台の下から 2 番目（上から 2 段目の穴）を用いてラベルを付ける．その下，上から 3 段目の穴に羽化・寄主植物のラベルを，最後に同定ラベルを 4 段目の穴を用いて標本に付ける．なお，交尾器番号などのラベルがある場合は，同定ラベルの前に照合番号のラベルを付す．

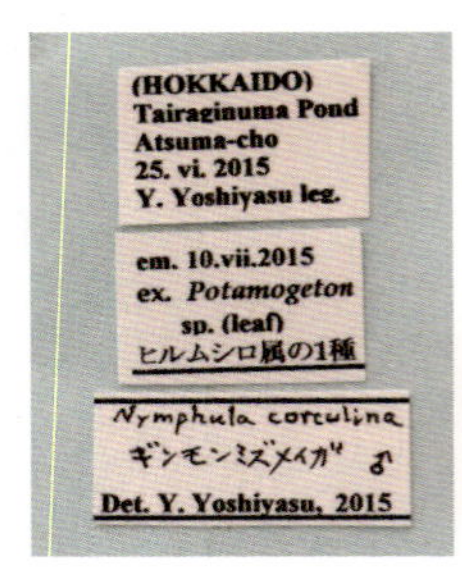

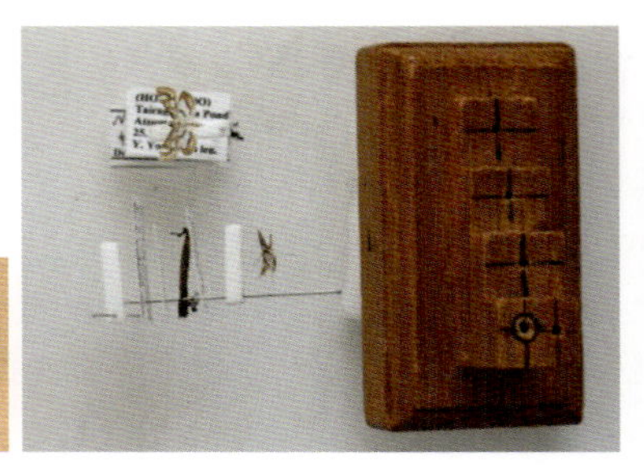

図 2.28　左：飼育標本のラベルの一例，中央：緯度と経度を示したラベル，右：左のラベルを平均台によって上から高さ別にラベルを付けた標本

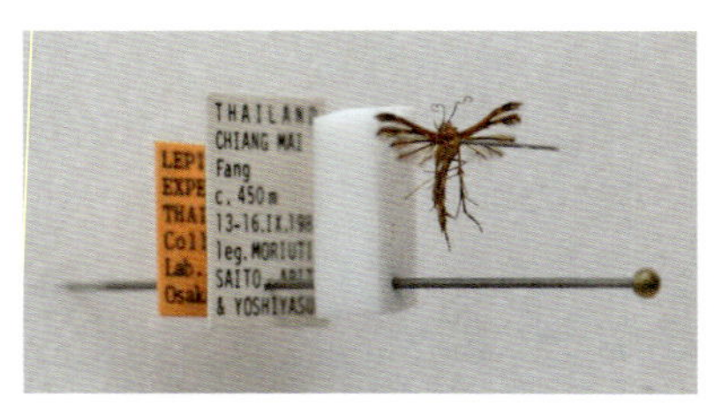

図 2.29　タイ王国のガ類調査で採集されたトリバガ標本のラベル（Chiang Mai 県の Fang 標高約 450 m）

また，針を刺す位置は文字部分にかからない箇所を選ぶ.

②プレパラート標本および DNA バーコード登録番号

交尾器や翅脈などのプレパラート標本には，種名のほか，取り外した個体との照合ができるように，その個体とともにプレパラート標本の左右（あるいはその一方）に番号をふったラベルを付す（図 2.30）. DNA の抽出のため，標本から脚を外した場合，その個体には番号を付しておき，それを基に，たとえばミトコンドリア CO Ⅰ領域の塩基配列（バーコード）の登録が終われば，その登録番号を記入する（第 4 章 3 を参照）. これらを含めると多数のラベルが付けられることになり，4 段目以下が重なるが，その場合は段の多い別の平均台を使って調節すればよい.

3）標本写真を撮る場合のラベルの扱い

標本写真を撮る場合，標本のみの写真枠にするためラベルを外すことも多い. この場合，ピンセットの先端でラベルの上面の針を挟んで平行に，かつ標本の一部が落下しないように慎重に押し下げるようにしてラベルを外す. 外されたラベルの針穴は太くなって，そのまま同じ針穴に刺すときちんと固定されなく

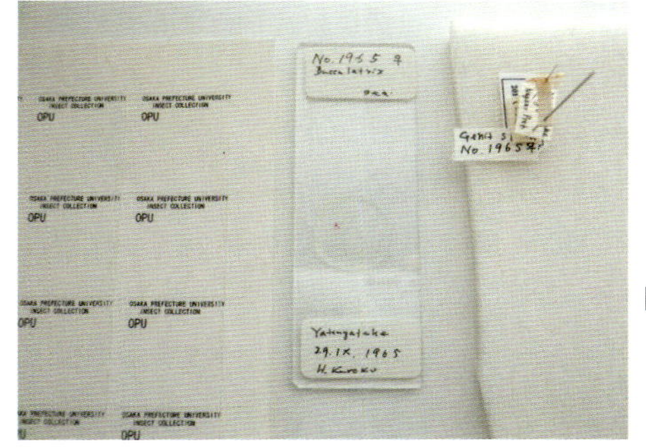

図 2.30　プレパラート標本のラベルの一例．交尾器のプレパラート標本とラベル（上：交尾器番号，性別，ガの属名，寄主植物；下：採集ラベル；右：対応する番号が付いた成虫標本）

なる．一方，新たな針穴はラベルの劣化となる．そこで，撮影が終わったら，ラベルを机などの平面上に裏側に置いて，ピンセットの反対側の平面部か親指の爪の甲で2，3回こすることによって針穴の大きさを元に戻してやると，ラベルをしっかり付けることができる．この一連の作業は面倒であるが，ラベルの付け間違いを防ぐため1個体ずつやるほうがよい．

＊　　　＊　　　＊

2. 幼虫と蛹の液浸標本作製法　　那須義次

幼虫や蛹を長期保存するには70％か80％のエタノール液中に保存するのが一般的である．しかし，幼虫の場合，生のままエタノールに浸けると幼虫の体が黒くなったり，体が縮んだりして観察しにくくなる．これを避けるためには幼虫を固定する必要がある．蛹は，固定作業をしなくてもよく，そのまま管ビン中のエタノール液に浸ける．管ビンには鉛筆でデータを書いた紙を一緒に浸けておくとよい．本項目を執筆するにあたり，一色ら（1958）と馬場・平嶋（2000）も参考にした．

(1) 幼虫の固定法

固定はタンパク質分解酵素を不活化することで，タンパク質の変質をそれ以上防ぐ効果があり，長期保存するためには必要な手段である．熱湯や専用の固定液を使用する方法がある．

1）熱湯法

幼虫を生きたまま熱湯に入れるかあるいは上から熱湯を注ぐ（図2.31）．小さな幼虫であれば2～3分間でよい．その後，70％か80％のエタノール液中に保存する．体色は抜けるが，体が縮んだり，変色したりしにくく，長期保存が可能である．

2）固定液を使った方法

専用の固定液を使用する方法で，一般的には製法が簡単なカルノア液がよく使われる．固定液に長時間浸けると刺毛が抜けやすくなるため，注意する．一般的には数時間までとする．

カルノア液

カルノア液はエタノール液（99.5%），クロロホルム，氷酢酸を6：3：1の容積比で混ぜてつくる．クロロホルムが手に入りにくいときは，エタノールと氷酢酸を3：1でもよいが，体色が抜けやすくなる．作製したカルノア液は冷蔵庫内で保存するが，長期保存はできない．クロロホルムは劇物に指定されているため，取り扱いに注意すること．

幼虫を生きたまま，カルノア液に浸ける．固定時間は30分から数時間程度でよい．固定後は，何回か99.5％エタノールで酢酸のにおいがなくなるまで

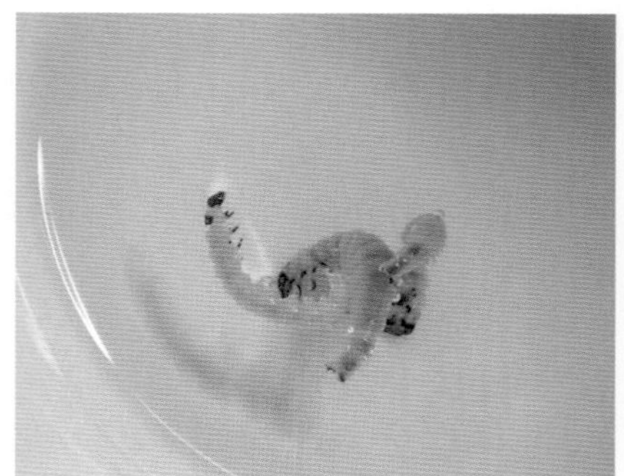

図2.31　幼虫に熱湯を注ぐ

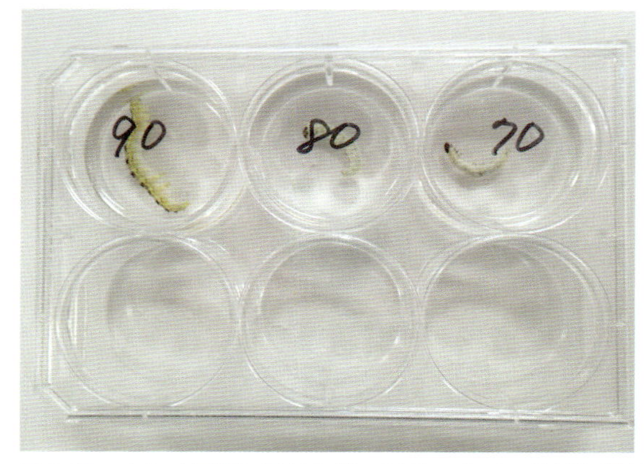

図 2.32　カルノア液に浸けた後，90% エタノール液に浸け，順次うすめたエタノールに浸けていき，最後は 70% エタノール中で保存

洗浄し，90 %，80 % とうすめたエタノールに順次浸けていき，最後に 70% エタノール液中で保存する（図 2.32）.

他の固定液

ホルマリン液

市販のホルマリン液（約 40 %）を 8 ～ 10 倍に薄めて固定液とし，固定後このまま保存液としてもよい．ただし，体がやや収縮する.

KAAD 液

灯油，エタノール（99.5 %），氷酢酸を 1：10：2 に混ぜてつくる．固定時間，その後の保存法はカルノア液と同じ.

引用文献

一色周知・六浦　晃・黒子　浩，1958．採集と飼育・標本製作・研究方法．江崎悌三ら（著），原色日本蛾類図鑑（下）：245–282，保育社，大阪.
馬場金太郎・平嶋義宏（編），2000．新版　昆虫採集学．pp. 812. 九州大学出版会，福岡.

第3章　形態観察と解剖

1. 成虫の形態　　広渡俊哉

成虫の形態を理解しておくことは，分類だけでなく生態や生理の研究を行う場合でも重要である．ここでは，鱗翅類の同定・分類を行う場合に使われる主な形質と雌雄の違いに焦点をあて，簡単に解説する．なお，成虫のさらに詳しい形態や鱗翅類の系統分類については，駒井ら（2011）を参照して欲しい．

(1) 同定・分類に使われる主な形質

1) 翅の斑紋

鱗翅類の同定・分類を行う場合にもっともよく使われるのが，鱗粉によって形成された翅の斑紋の特徴である（図3.1）．鱗翅類は「体の表面が鱗粉（鱗片）で覆われる」グループであり，各分類群が特徴的な斑紋をもっている．一般的にチョウ類では翅の表面と裏面に異なるパターンの斑紋が発達するが，ガ類では翅の表面に様々な斑紋が見られるものの，裏面には目立った斑紋が発達しないことが多い．鱗粉は毛が変化したもので，手でさわると脱落する．羽化後の日数が経過し飛び古した個体では，鱗粉がとれて斑紋が不明瞭になる．とくに，異物として食品に混入した小型のガ類などは，斑紋による同定は困難である場合が多い．

2) 翅の形

小蛾類の中では中型から大型（開張は10 mm前後かそれより大きいサイズ）のメイガ科（図3.2a）やハマキガ科，スガ科などでは，後翅は広く，長卵形，三角形に近い形など多様な形状をしており，キバガ科（図3.2b）では後翅が台形となるのが特徴である．また，開張が10 mm前後かそれより小さい小型あるいは微小種を含むホソガ科（図3.2c），カザリバガ科，ハモグリガ科などでは，後翅は細長く，針状またはそれに近い形となり，長い縁毛が生えている．

ミヤマカラスアゲハ

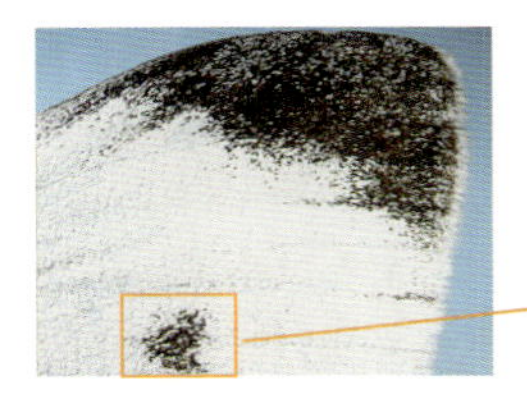

モンシロチョウ

図 3.1　チョウの翅の鱗粉

a. メイガ科（マメノメイガ）

b. キバガ科（ミツボシキバガ）

c. ホソガ科
（キンモンホソガの一種）

d. ホソハマキモドキガ科
（シロオビホソハマキモドキ）

図 3.2　鱗翅類の様々な翅の形

一方，前翅が特徴的な形状となったり，特殊な鱗粉をもったりするものある．たとえば，トリバガ科，ニジュウシトリバガ科では，翅が2，3，または6に分岐して独特の形状になる．また，ホソハマキモドキガ科（図3.2d）は「前翅外縁の翅頂部付近に切れ込みがある」，ササベリガ科は「前翅後縁に粗い鱗片群をもつ」といった特徴で区別できる．

3）頭部の鱗毛と口器

頭部の鱗毛の状態やラビアル・パルプス（lp, labial palpus，下唇鬚）のような口器の形状は，鱗翅類の同定の際に有用である．たとえば，貯穀（食品）害虫のバクガ（キバガ科）では，頭部の鱗毛は滑らかで，ラビアル・パルプスはよく発達し牙状となる（図3.3a）．コイガ（ヒロズコガ科）では，頭部の鱗毛は逆立ち，ラビアル・パルプスの第2節に剛毛が存在する（図3.3b）．また，ノシメマダラメイガ（メイガ科）では頭部の鱗毛はやや滑らかで，ラビアル・パルプスは太く前方に突出する（図3.3c）．ただし，同じマダラメイガ類のスジマダラメイガやスジコナマダラメイガなどでは，ラビアル・パルプスは牙状となる．

ここでは，普段あまり目にすることのない小蛾類の頭部（顔面）の写真を紹介する．スイコバネガ科では，頭部の鱗毛は細くまばらで，口吻（gl, galea；proboscis）をもつ（図3.4a）．ヒゲナガガ科（図3.4b, c）やマガリガ科では頭部の鱗毛は逆立ち，ヒラタモグリガ科はよく発達した眼帽（ec, eye cap）をもつのが特徴的である（図3.4d）．ムモンハモグリガ科（図3.4e）やホソガ科（ホソガ亜科）では，頭部の鱗毛は特徴的な冠毛を形成する．

スイコバネガ科，ヒゲナガガ科，ヒラタモグリガ科などの原始的な分類群では，長いマキシラリ・パルプス（ml, maxillary palpus，小腮鬚）をもっているが，これはチョウなどを含む高等なグループではほとんど退化している．一方，口器がほとんど退化しているものもある．ミノガ科では頭部の鱗毛は短く，口器は痕跡的である（図3.5a）．また，チビガ科では，頭部の鱗毛は逆立ち，頭部（顔面）が細長く，ラビアル・パルプスは縮小して見えない（図3.5b）．

一方，口吻に鱗粉が生えているかどうかという特徴も，大きな分類群を識別する上で重要な形質となる．ハマキガ上科，スガ上科，ヒロズコガ科，クチブサガ科などでは，口吻に鱗粉をもたないが（図3.5c, dなど），キバガ上科，メイガ上科，ハマキモドキガ科，ネマルハキバガ科などでは口吻の全体あるいは基部に鱗粉をもつ（図3.5e, fなど）（Holloway *et al.*, 1987など）．

a. バクガ（キバガ科）

b. コイガ（ヒロズコガ科）

c. ノシメマダラメイガ（メイガ科）

図 3.3　ガ類の頭部（1）
lp: ラビアル・パルプス（下唇鬚），gl: 口吻

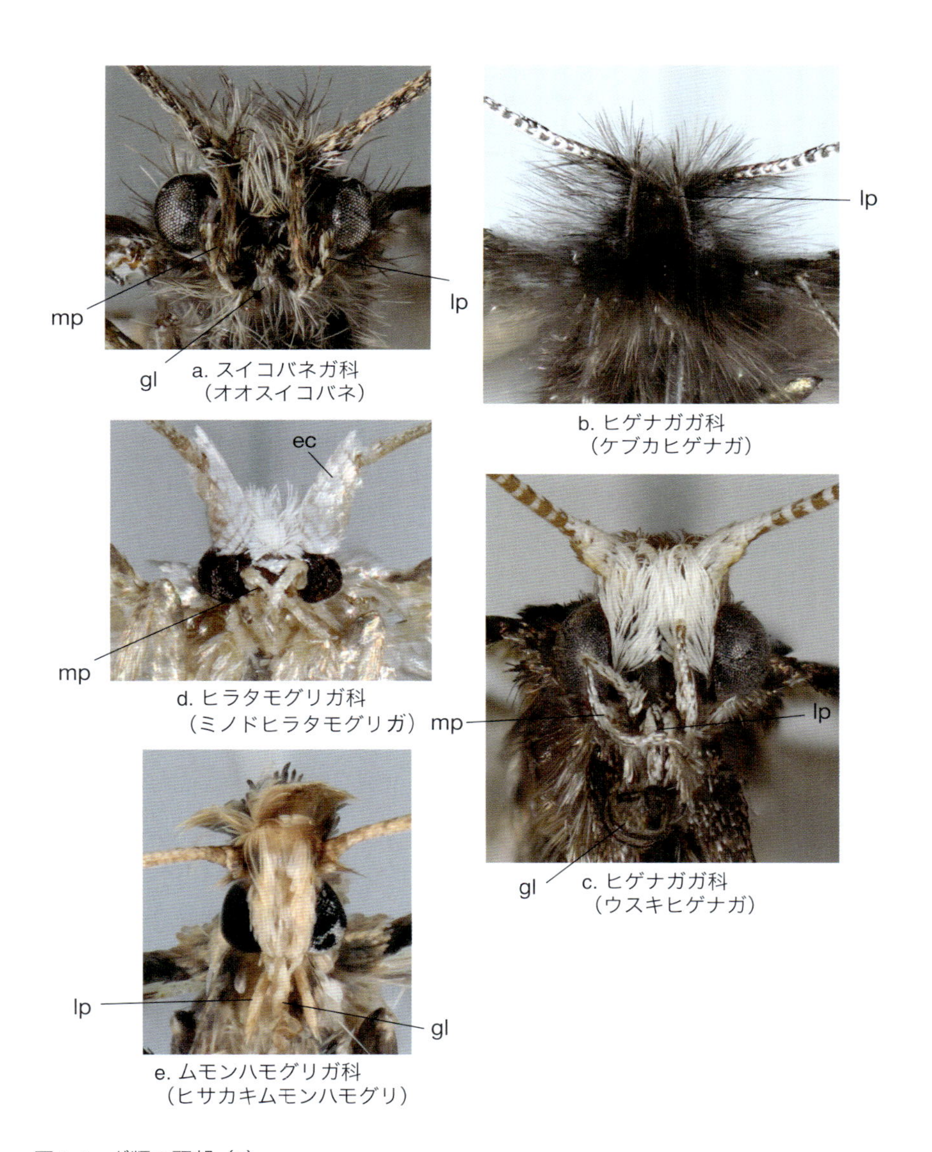

図 3.4　ガ類の頭部（2）
lp: ラビアル・パルプス（下唇鬚），mp: マキシラリ・パルプス（小腮鬚），gl: 口吻，ec: 眼帽

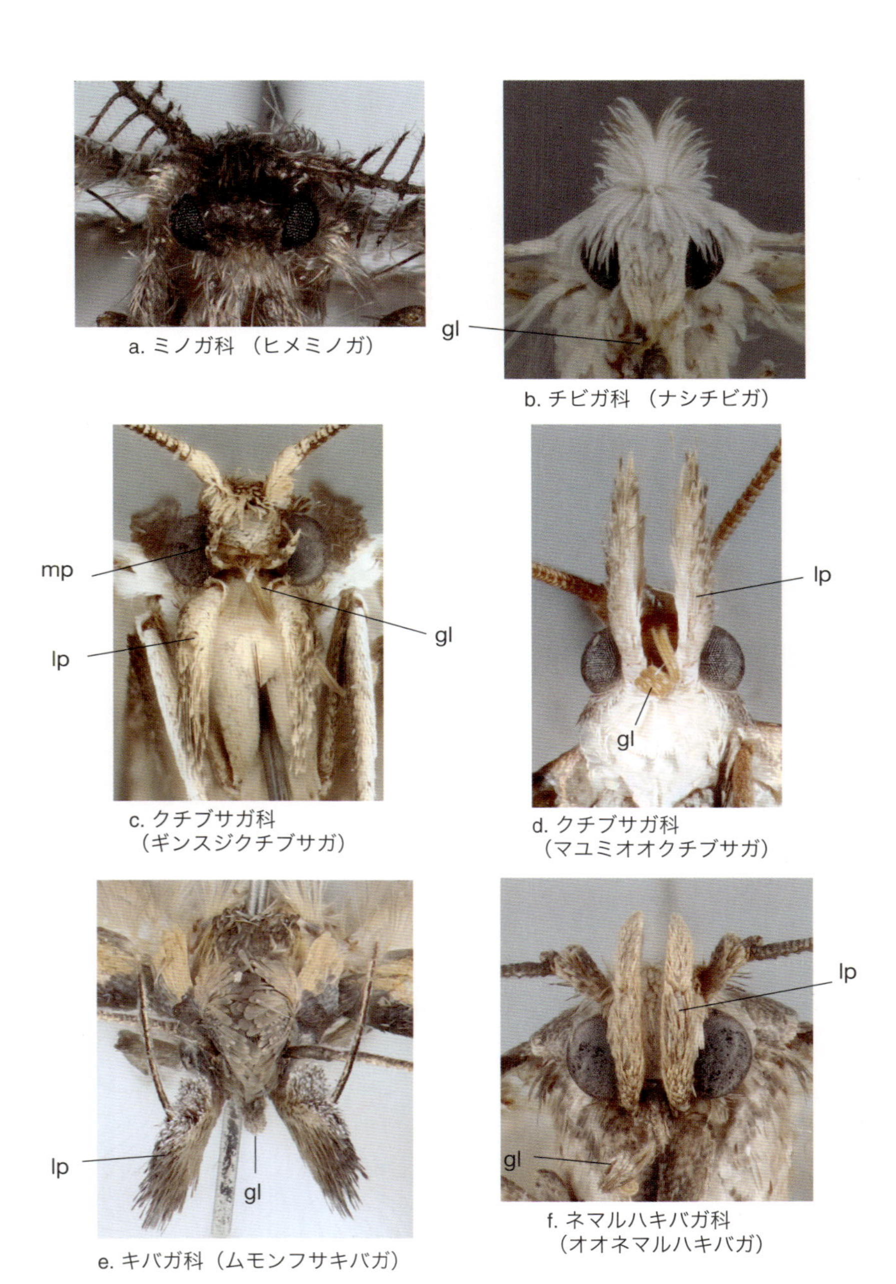

a. ミノガ科（ヒメミノガ）

b. チビガ科（ナシチビガ）

c. クチブサガ科（ギンスジクチブサガ）

d. クチブサガ科（マユミオオクチブサガ）

e. キバガ科（ムモンフサキバガ）

f. ネマルハキバガ科（オオネマルハキバガ）

図 3.5　ガ類の頭部（3）
lp: ラビアル・パルプス（下唇鬚），mp: マキシラリ・パルプス（小腮鬚），gl: 口吻

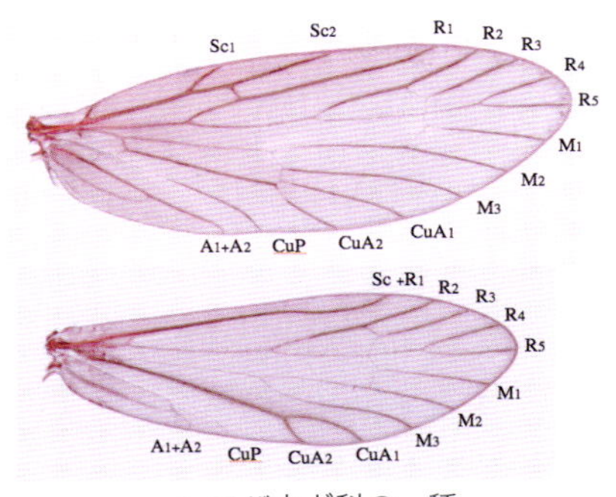

a. コバネガ科の一種

b. リュウキュウクロヒゲナガ（オス）

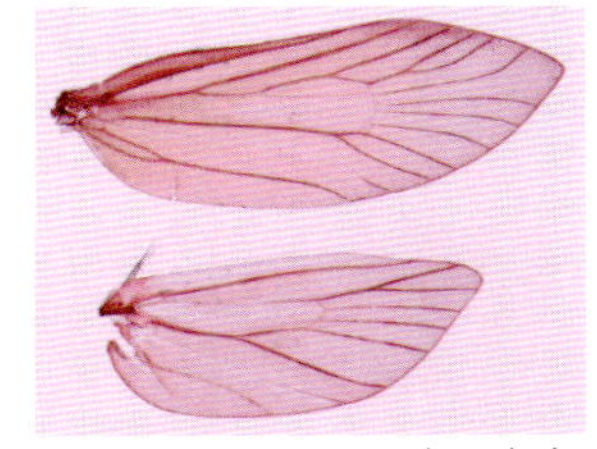

c. リュウキュウクロヒゲナガ（メス）

図 3.6　原始的なガ類の翅脈

4）触角

「チョウとガはどこが違うの？」という一般的な質問に対しては，例外はあるものの，「触角（antenna）が棍棒状のものがチョウで，それ以外のものがガ」と答えておくのが無難である．実際，過去にチョウを Rhopalocera（棍棒状の触角をもつもの），ガを Heterocera（様々な形の触角をもつもの）という分類がされたことがあった．このように，ガ類の触角は，糸状，櫛歯状，数珠状など様々な形状をしている．触角の形状は分類群ごとに特徴があるので，様々なレベルで所属が分からないサンプルの同定に役に立つ．

5）翅脈

翅脈（wing vein）の特徴は，種レベルでは差異は小さく，属・亜科・科といった高次のレベルで有用な形質である．鱗翅類を全体的に見ると，原始的なコバネガ科やスイコバネガ科では，前後翅が同じような形をしているだけでなく，翅脈も同じようなものをもつ（“同脈類”）（図 3.6a）．一方，ヒゲナガガ科や大部分のグループ（二門類など）では，後翅の翅脈が単純化する“異脈類”）（図 3.6b, c）．（翅脈標本の観察法については本書の第 3 章 1.（1）を参照）．

6）交尾器

交尾器（genitalia）の形態は，鱗翅類の系統分類，あるいは種の同定を行う上で，もっとも重要な形質の一つである．これまでにあげた斑紋・翅形などの特徴で種を識別できない場合にも交尾器の特徴によって同定が可能となる場合が多い．

たとえば，貯穀害虫のスジマダラメイガとスジコナマダラメイガはでは，雄交尾器では，バルバ（valva），グナトス（gnathos），ビンクルム（vinculum），雌交尾器では交尾管（ductus bursae），交尾囊（corpus bursae），シグナ（signa）などの形状によって識別する（図 3.7）（交尾器の観察法については本書の第 3 章 1.（2）を参照）．

7）鼓膜器官

同定や分類に用いる形質は他にもたくさんあるが，最後に鼓膜器官（tympanal organ）について紹介する．鱗翅類ではいくつかのグループで鼓膜器官をもつことが知られている．その中で，鼓膜器官は，シャクガ上科（図 3.8a）とメイガ上科（図 3.8b, c）では腹部の基部腹面に，ヤガ上科（図 3.8d）では後胸の側面に位置している．このような聴覚器官は，配偶行動，あるいはコウモリなどの天敵からの防衛対策であると考えられている（Scoble, 1992）．鼓膜器官の位置や形態の比較によって従来のツバメガ科とフタオガ科が合体させられたように（Minet, 1983），鼓膜器官の形質にもとづいて分類群の系統関係が議論されることもある．

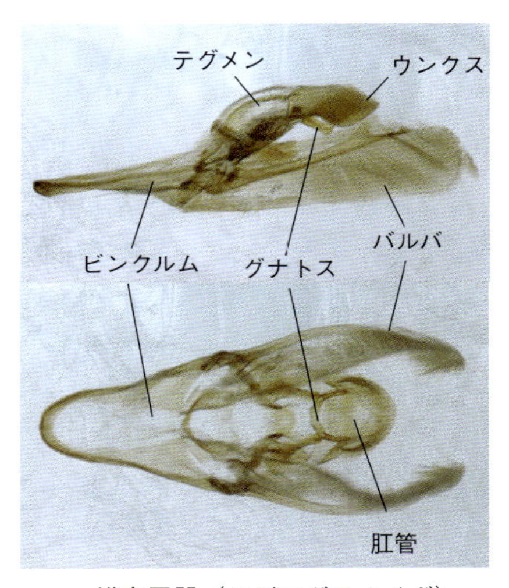

雄交尾器（スジマダラメイガ）
上：側面，下：腹面

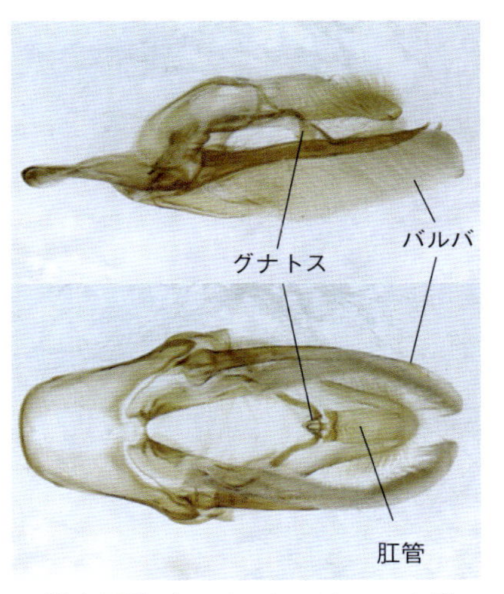

雄交尾器（スジコナマダラメイガ）
上：側面，下：腹面

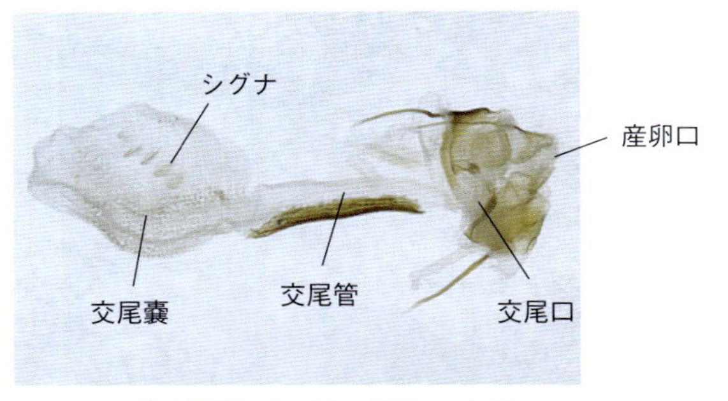

雌交尾器（スジマダラメイガ）

図3.7　ガ類の交尾器

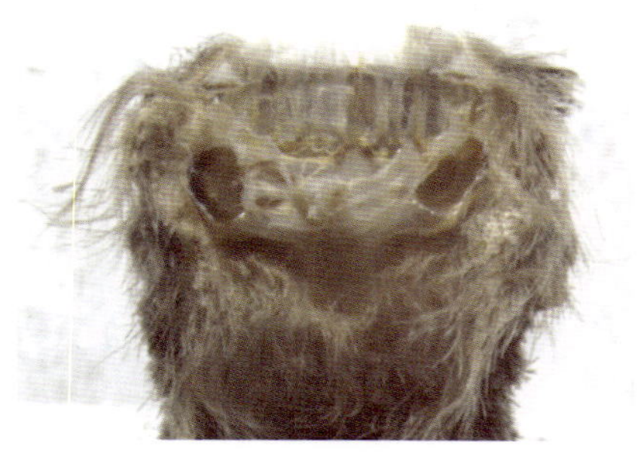

a. シャクガ上科（チャエダシャク）

b. メイガ上科（ニカメイガ）

c. メイガ上科（スジコナマダラメイガ）

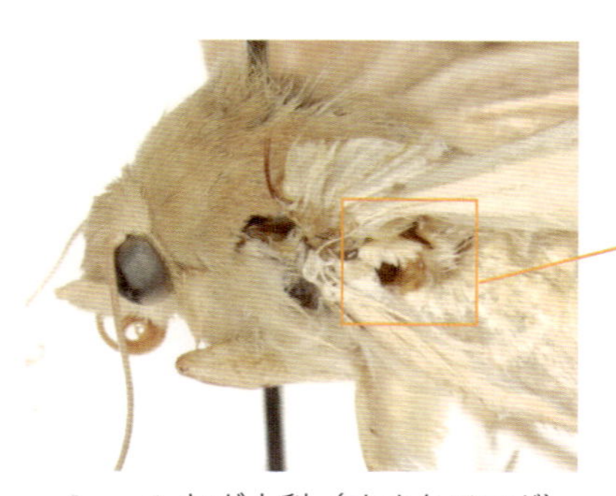

d. ヤガ上科（オオタバコガ）

図3.8　鱗翅類各種の鼓膜器官
a-b：撮影：吉安　裕氏，c-d：撮影：那須義次氏

スカシサン（メス）

スカシサン（オス）

図 3.9　雌雄で斑紋が異なるガ

（2）雌雄の判別

オスとメスでは，いわゆる第一次性徴である交尾器のような外部生殖器や精巣・卵巣といった内部生殖器の形態が違うのはいうまでもないが，鱗翅類では第二次性徴である以下のような特徴によって雌雄の判別が可能である．

1）翅の斑紋・形状

鱗翅類では，雌雄で翅の斑紋や形が異なっていることが多い．たとえば，カイコガ科のスカシサンは雌雄でかなり異なった斑紋をもっており，別種のようである（図 3.9）．また，一般的にオスよりもメスの方が丸みをおびた大きな翅をもつ．鱗翅類における雌雄での翅の斑紋や形状の違い，すなわち性的二型は枚挙にいとまがないので，ここでは省略する．

翅における性的二型の一つとして，ハマキガ科やメイガ科のオスだけに見られる，コスタル・フォールド（costal fold，前縁のひだ）と呼ばれる構造がある（図 3.10）．コスタル・フォールドの内部には毛束や特殊化した鱗粉があり，求愛行動の際には発香器官として機能すると考えられている（Horak, 1991）．コスタル・フォールド内部の鱗粉の形状は，コカクモンハマキ属などで種の同定にも有用であることが示されている（Yasuda, 1998）．

キガシラアカネヒメハマキ（オス）

キガシラアカネヒメハマキ（メス）

図 3.10　コスタル・フォールド（前縁のひだ：矢印）　撮影：那須義次氏

ヒゲナガガ科（オス）

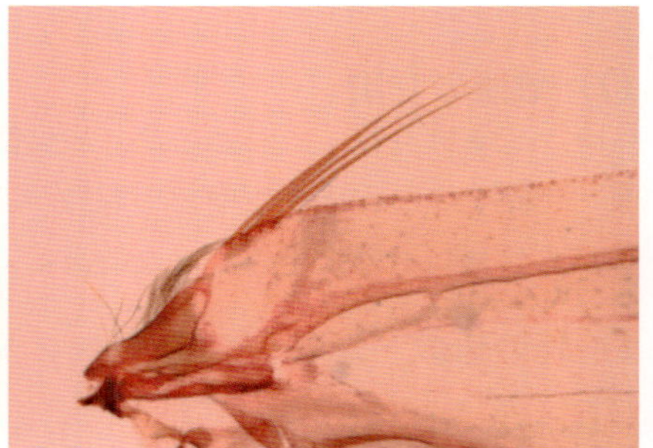

ヒゲナガガ科（メス）

図 3.11　翅刺（後翅の前縁基部）

2）触角

他の昆虫と同様に，鱗翅類の触角の形状は，雌雄で異なっている場合が多い．たとえばヤママユガ科では，オスでは櫛歯状，メスでは短い櫛歯状，シャクガ科などではオスでは櫛歯状，メスでは糸状または短い櫛歯状となる．また，ヒゲナガガ科では，一般的に触角が長いのはオスだけ（前翅の 3 倍以上に達するものもある）で，メスの触角は短く（前翅と同程度），触角の基半部にはオスでは見られない鱗毛が密生することがある．

3）翅刺

鱗翅類では，異脈類の多くのグループが翅刺（frenulum）とよばれる前後翅を連結する器官をもっている（図 3.11）．翅刺は，後翅の前縁基部から前翅に向かって生えており，翅刺をもつ場合，前翅基部裏面には翅刺をひっかける保帯（retinaculum）とよばれる器官がある．翅刺の数は，オスでは 1 本，メスでは 2～数本という場合が多く，これによって雌雄を判別できることがある．ただし，翅刺をもつものでもメイガ科の一部やスカシバガ科のように，雌雄ともに 1 本しかない場合もあるので，注意が必要である．

引用文献

Holloway, J.D., J.D. Bradley and D.J. Carter, 1987. CIE guide to insects of importance to man. 1. Lepidoptera. Betts, C.R. (ed.). CAB International Institute of Entomology, The Cambrian News Ltd. Aberystwyth.

Horak, M., 1991. 1. Morphology. pp. 1-22. *In* van der Geest, L.P.S. and H.H. Evenhuis (Eds), Tortricid pests, their biology, natural enemies and control. Elsevier Science Publishers B. V., Amsterdam.

駒井古実・吉安　裕・那須義次・斉藤寿久（編），2011．日本の鱗翅類，xx+1307 pp，東海大学出版会，秦野市．

Minet, J., 1983. Étude morphologique et phylogénétique des organs tympaniques des Pyraloidea. 1. Généralités et homologies (Lep. Glossata). *Annls. Soc. Ent. Fr.* (N.S.) 19: 175-207.

Scoble, M. J., 1992. The Lepidoptera form, function, and diversity. 404 pp. The Natural History Museum in association with Oxford University Press, Oxford, New York.

Yasuda, T., 1998. The Japanese species of the genus *Adoxophyes* Meyrick (Lepidoptera, Tortricidae). *Trans. Lepid. Soc. Japan*, 49: 159-173.

*　　　*　　　*

（1）翅脈の観察

那須義次

前翅，後翅の翅脈の走り方（翅脈相という）は鱗翅類の種，属，科などの分類群で一定の特徴があり，分類学上の重要な形質とされ，その観察は分類学，形態学の基本的なものである．ここでは，翅脈相を観察するための基本的なテクニックである，鱗粉除去および翅脈の染色について解説する．比較的大きなサイズのチョウやガでは，翅の表面をエタノール溶液（70～80 %），キシレンやベンジンなどを含ませた筆で濡らすと，翅脈を観察することができる（図

図 3.12　キシレンで濡らした翅

3.12）．しかし，すぐに乾いて翅脈の細かい分岐，中室内の脈や横脈などは観察しづらいため，翅を切り落として鱗粉を除去して観察する方が良い．また，小蛾類では翅が小さいため，翅を切り落として鱗粉を除去する必要がある．

1）翅の鱗粉除去

右の前翅と後翅（左の翅でもよい）の付け根を解剖用メスで切り落とす（できるだけ根元から切り落とす必要があるため，小さいガでは実体顕微鏡下で行う方がよい）（図 3.13）．解剖用メスのかわりに針やピンセットで翅を上下に何回かゆっくりと動かして付け根から取りはずしてもよい（図 3.14）．

切り離した翅をエタノール溶液中で細い筆を使って鱗粉を除去する（筆については，第 3 章 2 のコラムを参照）．このとき，筆で鱗粉を掃きとるのではなく，叩くようにして除去する．掃きとるようにすると翅が傷みやすい．しかし，この方法は時間がかなりかかること，翅を傷めやすいこと，きれいに鱗粉を除去するのは困難な場合が多いので，次に紹介する漂白剤を使用する方法をお薦めする．漂白剤を使用する方法は，Common（1987），Robinson & Nielsen（1993），Zimmerman（1978）を参考にした．

漂白剤を用いる方法（126〜127 ページ，図 3.16〜3.21）

必要なもの（図 3.16）：エタノール溶液（70〜80 %），小さいシャーレ，細い筆（面相筆など筆先が柔らかいもの），ピンセット，液体漂白剤（台所用，

図 3.13　メスで翅の根元を切る

図 3.14　針で翅を上下に動かして切断する

衣類用の塩素系のハイターやブリーチなど），水，透過式実体顕微鏡．

① 切り離した翅をエタノール溶液に浸ける（図 3.17）．翅をエタノール溶液に浸けると，翅が漂白剤の水溶液となじみやすくなる．
② この翅を漂白剤の水溶液に浸ける（図 3.18）．この液は小さいシャーレ内の水に漂白剤を数滴混ぜて作る（10 ml の水に 5〜6 滴で良い）．漂白剤の量が多いと翅が傷みやすくなるので注意する．
③ しばらくすると翅の表面に小さい泡が生じるので，時々，実体顕微鏡下で細い筆を使用しながら，やさしく叩くように鱗粉を除去していく（図 3.19, 3.20）．鱗粉は抜けやすくなり，しかも脱色される．長時間浸けておくと最終的に鱗粉は溶解する．
④ 最初はなかなか鱗粉が取れないが，しばらくすると抜けやすくなる．完全に鱗粉が取れなくても，翅脈の走り具合が明瞭になれば漂白を止める．漂白剤に浸けすぎると翅が軟らかくなりすぎて，染色や永久標本にするときに破れやすくなるため注意する．
⑤ ある程度鱗粉が除去できたら，エタノール溶液中に戻して余分な漂白剤を落とす(図 3.21)．後翅は前翅に比べると軟らかいので先に引き上げること．

鱗粉を除去しただけでは，中小型の種では中室内や横脈などの翅脈が見えにくいため，翅脈を染色した方がよい．染色後，スライドグラスに乗せることが可能な大きさの翅はカナダバルサムなどに包埋する永久プレパラート標本とし

図 3.15　水溶性の糊で透明のファイルに貼り付けた翅

て保存する．あるいは，エタノール溶液が入った管ビン中で保存する．大きなチョウやガの場合は，染色しなくても十分翅脈の観察は可能である．大きな翅の保存は透明なファイルに翅をはさんで，水溶性の糊で貼り付けておくとよい（図 3.15）．糊は水溶性だから，貼り付けた翅は水に浸けておくと簡単にはずれる．この方法は，故山本博子氏のご教示による．

2）翅の染色（128〜130 ページ，図 3.22〜3.32）

必要なもの（図 3.22）：ピンセット，柄付き針，細い筆（面相筆など筆先が柔らかいもの），小さいシャーレ，スライドグラス，カバーグラス，染色液は酢酸カーミン液（アセトカーミン，アセトカルミンともいう），エタノール溶液（70〜80 %），マニキュア，透過式実体顕微鏡．

染色液に酸性フクシン液を使用する方法があるが，染色が悪い場合があるので，筆者は酢酸カーミン液をお薦めする．

① 酢酸カーミン液に鱗粉を除去した翅を入れる（図 3.23）．このままでも染色できるが，翅は液上に浮かんだ状態になるので，染色むらができやすい．このため，以下のように小さな翅をカバーグラスでサンドイッチ状態にすることをお薦めする．

② 実体顕微鏡下で，シャーレの染色液に浮かんでいる翅を，斜めに液に浸したカバーグラス上に細い筆を使って液ごとずらしながら乗せていく（図

3.24, 3.25).

③ 翅が乗ったカバーグラスをスライドグラスの上に乗せて，翅を柄付き針などで伸ばし，折れ曲がったところを整形する（図 3.26, 3.27）．翅が乗ったカバーグラスの上にカバーグラスを斜めにかぶせていく（図 3.28）．このとき，上のカバーグラスを下のものと少しずらし（下のカバーグラスが少しはみ出るように），下と上のカバーグラスの一端をマニキュアで止める（図 3.29）．マニキュアは十分乾かすこと，不十分だとマニキュアがはがれたり，マニキュアの有機溶剤が分離して翅に付着することがある．付着した有機溶剤は，キシレンに翅を浸けると溶剤は溶ける．

　このようにサンドイッチ状にすると染色液にカバーグラスごと浸けたときに，上のカバーグラスがはずれにくくなる．マニキュアで止めなくとも，カバーグラスの上から小さな重しをしても良い．

④ このカバーグラスを染色液に一晩浸けておく（図 3.30）．大きな翅や小さい翅でも縁が折れ曲がりにくい場合は，カバーグラスではさまずに，そのまま染色液に浸けても良い．

⑤ 一晩浸けた翅をカバーグラスごとエタノール溶液中に戻し，カバーグラスを割って翅を取り出して，余分な染色液を除去・洗浄する（図 3.31）．

⑥ この状態の翅をエタノール溶液が入ったスクリュー管ビン中で保存する．データを鉛筆で書き入れた紙などを入れておく（図 3.32）．

3）翅の永久プレパラート標本作製（131～132 ページ，図 3.33～3.40）

ここでは包埋剤に一般的なカナダバルサムを使う方法を紹介する．他にユーパラールなどを使用する方法もあるが，脱水方法の手順は変わらない．永久プレパラート標本作製成功のコツは脱水をいかにうまくするかである．ここでは簡単に脱水できる安息香酸メチルを使う方法を紹介する．

必要なもの（図 3.33）：ピンセット，柄付き針，スライドグラス，カバーグラス，エタノール溶液（70～80 %），99.5 % エタノール溶液，キシレン，安息香酸メチル，カナダバルサム，キムワイプ，透過式実体顕微鏡．

① 染色済みの上記 2）の⑥の翅を 99.5 %エタノール溶液に数分浸けてある程度脱水する（図 3.34）．

② この翅を安息香酸メチルに浸ける（図 3.35）．安息香酸メチルに浸けると，翅は勢いよく回転するが，動きはすぐに緩やかになり，完全に止まれば脱水が完了する（1〜2 分もあれば十分）．

③ 脱水が完了した翅をキシレンに浸けて，なじませる．

④ スライドグラス上にカナダバルサムを 1〜2 滴垂らす（図 3.36）．カナダバルサムの軟らかさはガラス棒につけたバルサムがゆっくりと垂れるぐらいが良い．固い場合はキシレンを適度に加えて軟らかくしておく．スライドグラスはキムワイプできれいに表面を拭いておく．キムワイプはクズが出にくい紙で重宝する．

⑤ スライドグラス上のバルサム中に③の翅をピンセットで入れ，柄付き針などで形を整える（図 3.37）．針の先もキシレンに浸けてなじませおく（図 3.38）．このとき，翅やピンセットに付着していたキシレンがバルサムに追加されるのでバルサムは軟らかくなる．この追加されるキシレンも考慮して，スライドグラスに垂らすバルサムはやや固めの方が良い．

⑥ ピンセットでつまんだカバーグラスの端をスライドグラスに着けて，カバーグラスをゆっくりと斜めに下げながらかぶせていく（図 3.39）．カバーグラスはキムワイプで表面を拭いておく．ただし，力を入れると割れやすいので注意すること．

⑦ バルサムが足りない場合は，ガラス棒でバルサムをカバーグラスの端から追加していく．気泡が入っても乾燥固化の間に気泡は抜けていく．大きな気泡ができたときは，カバーグラスの端からキシレンをピンセットでつまむようにして追加すると，バルサム全体に浸透して気泡は抜ける．

⑧ スライドグラスに必要なラベルを貼付するか，マジックインキでデータを書き入れ，マッペに並べて水平に保ちながらバルサムを固化させる（図 3.40）．乾燥は，自然乾燥かあるいは 40 ℃程度のインキュベーター内で固化させる．インキュベーター内では，1 週間もすれば十分乾燥する．

⑨ もし，固化したバルサムから翅を取り出したいときは，スライドグラスごとキシレンに浸けてバルサムを溶解し，翅を取り出せば良い．

引用文献

Common, I. F. B., 1987. Clearing, staining and mounting wings of Microlepidoptera. *News Bull. Entmol. Soc. Qld* **14**: 133-134.

Robinson, G. S. & E. S. Nielsen, 1993. Tineid genera of Australia (Lepidoptera). *Monogr. Austral. Lepid.* **2**: i-xvi + 1-344, CSIRO Publications, East Melbourne.

Zimmerman, E. C., 1978. Microlepidoptera 1. *In* Zimmerman, E. C. (ed), *Insects of Hawaii* **9**: 1: xviii, 1-881, pls. 1-8, The University Press of Hawaii, Honolulu.

1. 漂白剤を用いて鱗粉を除去する方法

図 3.16　必要なもの（一部）：シャーレ，ピンセット，細い筆，エタノール溶液，漂白剤，水

図 3.17　翅をエタノール溶液に浸ける．漂白剤の水溶液になじみやすくなる

図 3.18　漂白剤の水溶液に浸ける．10 ml の水に数滴で良い

図 3.19　しばらくすると翅の表面に小さい泡が生じる

図 3.20　時々，筆で翅面を叩くようにして，鱗粉を除去する．筆で掃くようにすると，翅を傷めやすい

図 3.21　鱗粉がだいたい取れて，翅脈が見えやすくなったら完了．浸けすぎると翅が弱くなるので，要注意．後翅の方が前翅よりも弱いので，先に引き上げる．エタノール溶液に戻して，漂白剤を落とす

2. 翅の染色

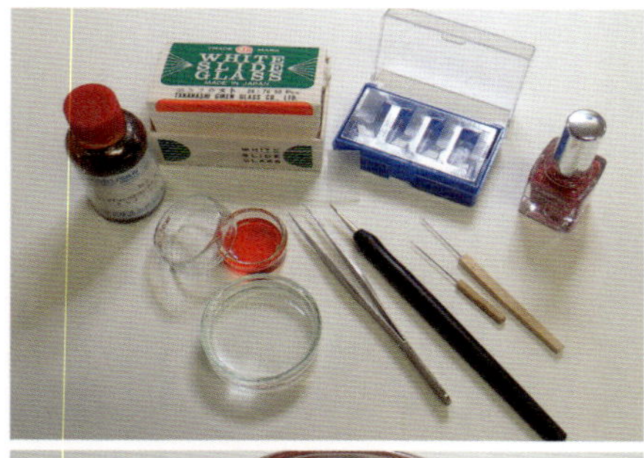

図 3.22　必要なもの（一部）：ピンセット，柄付き針，細い筆，小さいシャーレ，スライドグラス，カバーグラス，染色液（酢酸カーミン液），エタノール溶液（70 % か 80 %），マニキュア

図 3.23　染色液に鱗粉を除いた翅を浸ける．整形しないときは，このまま一晩浸ける．しかし，染色むらがおきやすいので次図以降の方法をおすすめする

図 3.24　翅が折れ曲がりやすいときは，カバーグラスではさんで伸ばす．カバーグラスを斜めに染色液に入れる

図 3.25　筆を使って，翅をゆっくりと染色液ごとカバーグラスに乗せていく

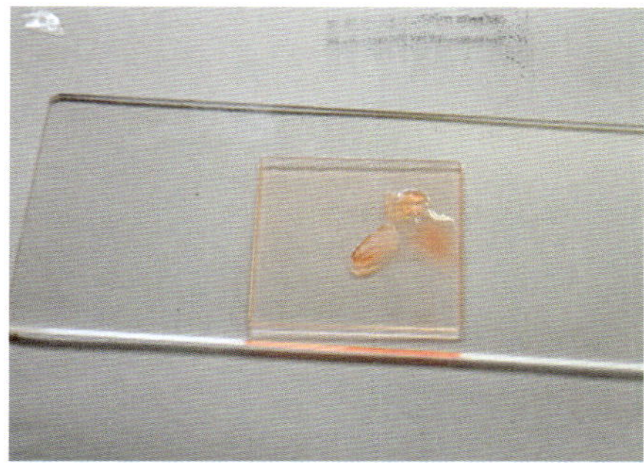

図 3.26　翅が乗ったカバーグラスをスライドグラス上に乗せる

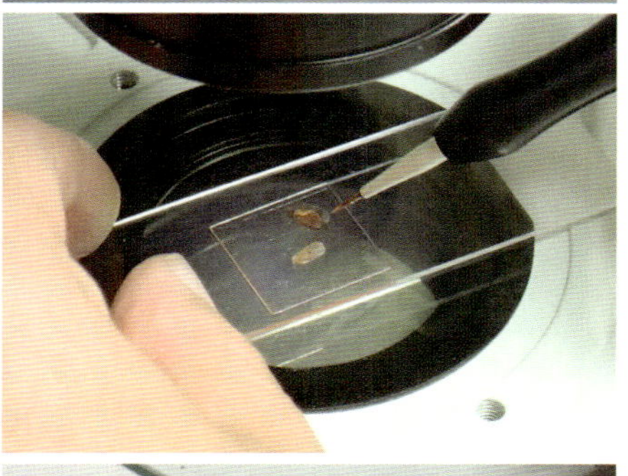

図 3.27　実体顕微鏡下で，筆に染色液を含ませながら，翅の折れ曲がりを整形する．必要に応じて柄付き針も使用する

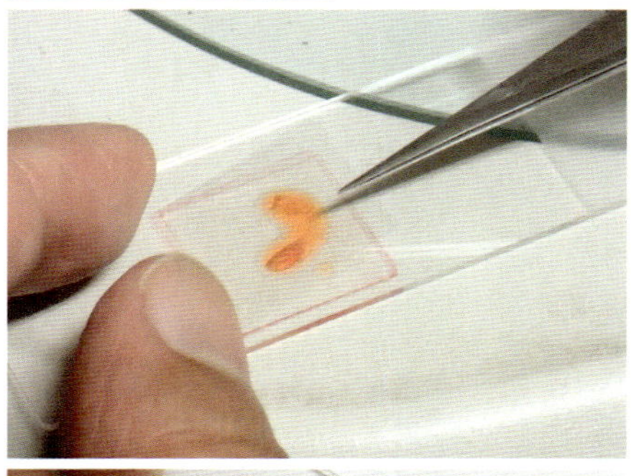

図 3.28　カバーグラスを斜めにかぶせかける．このとき，上のカバーグラスを下のグラスと少しずらせておくと良い（下のカバーグラスが少し出るように）

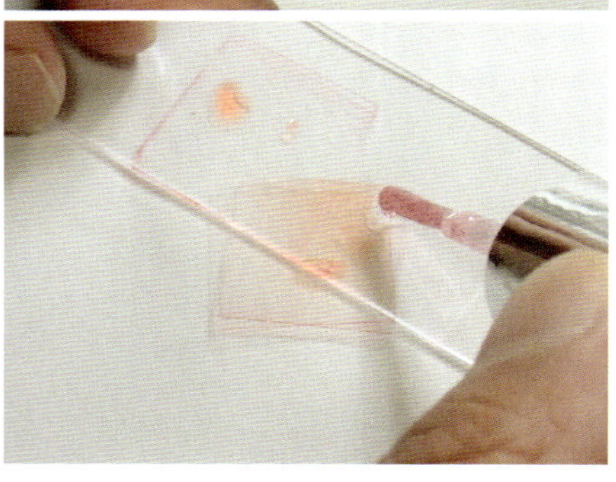

図 3.29　カバーグラスのずれた箇所をマニキュアで固定する．1ヶ所で十分．マニキュアは十分乾かすこと

図 3.30　翅をはさんだ状態のカバーグラスを染色液に一晩浸ける

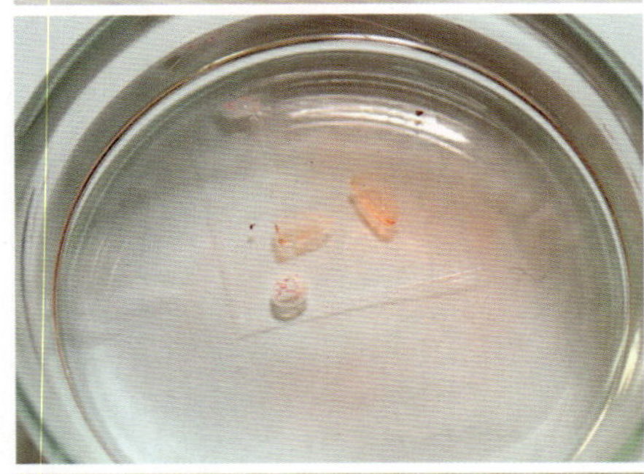

図 3.31　このカバーグラスをエタノール溶液に戻して，カバーグラスを割り，翅を取り出す．筆で余分な染色液を除き，きれいにする

図 3.32　エタノール溶液で保存

3．翅の永久プレパラート作製法

図 3.33　必要なもの（一部）：ピンセット，柄付き針，スライドグラス，カバーグラス，エタノール溶液，99.5 % エタノール溶液，キシレン，安息香酸メチル，カナダバルサム

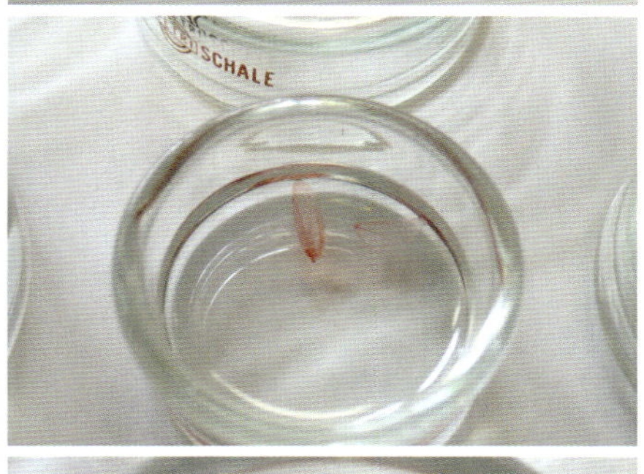

図 3.34　99.5 % エタノール溶液に，染色・整形が終わった翅をしばらく浸けて，脱水していく

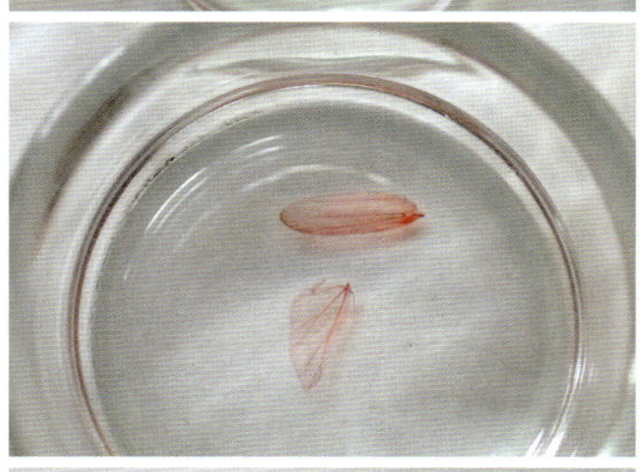

図 3.35　次に，安息香酸メチルに翅を浸けて，完全に脱水する．浸けると翅が回転するが，完全に動きが止まれば脱水は完了

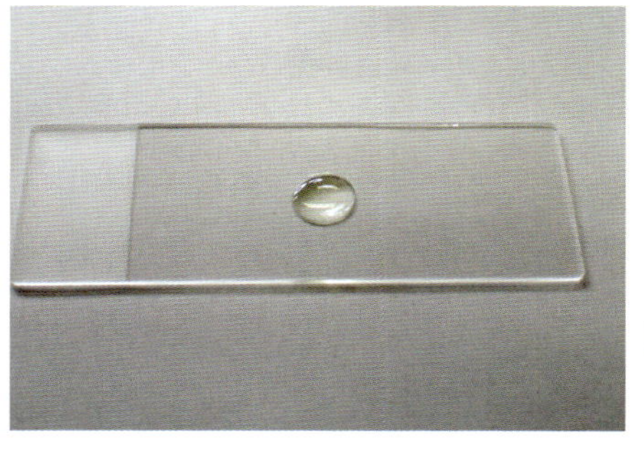

図 3.36　脱水が完了した翅をキシレンに浸ける．スライドグラスにカナダバルサムを 1〜2 滴乗せる

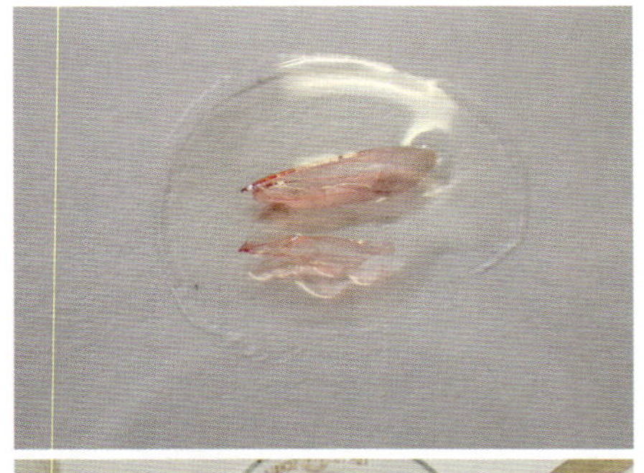

図 3.37　カナダバルサムに翅を入れて，折れ曲がりがないように柄付き針で整形する

図 3.38　柄付き針もあらかじめキシレンに先を浸けておくと良い

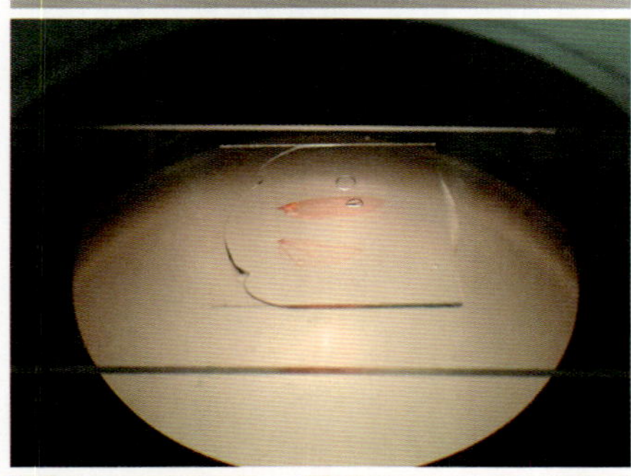

図 3.39　整形が終われば，カバーグラスを斜めにかぶせていく．少し気泡が入っていても乾燥中に抜けるので安心して良い

図 3.40　スライドグラスにマジックインキなどでデータを書き入れ，マッペ上などで水平に保ちながら乾燥・固化させる

（2）交尾器の観察

那須義次

鱗翅類の同定，分類にかかせない交尾器と腹部の観察のための標本作製法について小蛾類を例に紹介する．本項目を執筆するにあたり，Robinson（1976），大島（2013）も参考にした．

1）交尾器と腹部の観察

<簡易処理法>（142 ページ，図 3.41〜3.45）

必要なもの：10％水酸化カリウム溶液，エタノール溶液（70〜80％），酢酸（掃除と中和のために必要で，あればベスト），先が細いピンセット，柄付き針（長い針でも良い，筆者は割り箸に針を付けて自作している（本書の第2章の1を参照）），細い筆（面相筆などの筆先が柔らかいもの，第3章2のコラムを参照），小さいシャーレ2個ほど．実体顕微鏡は不可欠，インキュベーターもあれば良い．小さい交尾器や細部の観察には透過式の実体顕微鏡が良い．

① ガの腹部を体から外す．外し方は，腹部の腹側からゆっくりと針で持ち上げるようにすると腹部が外れる（図 3.41）．外れにくいときは，腹部の腹面と背面を交互に針でゆっくり上下に動かすと外れる．このとき，力を入れすぎると，後胸部ごと一緒に外れるので注意．腹部が外れにくい場合は，小さいハサミで腹部を基部近くで切り離す．これは，交尾器の主要な部分がオスでは腹部末端にあるが，メスでは腹部中央部まで達しているため．しかし，分類上，腹部基部などの構造が重要であること，腹部に特殊な鱗粉列などを持つ場合もあり，できるだけ腹部全体を外す方が良い．（解剖用ハサミは第3章1のコラムを参照）

② 外した腹部を水酸化カリウム溶液に浸け，40℃程度のインキュベーター内で1晩（8〜12 時間程度）寝かしておく（図 3.42, 3.33）．冬期以外は，室温で1晩〜1日ほど寝かせるだけでも良い．腹部ははじめ水酸化カリウム溶液をはじくが，しばらくするとなじんでくるので心配はない．腹部をあらかじめ 70％エタノール溶液に浸けると水酸化カリウム溶液になじみやすい．時間がない場合は，短時間（1 時間もあれば処理できる）の湯煎法（後述）で処理する方法があるが，交尾器あるいは付近にある特殊な鱗粉などが抜けやすくなる場合もあり，この方法はあまりお薦めでない．

③ この腹部をエタノール溶液中に入れ，実体顕微鏡下でピンセットあるいは柄付き針で押さえながら，細い筆を用いて鱗粉・筋肉などを大まかに除去する（図 3.44, 3.45）．筆先で腹部や交尾器を叩くようにすると鱗粉がはがれやすい．内臓や脂肪体の溶解具合が不足していたら，再度水酸化カリウム処理を行う．無理にピンセットなどで内臓などを引きはがすと交尾器を傷めることがある．

④ 次に腹部ごと，酢酸に浸け，筆先で腹部や交尾器を叩くようにしながら鱗粉・筋肉などをきれいに除去する（酢酸処理はきれいに内臓などを除くためと中和の両方の目的がある）．この後，再度エタノール溶液に浸け，酢酸を除く．酢酸は刺激物であるので取り扱うときは換気をよく行うなど注意してほしい．

⑤ エタノールに浸けた状態で交尾器の形態を検鏡する．あるいは，次の 2）保存法で述べるようにホールスライドグラスのグリセリン原液内で検鏡しても良い．グリセリンは親水性がよく，しかも乾燥しにくいので，交尾器などの保存に適している．しかし，1 年以上もすると乾燥してくるので，注意が必要である．乾燥し，グリセリンが減ってきたら補充してやると良い．

一度に数個体の処理をする場合は，多穴の細胞培養プレートを使用して，水酸化カリウム処理を行うと便利である．筆者は 6 穴のプレートを使用している．

＜湯煎法＞（143 ページ，図 3.46〜3.49）

必要なもの（図 3.46）：上記の＜簡易処理法＞で記したもの以外に，湯沸かし器，試験管，ビーカー（必要に応じて），水．

この方法だと交尾器あるいは付近にある特殊な鱗粉などが抜けやすくなる場合もあり，あまりお薦めでない．筆者はできるだけ，上記の簡易処理法を行うようにしている．

① 上記の〈簡易処理法〉①で外した腹部を，水酸化カリウム溶液を入れた試験管に入れる．水酸化カリウム溶液は少量で良い（図 3.47）．あらかじめ，腹部をエタノール溶液に浸けると水酸化カリウム溶液になじみやすくなる．

② 湯沸かし器の湯が沸騰したら，試験管を入れ湯煎する．湯沸かし器が大きい場合，試験管を直接入れると不安定なため，水を入れたビーカーを湯煎させ（図 3.48），外側の湯が沸騰してきたら，試験管をビーカーに入れる（図 3.49）．試験管を直接火にかけてはいけない（試験管内の水酸化カリウム溶液が突沸する）．
③ 湯煎時間は腹部の大きさによるが，ハマキガぐらいの大きさの小蛾類なら，5〜10 分間で良い．
④ 湯煎処理が終わったら，腹部を取り出し，上記の〈簡易処理法〉③以降の処理をする．

2）腹部と交尾器のグリセリン保存法

処理した交尾器などは，すぐに永久プレパラート標本にするよりはそのままグリセリンで保存する方法を推奨する．この方が，立体的な交尾器を何回も方向を変えながら，細部の観察ができるからである．記載に必要な交尾器の形態は側面や腹面などを描画して示す．グリセリンは親水性がよく，乾燥しにくいので保存に適している．しかし，2〜3 年でグリセリンが乾いてくるため，1 年ごとにグリセリンが減っていないかどうかを確認した方が良い．

論文投稿用の交尾器の写真を撮るときは，グリセリンだと気泡が入りやすいのと，透過性が悪いので，下記に記す永久プレパラート標本にする方が良い．このとき，ウンクスを曲げたり，バルバを左右に開いたり，エデアグス（挿入器，ファルス）を抜いたりして，交尾器をできるだけ平らにした方が写真を撮りやすい．しかし，交尾器は立体的であり，バルバを無理に左右に開いたり，ウンクスやテグメン，ビンクルムといった部位を無理に平らにしたりすると元々の形がかなり変形するし，エデアグスが抜けにくいものもある．このため，永久プレパラート標本にする前にじっくりと形態を比較観察しておきたい．必要に応じてスケッチを残しておくことも重要である．形態の比較や記載時には，どのように変形したかを十分に頭に入れておいてほしい．

＜ホールグラスを使う場合＞（144 ページ，図 3.50〜3.53）

必要なもの：ホールスライドグラス（一穴），カバーグラス，マニキュア（赤色など目立つ色が良い，もちろん好みの色があるならそれで良い），グリセリン（原液で良い），先が細いピンセット，柄付き針．ラベルあるいは油性ペン．

① ホールスライドグラスのホール部分にグリセリンを垂らして，その中にきれいにした交尾器と腹部（交尾器は腹部から外さなくとも良い）を，オスの場合はバルバが左右に開くようにして，包埋する（図 3.50, 3.51）．バルバが左右に開きにくい場合は，横向きのままでも良い．メスの場合は腹側を上にする．グリセリンの量は少しで良いが，少なすぎるとカバーグラスに空気が入り，見づらくなる．

② スライドグラスの上にカバーグラスをかける．このとき，カバーグラスを動かないように固定するため，マニキュアでカバーグラスの端をスライドグラスと接着させる（2ヶ所ほどで良い）（図 3.52）．赤色などのマニキュアの方が目立つのでお薦めする．

③ スライドグラスに油性ペンで必要なデータを書くか，あるいはデータを書いた小さい紙を糊付けしておく（図 3.51）．成虫標本と交尾器が分かれて保管されるため，同一番号のラベルをお互いにつけて管理する．筆者は YN-1522 ♂（YN は筆者のイニシャル）というような通し番号を使用し，管理ノートをつけている．

④ このスライドグラスをマッペに入れ，水平に保ちながら保存する（図 3.53）．交尾器などはグリセリンに包埋されているため，長期間保存できる．しかし，2〜3 年でグリセリンが乾いてくるため，1 年ごとにグリセリンが減っていないかどうかを確認した方が良い．グリセリンが足りない場合は，カバーグラスの隙間から，注射器などで補充すれば良い．こうしておくと，カバーグラスを簡単にはずすことができるので，その後も詳しい観察ができる．

＜チューブを使う場合＞（145 ページ，図 3.54〜3.58）

必要なもの（図 3.54, 3.55）：チューブ，注射器，ピンセット，針，グリセリン．

① チューブに注射器などを使って，グリセリンを注入する（図 3.56）．

② このチューブに交尾器を入れる．

③ チューブにシリコンゴム栓をするが，中に空気を栓と一緒に押し込むと，栓が空気圧で外れるので，針を栓の隙間に差し込んで，空気を抜きながら栓をするのがポイントである（図 3.57）．

④　栓ができたチューブのシリコンゴム栓の部分に成虫標本のピンに刺しておくと，成虫標本と交尾器標本が一体的に管理できる（図 3.58）．

チューブは，Bio Quip 製の Plastic micro vials, with stoppers（小蛾類の場合は #1133c の大きさのものが扱いやすいと思う）（図 3.55）．次の URL を参照してほしい．

http://www.bioquip.com/search/DispProduct.asp?pid=1133A

3）永久プレパラート作製法（146～149 ページ，図 3.59～3.74）

ここでは染色液に膜部が青く染まるクロラゾールブラック E（硬化部は染まらない）を，包埋剤にカナダバルサムを使う方法を紹介する．酸性フクシンで膜部と硬化部全体を赤く染色する方法もあるが，染まるのに 60 ℃で 1 日かかる．この方法は大島（2013）を参照してほしい．マーキュロクロム液（赤チン）で硬化部と膜部全体を赤く染める方法もあるが，すぐに染まる（1 分もかからない）ために染まりすぎる場合が多いので注意が必要．なお，本液は現在日本では製造されていないが，インターネットでの購入が可能である．

染色する場合，しばしば染色液が濃い，あるいは染色時間が長くなって，染色しすぎることがある．このときは，水酸化カリウム溶液に浸けると脱色できる．しかし，水酸化カリウム溶液に浸けすぎると硬化部が軟らかくなりすぎるので注意が必要である．

また，包埋剤にユーパラールなどを使用する方法もある（ロンドン自然史博物館推奨）が，脱水方法の手順は変わらない．簡易な包埋法として，脱水処理をせずにガム・クロラール系の剤（ホイヤー氏液など）を使用する方法もある．この方法だと時間がたつと剤が白濁したりするため，長期間の保存には不向きである．

永久プレパラート標本作製成功のコツは脱水をいかにうまくするかである．ここでは簡単に完全脱水できる安息香酸メチルを使う方法を紹介する．

交尾器だけを標本に残す人もいるが，腹部は基部や先端部の構造，特殊な鱗粉列をもつなど分類学上重要な形質をもつため大切に保存しておきたい．

必要なもの（一部図 3.59）：ピンセット，柄付き針，解剖用ハサミ，スライドグラス，カバーグラス，クロラゾールブラック E，エタノール溶液（70～

80 %)，99.5 % エタノール溶液，キシレン，安息香酸メチル，カナダバルサム，キムワイプ，透過式実体顕微鏡．

クロラゾールブラック E はエタノール溶液で薄めて使う．

① 上記 1)，2) の掃除が終わった腹部から交尾器を取り外す．オスの場合は腹部末端と交尾器を針やハサミを使って切り離す（図 3.60）．メスの場合は，腹部第 6 節と 7 節の間で切り離すと，交尾口付近の構造が保たれる（図 3.61）．

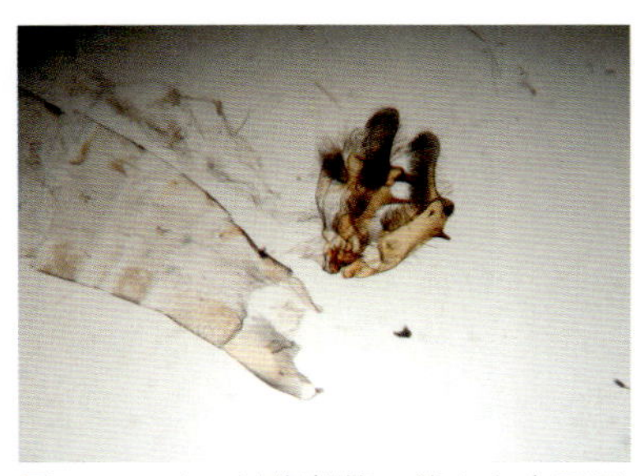

図 3.60　オスは腹部第 8 節から交尾器を外す

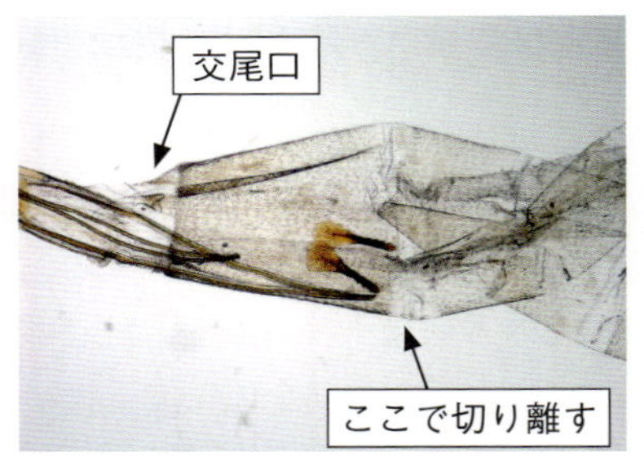

図 3.61　メスは交尾口付近を避けて，腹部第 7 節と 6 節の間で切り離す方が良い

② 腹部と交尾器をクロラゾールブラック E に浸け，染色する（図 3.62）．この染色液は膜部を青く染色するが，染色時間は 2～3 分で十分である．クロラゾールブラック E はエタノール溶液で薄めて使う．

③ 染色が終わった腹部と交尾器はエタノール溶液中で余分な染色液を取り除く（図 3.63）．染色が足りなければ再度染色する．このとき，鱗粉や不要物（内臓や筋肉などが溶解したもの）などはできるだけ取り除いておくこと．

④ 掃除・染色が終わった腹部と交尾器を 99.5 % エタノール溶液に浸け，整形・脱水する（図 3.64）．

⑤ 雄交尾器でバルバが開きやすいものは，バルバを開きながら小さいガラス板の下に差し込むようにして入れ（図 3.65），ガラス板で押さえるとバルサムに入れたときにきれいにバルバが開いた標本ができる（図 3.66）．エデアグスが抜けやすい場合は，エデアグスを抜いておくと，細部まで検鏡できる．バルバが開きにくいキバガ科などでは，テグメンあるいはビンクルムの部分を切り開いて整形する方法もある．脱水が進んだ交尾器は針な

どで処理していると壊れやすいので注意する．99.5％エタノール溶液に浸けておく時間は，交尾器などの大きさにもよるが小蛾類では数分で良い（図 3.67）．

腹部は腹面と背面が平たくなるように整形する（図 3.75）．腹部基部や末端の構造が検鏡しやすくなるためである．腹部の一方の側面（背板と腹板の間）を切って開きにしておくのも良い（図 3.76）．

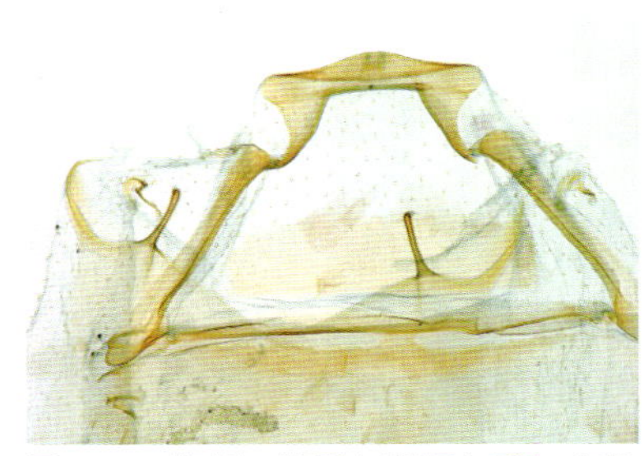

図 3.75　腹部の腹面と背面を平たく密着させた標本（腹部の前方部）

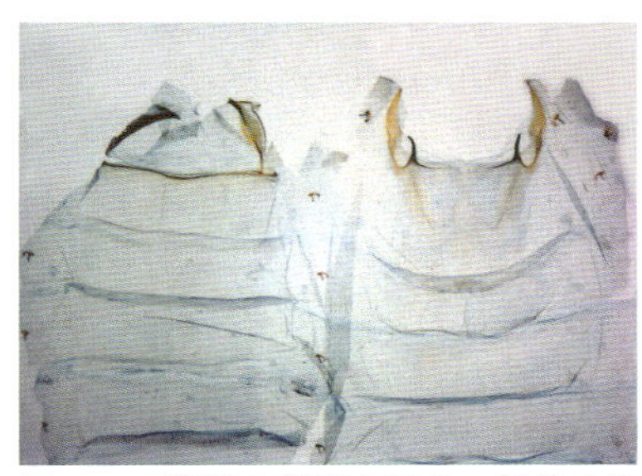

図 3.76　腹部の側面を切り，開きの状態にした標本（腹部の前方部）

⑥ 腹部と交尾器を安息香酸メチルに浸け，完全に脱水する（図 3.68）．安息香酸メチルに浸けると，これらは勢いよく回転するが，動きはすぐに緩やかになり，完全に止まれば脱水が完了する（1〜2 分もあれば十分）．アセトサリチレート，カルボキシロールを使って脱水する方法もあるが，これについては大島（2013）を参照してほしい．

⑦ 脱水が完了したものをキシレンに浸けて，なじませる．

⑧ スライドグラス上にカナダバルサムを 1〜2 滴垂らす（図 3.69）．カナダバルサムの軟らかさはガラス棒につけたバルサムがゆっくりと垂れるぐらいが良い．固い場合はキシレンを適度に加えて軟らかくしておく．スライドグラスはキムワイプできれいに表面を拭いておく．キムワイプはクズが出にくい紙で重宝する．

⑨ スライドグラス上のバルサム中に⑦の腹部と交尾器をピンセットでつまんで入れ，柄付き針などで形を整え，腹部は腹面を上にして整形する（図 3.70）．針の先もキシレンに浸けてなじませておく．このとき，交尾器やピンセットに付着していたキシレンがバルサムに追加されるのでバルサムはより軟らかくなる．この追加されるキシレンも考慮に入れて，スライド

グラスに垂らすバルサムはやや固めの方が良い.

⑩ ピンセットでつまんだカバーグラスの端をスライドグラスに着けて，カバーグラスをゆっくりと斜めに下げながらかぶせていく（図 3.71, 3.72）. カバーグラスはキムワイプで表面を拭いておく. ただし，力を入れると割れやすいので注意すること.

⑪ バルサムが足りない場合は，ガラス棒かピンセットでバルサムをカバーグラスの端から追加していく. 小さい気泡が入っても乾燥固化の間に気泡は抜けていく（図 3.73）. 大きな気泡ができたときは，カバーグラスの端からキシレンをピンセットでつまむようにして追加すると，バルサム全体に浸透して気泡が抜けやすくなる.

⑫ スライドグラスに必要なラベルを貼付するか，マジックインキでデータを書き入れ，マッペに並べて水平に保ちながらバルサムを固化させる（図 3.74）. 乾燥は，自然乾燥かあるいは 40 ℃程度のインキュベーター内で固化させる. インキュベーター内では，1 週間もすれば十分乾燥する.

⑬ もし，固化したバルサムから交尾器などを取り出したいときは，スライドグラスごとキシレンにつけてバルサムを溶解して取り出せば良い.

本項目では扱わなかったが，雄交尾器のエデアグスのベシカの構造などが分類上重要な形質になることがあり，この観察にはベシカを反転させる必要がある. 大蛾類ではピンセットで反転させることもできるが，一般的には小蛾類は反転しにくい. 小蛾類のベシカの反転法は Dang（1993），Sihvonen（2001），Zlatkov（2011）に詳しい. また，交尾器の筋肉の配置などは高次分類で重要になるが，これについては第 3 章の 1.（3）を参照されたい.

引用文献

Dang, P. T., 1993. Vesicas of selected tortricid and small lepidopterous species, with descriptions of new techniques of vesical eversion (Lepidoptera: Tortricidae, Oecophoridae, Gelechiidae, and Nepticulidae). *Can. Entomol*. **125**: 785–799.

大島一正，2013．小蛾類の研究と観察の方法．那須義次・広渡俊哉・岸田泰則編，日本産蛾類標準図鑑 **4**: 10–13. 学研教育出版，東京．

Robinson, G. S., 1976. The preparation of slides of Lepidoptera genitalia with special reference to the Microlepidoptera. *Entomol. Gaz*. **27**: 127–132.

Sihvonen, P., 2001. Everted vesicae of the *Timandra griseata* group: methodology and differential features (Geometridae, Sterrhinae). *Nota lepid.* **24**: 57–63.

Zlatkov, B., 2011. A preliminary study of everted vesicae of several leafrollers (Tortricidae). *Nota lepid*. **33**: 285–300.

簡易処理法

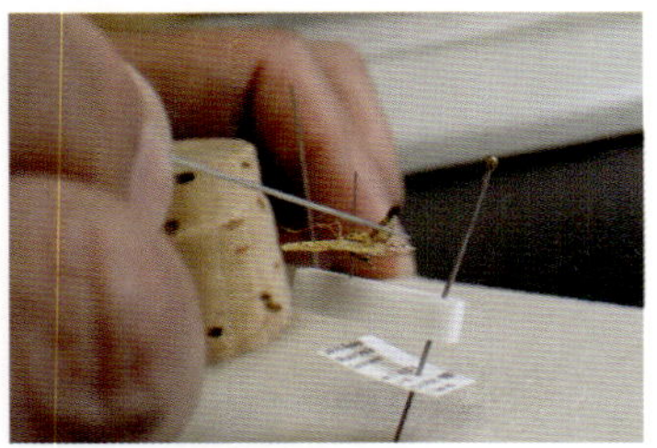

図 3.41　腹部の腹面から針で腹部を上方に持ち上げる．強く持ち上げると後翅も外れてしまうので，やさしく上下に動かすようにする

図 3.42　腹部を水酸化カリウム溶液に室温で一晩ほど浸ける．浸けるとき，あらかじめ 70 % エタノール液に浸しておくと，なじみやすい

図 3.43　色がある程度抜け，半透明になったら OK．色の抜けが悪いときは処理時間を長くする

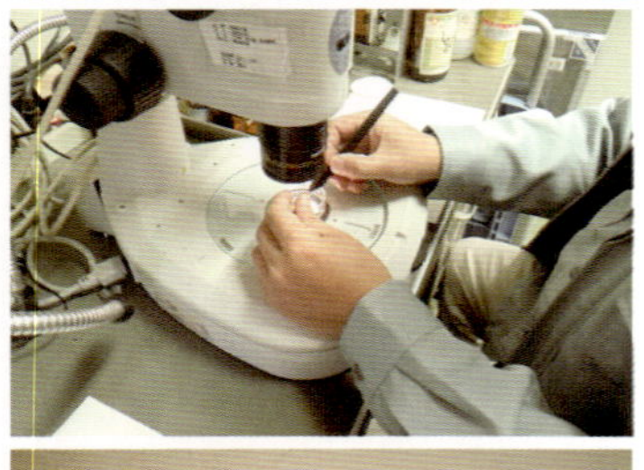

図 3.44　実体顕微鏡のもと，エタノール液中で，細筆を使って掃除をする

図 3.45　腹部を筆でやさしく叩くようにすると鱗粉や不要物が取れやすい

湯煎法

図 3.46　必要な器具類．〈簡易処理法〉で記したもの以外に，湯沸かし器，試験管，ビーカー

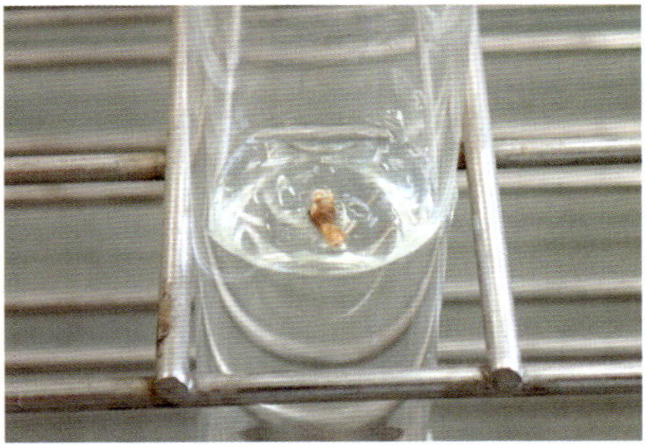

図 3.47　試験管に少量の水酸化カリウム液を入れ，その中に腹部を浸ける

図 3.48　湯沸かし器の中に水を入れたビーカーを入れ，湯を沸かす

図 3.49　湯が沸いたら，試験管をビーカーの中に入れて，湯煎する．こうすると試験管の中が突沸しない

ホールグラスを使う場合

図 3.50　ホールグラスにグリセリン液を適量垂らす

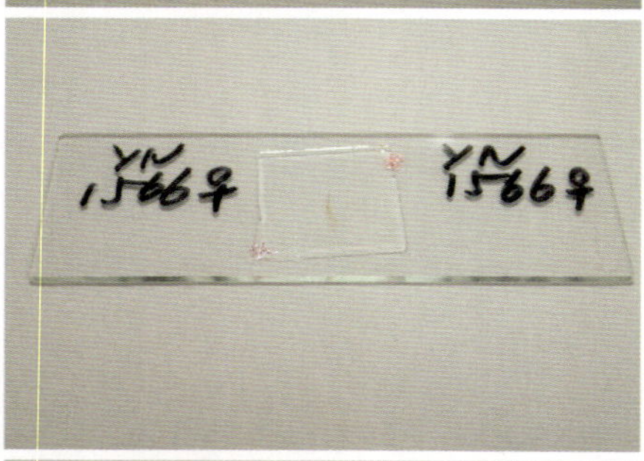

図 3.51　交尾器をグリセリンの中に浸け，カバーグラスをかけて保存．標本番号などをマジックインキで書いておく

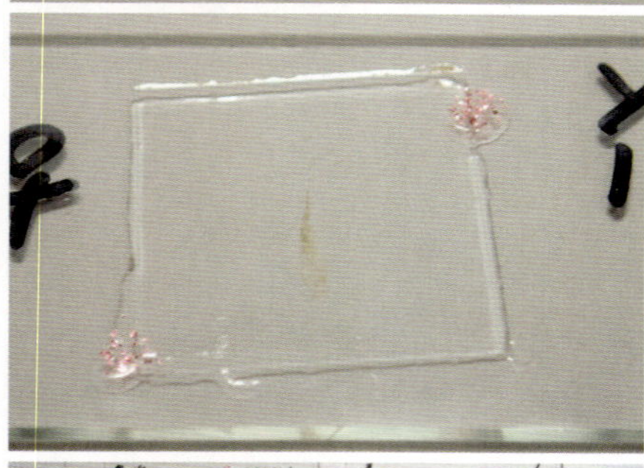

図 3.52　カバーグラスはマニキュアで 2 ヶ所ほど留めておくと，ずれにくく保存性が良い

図 3.53　マッペに並べて保存

チューブを使う場合

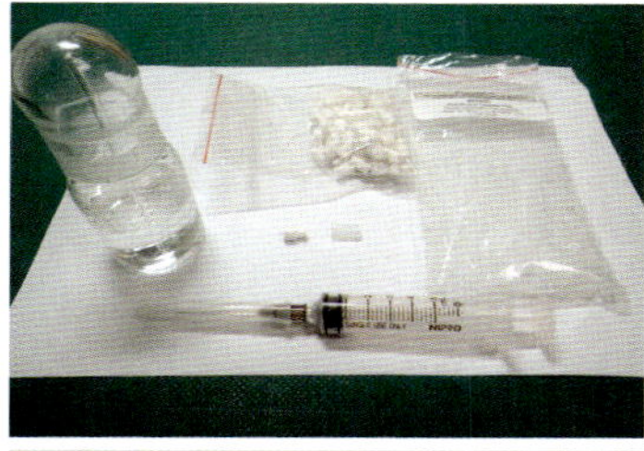

図3.54　必要な器具類. チューブ, 注射器, ピンセット, 針, グリセリン

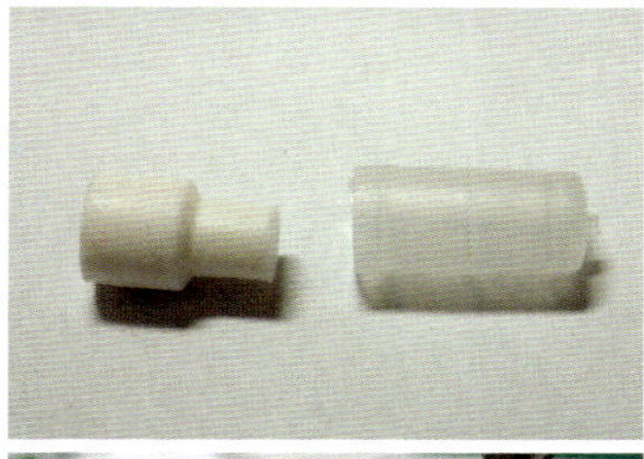

図 3.55　保存用チューブ

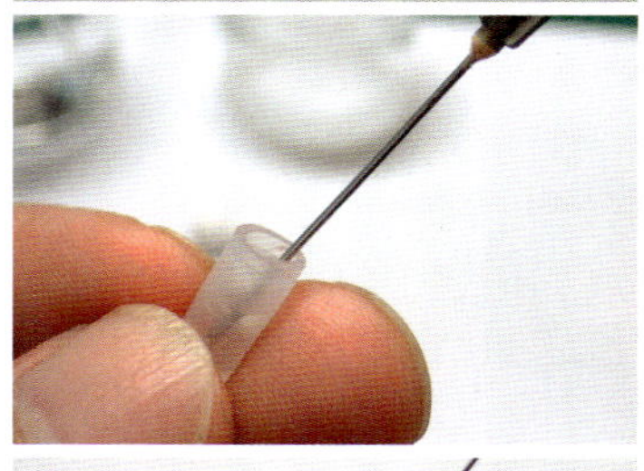

図 3.56　チューブにグリセリンを注射器で適量入れる

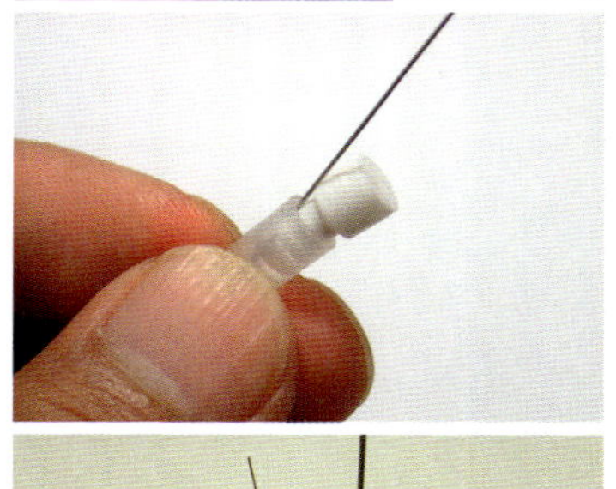

図 3.57　交尾器をグリセリン内に埋める. ふたをするとき, ふたの隙間に針を差し込んで空気を抜きながらふたをすると, ふたが外れにくい

図 3.58　成虫の標本と一緒に針に刺しておく

永久プレパラート作製法

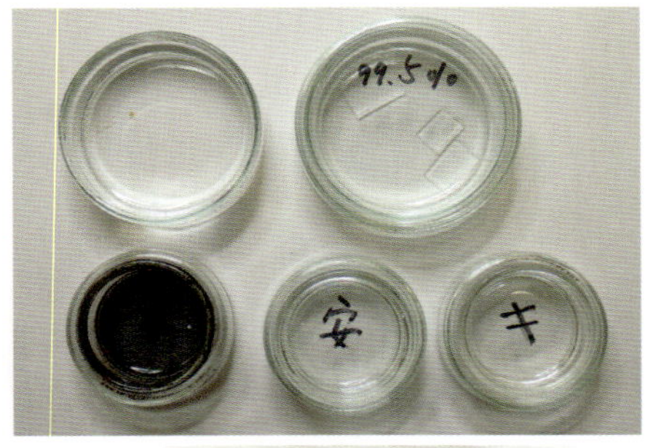

図 3.59　必要な試薬.
70%・99.5 % エタノール液
クロラゾールブラック E 溶液
安：安息香酸メチル
キ：キシレン

図 3.62　クロラゾールブラック E 液に浸ける．すぐに染まるので注意

図 3.63　70 % エタノール液に交尾器などを移し，余分な染色液を除く

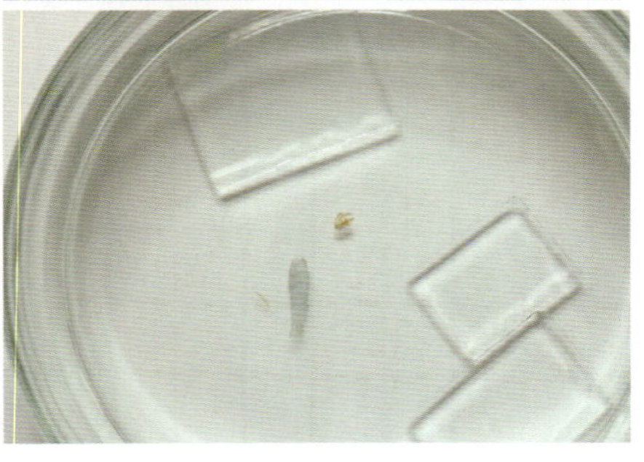

図 3.64　99.5 % エタノール液に浸け，脱水する

図 3.65　バルバが開きやすいオス交尾器は，バルバをガラス片の下に針で差し込むように入れる

図 3.66　左右のバルバを開くようにガラス片の下に入れる．ガラス片は重しの役割をする

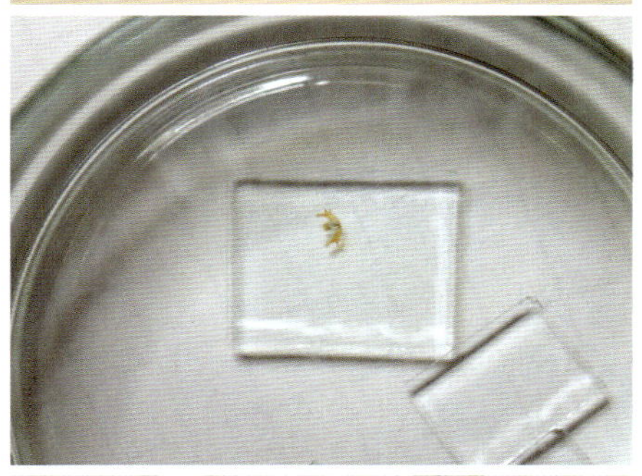

図 3.67　しばらく浸けておき，ある程度脱水する

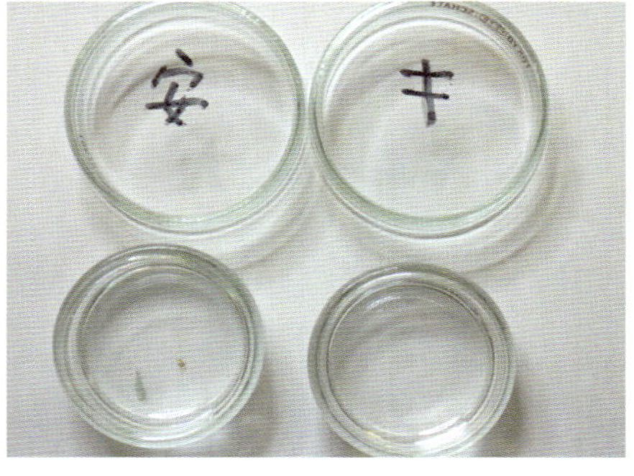

図 3.68　安息香酸メチル液に浸け，完全に脱水する．交尾器などを浸けると，激しく動き，すぐに動かなくなる（完全に脱水）．次に，キシレンに入れ，なじませる

図 3.69　スライドグラスの上にカナダバルサムを適量垂らす

図 3.70　カナダバルサム中に交尾器などを包埋する

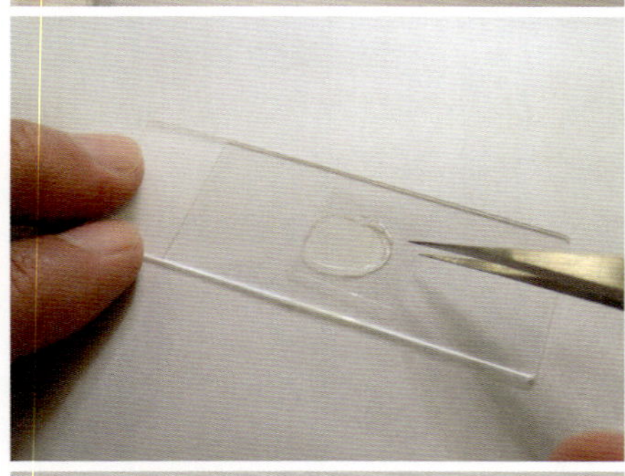

図 3.71　カバーグラスを斜めに静かにかぶせる

図 3.72　カバーグラスをかぶせたところ

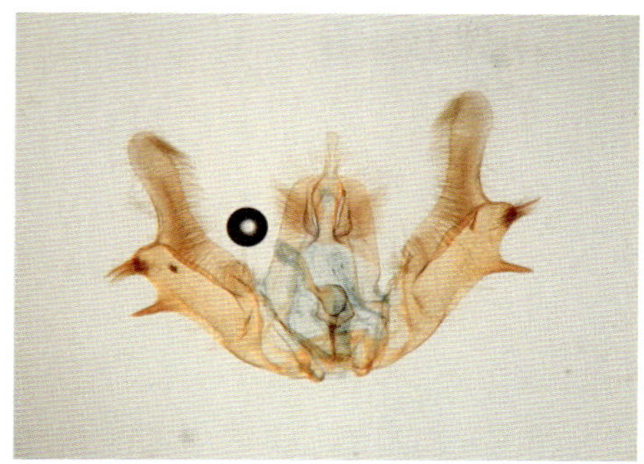

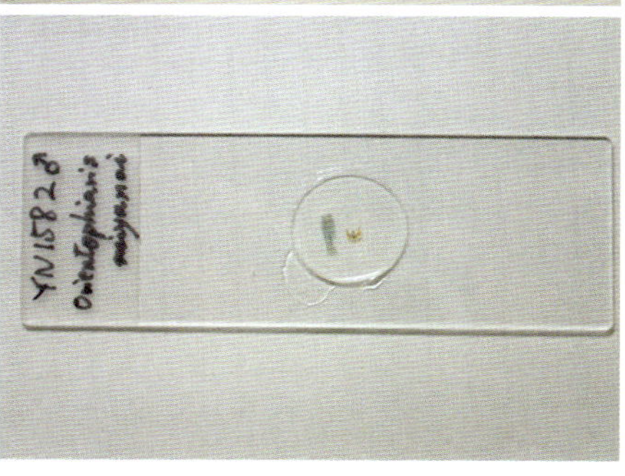

図 3.73　この程度の泡なら放置しておけば抜けるので，安心してよい．しばらく水平に保ち，カナダバルサムを固化させる

図 3.74　必要なデータをマジックインキで書いておく．あるいは，データラベルを貼る

（3）内部形態　　吉安　裕

成虫の体腔内には様々な感覚，運動，消化，生殖などに関わる内部器官があり，それぞれの器官に神経系，筋肉系，気管系が複雑に関与している．ここでは，多くの鱗翅類が含まれる二門類の腹部の消化，生殖，産卵に関わる諸器官について観察法とともに，解説する．

頭部から腹部まで様々な行動をつかさどる筋肉系については，形態の相同性や機能の解明などの目的から，古くから研究が行われてきた（Snodgrass, 1935; Forbes, 1939 など）．とくに，胸部の翅や脚の運動をつかさどる筋肉や，産卵管，交尾器各部の相同性と機能を見るために，挿入・付着している筋肉の有無やその関係が検討されてきた．また，鱗翅類のいくつかの分類群では交尾器の筋肉系から系統関係の推定の論議も行われてきた（Kuznetzov & Stekolnikov, 1973 など）．残念ながら，鱗翅類で本格的に交尾器の筋肉系を論議した論文は近年少なくなったが，遺伝子レベルの系統推定との比較による新たな議論の展開も考えられ，その重要性がうすれたとは思わない．また，分類で一般的に観察される外部生殖器以外に内部の器官やそれに関与する筋肉にもそれぞれの分類群独自の形態の発達や退化も認められることから，研究対象となる分類群の内部形態の概要を把握することは重要であろう．

1）成虫の腹部の器官

オス成虫の腹部は背方から腹方にかけ，背管（背脈管）（dv, dorsal vessel），精巣（te, testis）とそれにつながる射精管（de, ductus ejaculatorius），消化管系，神経系が配置され（図 3.77），側部の気管系から伸びる細かな気管枝が全体の器官にくまなく行き渡っている．背管は血液の循環器であり背面表皮に張り付くように後方まで伸びている．精巣は腹部の中央にあり，二門類では最終的に 1 対の輸精管（vd, vas deferens）からの精巣は共通被膜で包まれ合一して，1 個の複合した精巣となるのが一般的で（図 3.81），そこから伸びて合一した長い射精管を通って挿入器（ph, phallus）に達する．消化管は前方では腹板に沿って位置するが，後腸（hg, hind gut）は長く複雑に走る射精管の間を背方に伸び，背方の直腸（re, rectum）に至る．後腸先端部から出るマルピーギ管（mt, malpighim tube）は通常 6 本（起点は左右 1 対であるがその後分岐）からなり消化管全体を取り囲むように伸びている（図 3.77, 3.78, 3.80）．前方から

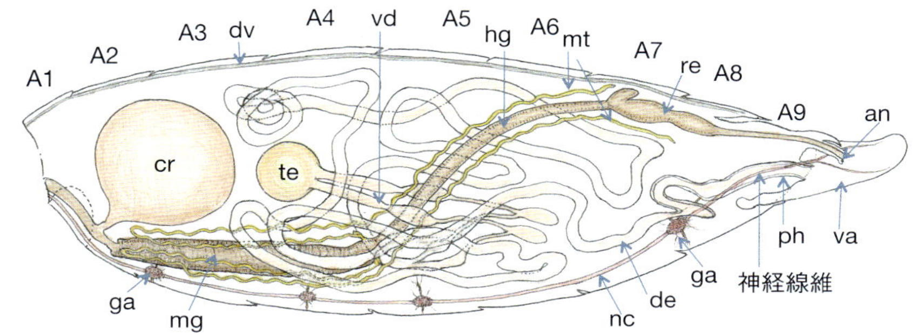

図 3.77　オス成虫の腹部の内部諸器官（ツトガ科アワノメイガ）（気管系, 末梢神経系は省略. マルピーギ管は 6 本のうちの 2 本のみ図示）. A1-A9 は第 1 ～第 9 腹節の略. an：肛門；cr：素嚢；de：射精管；dv：背管；ga：神経節；hg：後腸；mg：中腸；mt：マルピーギ管；nc：神経索；re：直腸；te：精巣；ph：挿入器；va：バルバ；vd：輸精管

腹面に沿って走る神経系には第 3, 第 4, 第 5 腹節と第 6 または第 7 腹節末端付近に神経節（球）(ga, ganglion) がある. 最後の神経節はやや大きく挿入器の腹方に位置し, そこから周辺器官に多数の神経繊維を出しており, とくに末端の交尾器にまで目立つ神経繊維が伸びている（図 3.77). 第 9 腹節以降の外部生殖器の内側には交尾のための筋肉がついていて, 各部位の複雑な動きを制御している. とくに挿入器の動きには第 9 腹節の腹板であるビンクルム (vinculum) とサックス (saccus) とに挿入される筋肉が関係し発達している. これらの筋肉は属レベル以上の分類群で変異が見られるようで, 同定や系統の考察に重要とされている. これらの筋肉系については多くの研究があり, それらの機能と名称（番号）については後述する.

メス成虫の腹部には背方から腹方にかけて, 背管 (dv), 卵巣 (ov, ovary), 消化管, 神経系が配置され, 後方にはブルサ・コプラトリクス (bc, bursa copulatorix)（交尾嚢 (cb, corpus bursae) ＋交尾管 (db, ductus bursae)), 輸精管 (vd, vas deferens), 付属腺 (ag, accessory gland) など生殖と産卵関連の器官がある（図 3.78, 3.85 右). 左右 1 対の卵巣はそれぞれ 4 本の卵巣小管 (oo, ovariole) からなり（図 3.78, 3.85 左), 卵の成熟とともに, 腹部の大部分を占めるようになる. 消化管は第 6 腹節の後方から 1 対の左右の卵巣の側輸卵管 (ol, oviductus lateralis) の間を通り, 後端背方の直腸につながる. 交尾したメスの交尾嚢の中には精子が入った精包が形成される. 精包の有無は交尾を, 精包数は交尾の回数を表す. 精包内に注入された精子は交尾管 (db) あるいは

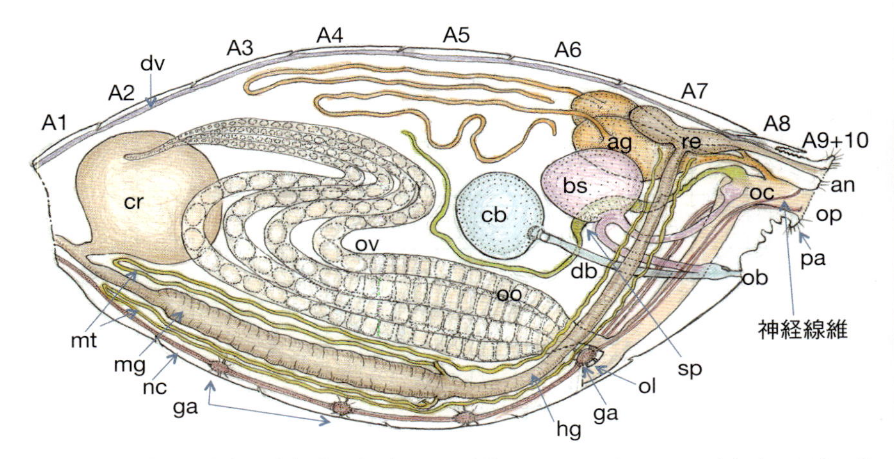

図 3.78　メス成虫の腹部の内部諸器官（ハマキガ科チャノコカクモンハマキ）（マルピーギ管は6本のうち2本のみ図示，左側の卵巣小管は除去）．A1-A10 は第1～第10腹節の略．ag：付属腺；an：肛門；bs：ブラ・セミナリス；cb：交尾嚢；cr：素嚢；db：交尾管；dv：背管；ga：神経節；hg：後腸；mg：中腸；mt：マルピーギ管；nc：神経索；ob:交尾口；oc：総輸卵管；ol：側輸卵管；oo：卵巣小管；op：産卵口；ov：卵巣；pa：パピラ・アナリス；re：直腸；sp：貯精嚢．

交尾嚢から出るドクツス・セミナリス（ds, ductus seminalis）（図 3.85 右）（この一部に精子の貯蔵場所として膨大したブラ・セミナリス（bs, bulla seminalis）が形成されることも多い）を通り，一旦総輸卵管（oc, oviductus communis）に達し，その後貯精嚢（sp, spermatheca）に貯蔵される．精子は貯精嚢から貯精嚢管（sd, ductus spermathecae）を経てふたたび総輸卵菅に移動し，そこで成熟卵と受精し，産卵に至る（図 3.85）．受精卵は付属腺（ag）から分泌される粘着性物質を受け取り基質に産下される．神経系は胸部からの神経索（nc, nerve cord）によって結ばれ，腹面に張り付くように位置し，4個（第3～6腹節の各節）の神経節が形成され各内部器官に多数の末梢神経が挿入されている．第6腹節にある神経節は他のものより大きく左右の卵巣の側輸卵管（ol）の間に位置するとともに，さらに，この神経節からパピラ・アナリス（pa, papilla analis）に顕著な1対の神経繊維が伸びており（図 3.78），メスの産卵とフェロモン放出に深く関与していると思われる．生殖関連器官は末端の第7～10腹節にある（図 3.85 右）が、いずれも硬化が弱く，正確な形態と配置を把握し，筋肉を確かめるには生体の解剖が有効であろう．

2）解剖

一般に分類で用いられる交尾器（外部生殖器）は水酸化カリウム溶液（KOH）処理後に外胚葉起源の形態の比較を行うが（本書の第3章1. (2) を参照），この処理をすると中胚葉起源のオスの精巣，メスの卵巣などの器官や筋肉は溶解して見ることができない．腹部内部の器官や組織の色，形，位置や器官間の関係を知るためには，一般に70〜80％エタノールに浸漬した個体を用いて解剖するが，組織が膠着していて，器官や筋肉を分ける際に切れることが多く取扱いがむつかしい．そこで，生きている個体を生理食塩水か50〜70％エタノール中で解剖することにより組織の色彩や配置がより容易に理解できる．本稿では，生体を用いた場合の解剖について述べる．なお，生体やエタノール浸漬個体が入手できないときは，乾燥標本から取り出し湯煎で組織を柔らかくして，注意深く解剖し目的の組織や筋肉などを見ることは可能である．湯煎法については，本書の第3章1. (2) を参照．

消化管，生殖関連器官および筋肉の観察には2本の先端が極細のピンセット（4番か5番）と眼科用ハサミを用いる．筆者は眼科用のハサミの代わりに極細で先端部のかみ合わせの悪いピンセットの先を研いでハサミの代わりにしている（本書の第3章のコラムを参照）．まず腹部を胸部から切り離し，約80％エタノール溶液を満たしたシャーレに入れ，繊細な小筆などで腹部の前方から後方に丁寧に鱗粉を落とす（本書の第3章のコラムを参照）．とれにくい鱗粉はピンセットで除去する．次に，内部形態を調べるため，上記材料を生理食塩水か約50％エタノール溶液をみたした別のシャーレに移し，まず腹部の背板と腹板間の側部の膜質部を第1腹節から外表皮を持ち上げるようにして，メスの場合は第6腹節まで，オスでは第8腹節までハサミで切る（図3.79左）．次に，切り取った節の外表皮部分のみを丁寧に除去する（図3.79右）．その際，脂肪体や側部の気管系をピンセットでつまんで，あるいはハサミで切断しながら取り去る．最後に，残った内部諸器官に付着する脂肪体や細かな神経繊維，気管枝類をピンセットで注意深く取り除いて目的とする器官を観察できるようにする．このように観察手順は単純であるが，時間のかかる作業である．

近年，生物を観察する顕微鏡も進化しており，外部から内部を観察できるレーザーなどを用いた共焦点顕微鏡や3次元映像解析法も考えられていて，今後これらを利用して昆虫の体内構造を容易に把握できるようになると思われる．

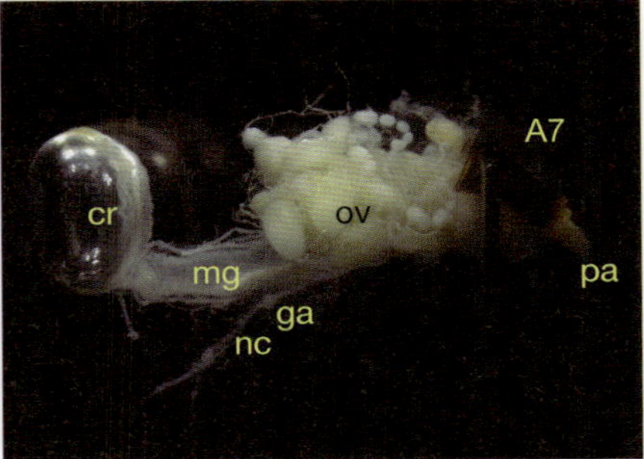

図 3.79　メス成虫の腹部の解剖（左：側部の切断後の内部；右：第 1〜6 腹節表皮の取り外した内部）（シャクガ科ナカオビアキナミシャク）．略記号は図 2 を参照

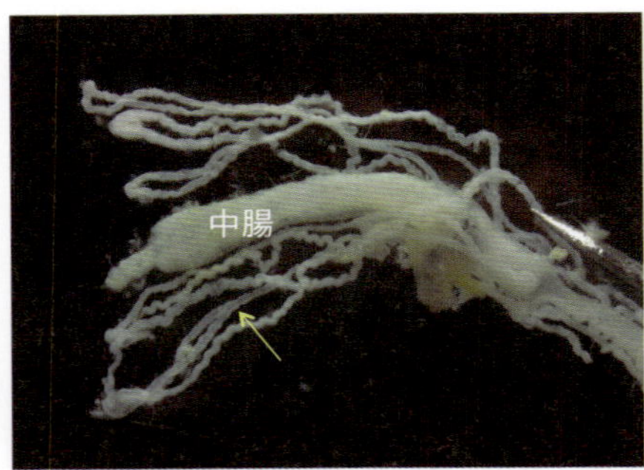

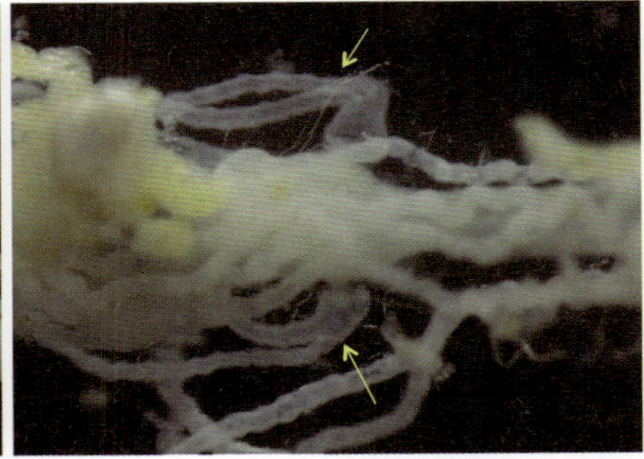

図 3.80　メス成虫のマルピーギ管（左：中腸部；右：基部（矢印は二叉部分を示す）（チャノコカクモンハマキ）

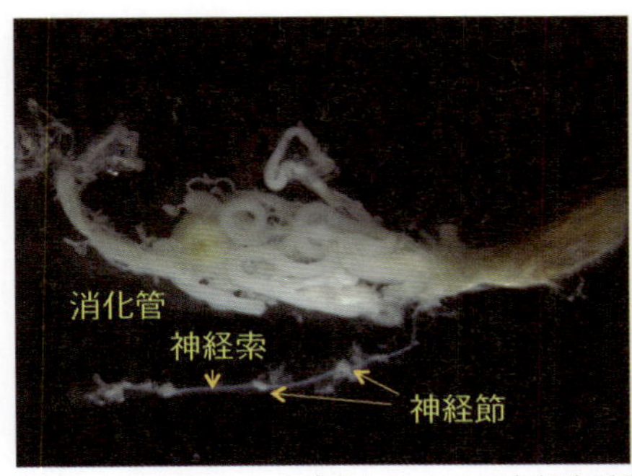

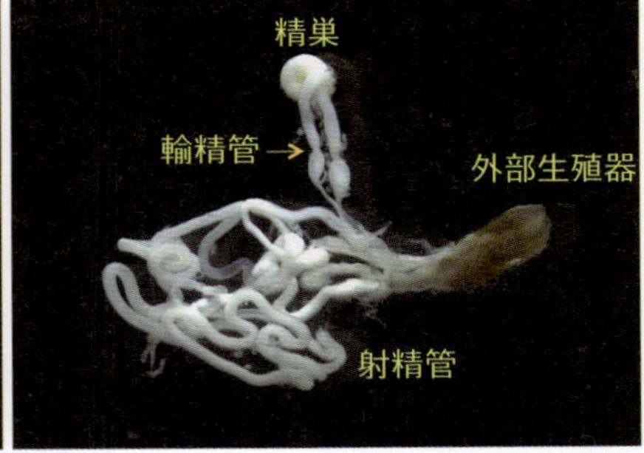

図 3.81　アワノメイガ成虫のオスの内部生殖器（左：全体；右：中央部から取り出した精巣部）

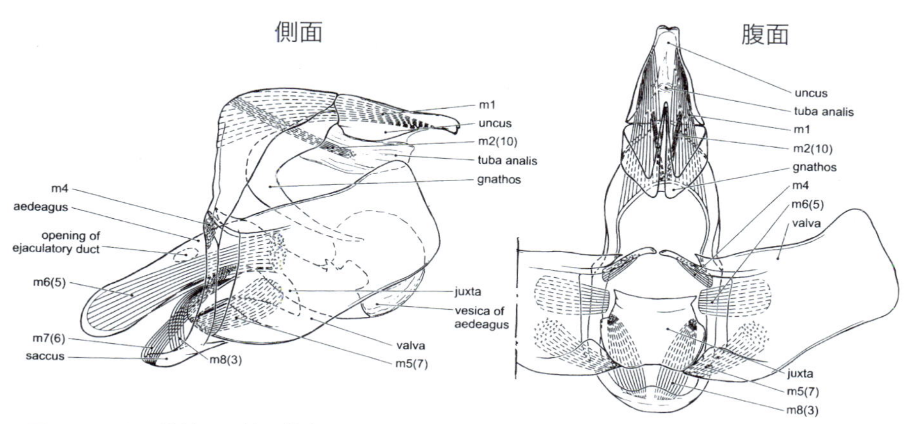

図 3.82　イラガ科の 1 種の雄交尾器に関わる筋肉とその名称（Solovyev, 2014）

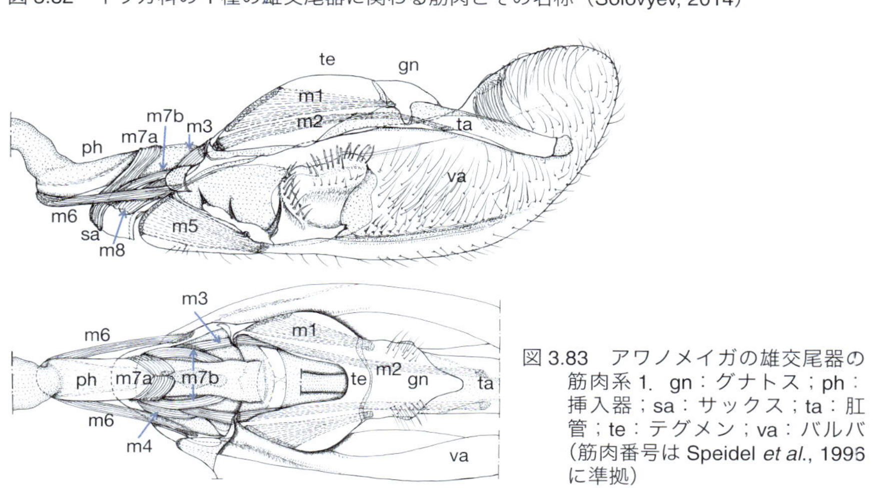

図 3.83　アワノメイガの雄交尾器の筋肉系 1．gn：グナトス；ph：挿入器；sa：サックス；ta：肛管；te：テグメン；va：バルバ（筋肉番号は Speidel *et al*., 1996 に準拠）

また，外骨格の部分を透明化する処理溶液も紹介され（Kamimura & Mitsumoto, 2011 など），特定の部位では解剖をしなくても観察する方法もある．

3）筋肉系の観察

オスでは，挿入器を含む外部生殖器の筋肉系の観察は，ピンセットで注意深く各部を除去しながら付着点を確かめる．とくに第 9 腹節の背板であるテグメン（te, tegumen）の背中線部分を前方からハサミでグナトス（gn, gnathos）基部まで，場合によっては肛管（ta, tuba analis）までを注意深く切断して左右

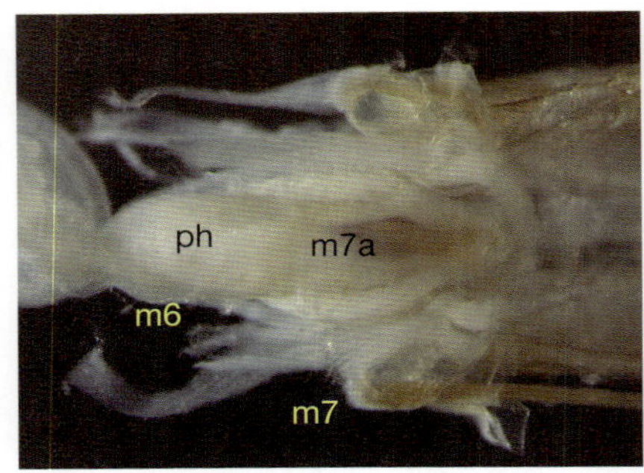

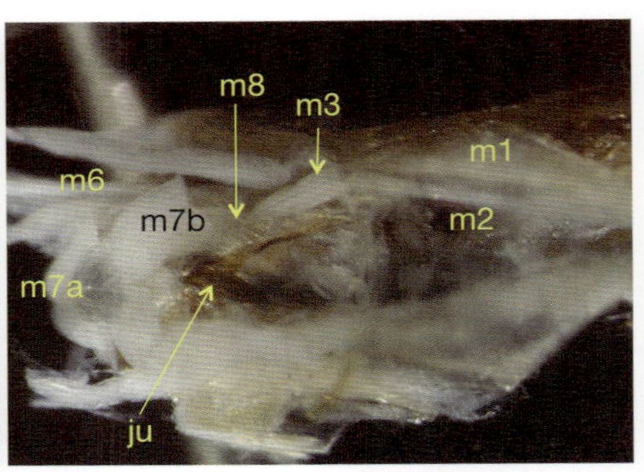

図 3.84　アワノメイガの雄交尾器の筋肉系 2（左：第 9 腹節背面；右：同，挿入器（ph）を除去し，m7 はサックス付着部分のみ残し切除）ju：ユクスタ

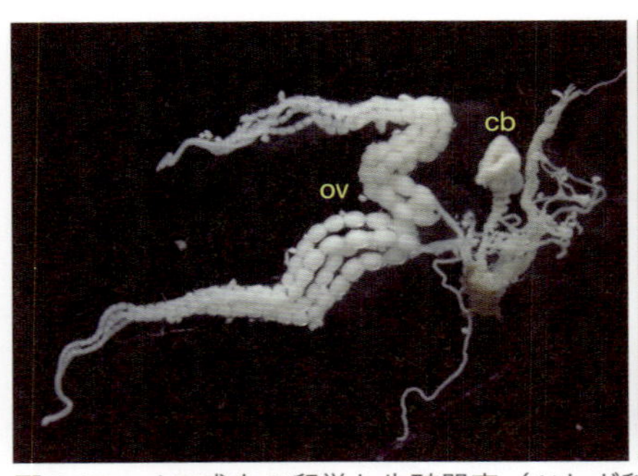

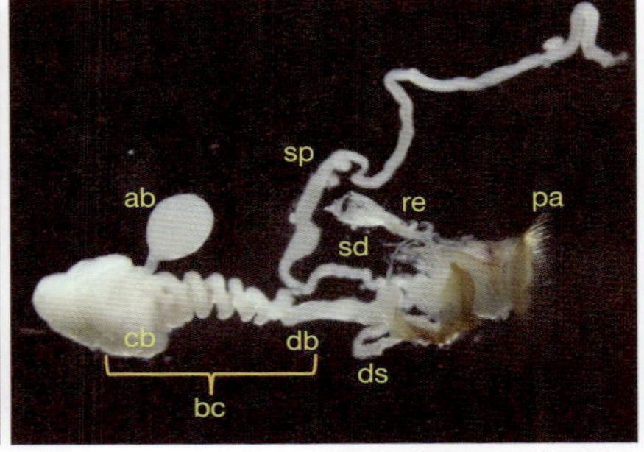

図 3.85　メス成虫の卵巣と生殖器官（ツトガ科ウドノメイガ）．ab：副交尾嚢；bc：ブルサ・コプラトリクス；cb：交尾嚢；db：交尾管；ds：ドクツス・セミナリス；ov：卵巣；pa：パピラ・アナリス；re：直腸；sd：貯精嚢管；sp；貯精嚢

に開くことにより，筋肉の付着点を内方から確かめることができる（図 3.83 上）．さらに，挿入器（ph）を付着筋肉（m6 と m7）を切断して取り外せば，サックス（sa, saccus）とユクスタ（ju, juxta）間の筋肉を確認できる（図 3.82, 3.83 下，3.84）．バルバ（va, valva）内の筋肉は外側の表皮を取り除くことによって観察できる．一方，メスでは，第 7 腹節の側部の膜質部を切り開くことによって，内部の構造を確かめる．場合によっては，第 8 腹節背板（A8T）の背中線部を前方から切断して左右に開き（図 3.87 右），筋肉の付着点を内方から観察する．また，オスの場合も含めてそれぞれの筋肉の中ほどをハサミで切断して，分かれた双方の付着点の再確認を行う．

前述のように，これまで筋肉系の観察は多くが 70～80％エタノールで固定

表 3.1　鱗翅類の雄交尾器に関与する筋肉の機能と名称（番号）*

関係部位	機能	名称		
		Forbes, 1939	Kuznetzov & Stekolnikov, 1973	Speidel *et al.*, 1996
テグメン–ウンクス	ウンクスの下引筋	1	m1	m1
テグメン–肛管	肛管の後引筋	2	m10	m2 (10)
テグメン–バルバ	バルバの外転筋	3	m2	m3 (2)
ビンクルム–バルバ	バルバの内転筋	4	m4	m4
バルバ (サックルス) –バルバ内面	バルバの屈筋	5	m7	m5 (7)
ビンクルム–挿入器	挿入器の伸出筋	6	m5	m6 (5)
サックス–挿入器	挿入器の後引筋	7	m6	m7 (6)
サックス–ユクスタ	バルバの外転筋	8	m3	m8 (3)

* 分類群によって部位と機能は変わることがある

されたサンプルを用いられているが，その際，染色して位置や付着点をより正確に確かめることができる．De Benedictis & Powell（1989）に従って，交尾器の筋肉の染色法を以下に略記する．染色皿（シャーレ）にファンギーソン染色液（2 〜 3％の酸性フクシンと飽和ピクリン酸の 1：9 の混合液）を 1，2 滴滴下し，3 〜10 分（テグメン内が濃くならない程度に浸透するまで）交尾器を浸す．次に，材料を 70％エタノール液を入れたシャーレに移し，筋肉の状態が観察できる程度になるまで，数時間浸す．適度に染色された交尾器では，筋肉は一様に赤色に，脂肪体は薄く着色，そして硬化部は染色されていない．

4）雄交尾器およびメスの末端節の筋肉系の名称

オスの外部生殖器と関係する筋肉は，機能の解明と系統的考察の基礎的な情報として注目され，これまでよく研究されてきた．交尾器そのものに限れば基本的に 8 群の筋肉が挿入されている．名称（筋肉の番号）は研究者によって多少異なり，基本的には Forbes（1939）が示した番号が踏襲されていることが多いが，近年の研究では Speidel *et al.*（1996）の表示が使われているようである（表 3.1）．図 3.82 にはこの名称を用いたイラガ科の雄交尾器の筋肉を例示し，比較のためにツトガ科アワノメイガについても図示した（図 3.83, 3.84 ）．ただし，1 本の筋肉が 2 本に分岐，あるいは消失することもあり，また付着点が移動し機能が変わることもありうる．類縁関係をみるには，これらの変化も

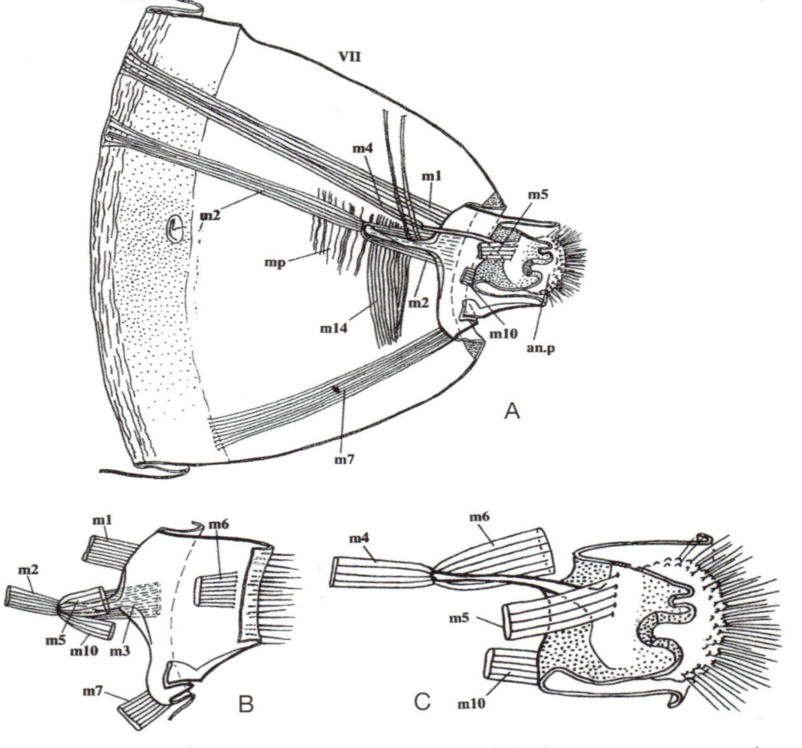

図 3.86　メス成虫のアポフィセスに関与する筋肉とその名称（Kuznetzov *et al.*, 2004）．A：メスの末端節側部；B：第 8 腹節；C：第 9-10 腹節．（A 図で第 7 腹節末端とアポフィシス・アンテリオリス間の筋肉「m2」は「m3」の誤記）

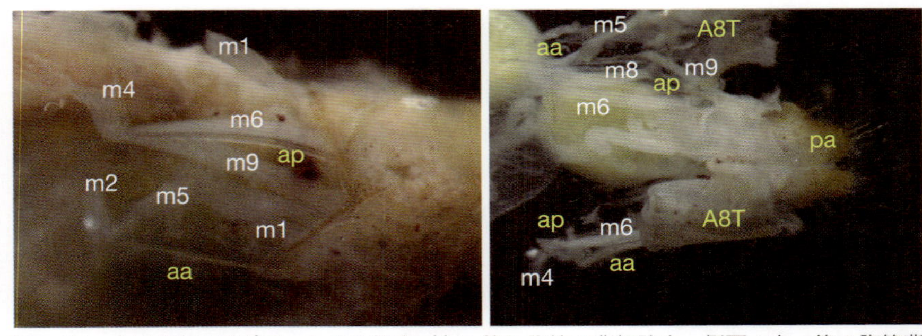

図 3.87　メス成虫のアポフィセスの筋肉（左：第 7 腹節の背板除去，側面；右：第 8 腹節背板（A8T）の背中線部を切開，背面）（シャクガ科フチグロヒメアオシャク）．筋肉番号は Kuznetzov *et al.* (2004) に準拠．aa：アポフィシス・アンテリオリス；ap：アポフィシス・ポステリオリス；pa：パピラ・アナリス

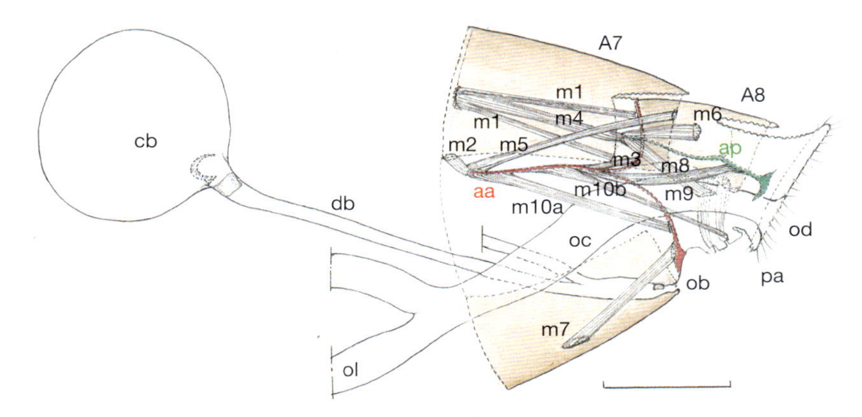

図 3.88　チャノコカクモンハマキの腹部末端の筋肉（スケール：0.5 mm）．A7，A8 は第 7 腹節と第 8 腹節の略．筋肉番号は Kuznetzov *et al.*（2004）に準拠．aa：アポフィシス・アンテリオリス（赤色部）；ap：アポフィシス・ポステリオリス（緑色部）；cb：交尾嚢；db：交尾管；ob：交尾口；oc：総輸卵管；od：産卵口；ol：側輸卵管；pa：パピラ・アナリス

考慮に入れて相同性を検討することが求められる．なお，上記以外に挿入器内にも筋肉があり，射精管の動きを制御している．

成熟卵をもったメスの腹腔は消化管，ブルサ・コプラトリクス（bc），付属腺（ag），貯精嚢（sp）以外は発達した卵巣で満たされている（図 3.78, 3.85）．アポフィシスは，産卵やフェロモン分泌のために通常は腹節内に収納されている腹部末端を伸縮させたり，特定部位を動かすため，腹節背板や時に腹板とを結ぶ筋肉の付着点となっていて，重要な役割を担っている．これに付着する筋肉は基本的に背方の節間の縦走筋の一部である．アポフィシス・アンテリオリス（aa, apophysis anterioris，図 3.88 の赤色部分）は第 8 腹節の背板の前方から内部に陥入した細い硬化部で，第 7 背板や第 8 背板との間に筋肉を有する．アポフィシス・ポステリオリス（ap, apophysis posterioris，図 3.88 の緑色部分）は第 8 腹節と第 9＋10 腹節との間の節間膜から陥入して前方に伸びる第 9＋10 腹節の細い硬化部である．それぞれのアポフィシスに見られる筋肉は図 3.86 のように，おもに産卵の際の産卵器の動きやフェロモン分泌を制御している．比較のため図 3.87 にはシャクガ科の，また図 3.88 にはハマキガ科の 1 種の末端節の筋肉を図示した．これらの第 7〜10 腹節に見られる筋肉の有無や付着点については属や科など上位分類群で変異が見られ，産卵様式やフェロモン分泌と深く関与して変化しているようである．一方，Kuznetzov & Stekolnikov（2004）はシャチホコガ上科とヤガ上科の7科38属のメスの第7〜10腹節の筋肉系を比較し，上記の行動様式だけでなく，系統をも反映しているとしている．しかし，メス成虫の末端にある筋肉系の研究はオスの交尾器のそれに比較して少なく，また扱った分類群も限られており，全体に統一的な筋肉の名称を提示できるように今後の研究の積み重ねが望まれる．

引用文献

De Benedictis, J. A and J. A. Powell, 1989. A procedure for examining the genitalic musculature of Lepidoptera. *J. lepid. Soc.*, 43: 239–243.

Forbes, W. T. M., 1939. The muscle of the lepidopterous male genitalia. *Ann. entomol. Soc. Amer.*, 39: 1–10.

Kamimura, Y. and H. Mitsumoto, 2011. Comparative copulation anatomy of *Drosophyla melanogaster* species complex (Diptera: Drosophilidae). *Entmol. Sci.*, 14: 399–410.

Kuznetzov, V. I. and A. A. Stekolnikov, 1973. Phylogenetic relationships in the family Tortricidae (Lepidoptera) treated on the base of study of functional morphology of genital apparatus. *Trudy vses. ent. obshch.* 56: 18–43.

Kuznetzov, V. I. and A. A. Stekolnikov, 2004. The musculature of the female terminal segments and its implication for the systematics of the superfamilies Notodontoidea and Noctuoidea (Lepidoptera, Noctuiformes). *Entmol. Obozr.* 83: 286–307.

Kuznetzov, V. I., C. M. Naumann, W. Speidel and A. A. Stekolnikov, 2004. The skelton and musculature of male and female Terminalia in *Oenosandra boisduvalii* Newman, 1856 and the phylogenetic position of the family Oenosandridae (Insecta: Lepidoptera). *SHILAP Revta. Lepid.*, 32: 297–313.

Snodgrass, R. E., 1935. Principles of Insect Morphology. 647 pp. McGraw Hill, New York.

Solovyev, A. V., 2014. Musculature of the male genitalia of the genus *Taeda* Wallengren, 1863 (Lepidoptera: Limacodidae). *SHILAP Revta. Lepid.*, 42: 163–167.

Speidel, W., H. Fänger and C. M. Naumann, 1996. The phylogeny of the Noctuidae (Lepidoptera). *Syst. Entomol.* 21: 219–251.

コラム

解剖用のメスとハサミ

那須義次

交尾器などの標本を作製するときに欠かせない解剖用のメスとハサミを紹介する．筆者は主に小型の鱗翅類を扱っているので，図1のような小型の刃をもったメスやハサミを何本か用意して，対象の大きさなどに応じて使い分けている．

解剖用のメスは，刃が交換できる使い捨てのタイプを使用している．図示したものはフェザー安全剃刀株式会社製のものである（図1）．幼虫などを解剖すると刃の切れ味が落ちるので，2～3頭解剖した後は刃を交換している．

解剖用のハサミを2本紹介する．図2の一番下は眼科・脳外科用の刃先が2 mmの小さいマイクロ剪刀で，かなり高価であるが刃先が短いのでたいへん重宝している．後の1本は100円ショップなどで売られているもので，斉藤寿久氏が刃先を砥石で研磨して使いやすいように加工したものを譲り受けて使っている．刃が真っ直ぐなものよりも，少し反っているもの（たとえば，眉毛カット用の先曲タイプ）が，表皮を切るときなどに案外使いやすい．このハサミで十分なことも多い．

紹介したメスやハサミは，理化学機器取り扱い業者，インターネットを通じて簡単に購入できる．

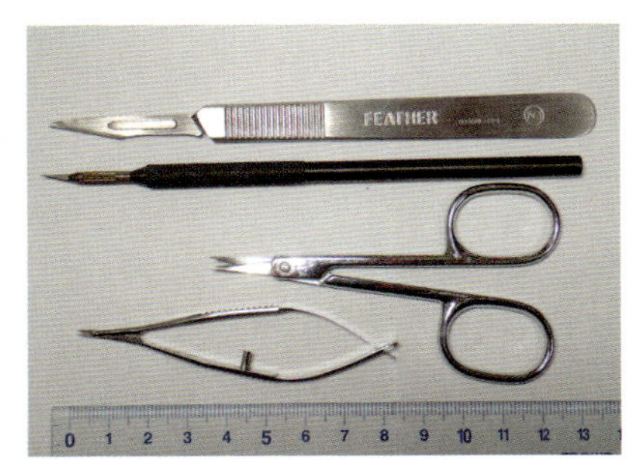

図1　解剖用のメスとハサミ

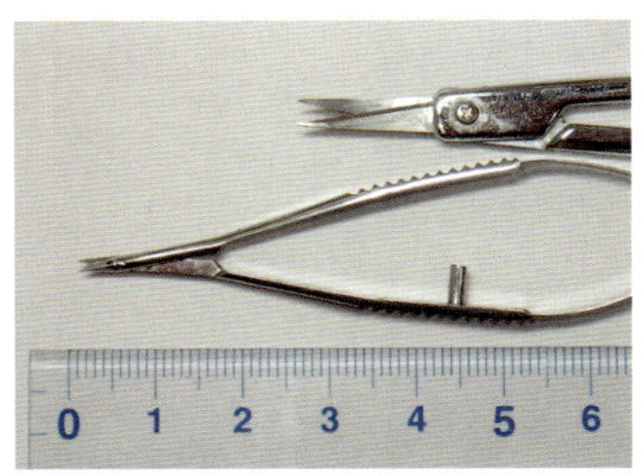

図2　解剖用ハサミの拡大図

2. 幼生期の形態

那須義次

鱗翅類の卵，幼虫，蛹の形態について簡単に紹介する．なお，幼虫や蛹のさらに詳しい形態については，駒井ら（2011）を参照してほしい．本項目を執筆するにあたり，江崎（1957），六浦（1965），黒子（1972），Stehr（1987），駒井ら（2011）を参考にした．

(1) 卵

卵（egg）の表面は卵殻（chorion, egg shell）でおおわれ，形は扁平，球形，紡錘形と様々であり，一般的には固く，なめらかなもの，隆起線があるもの，あるいは突起があるものがある（図 3.89）．1 個ずつ産まれるものもいれば，卵塊で産まれたりするものもいる（図 3.90）．卵殻には精子が侵入する精孔（卵門，micropyle）が開いており，その周辺は花びら模様となり卵弁と呼ばれる（図 3.91）．精孔の位置により二つの型に分けられる．精孔の軸が産卵される面に対して水平である（精孔が卵殻の側面の一端にある）水平型と精孔の軸が産卵面に対して垂直である（精孔が卵殻の上面にある）垂直型である．

図 3.89　モモシンクイガの卵

図 3.90　チャノコカクモンハマキの卵塊（幼虫の黒い頭が透けて見えている）

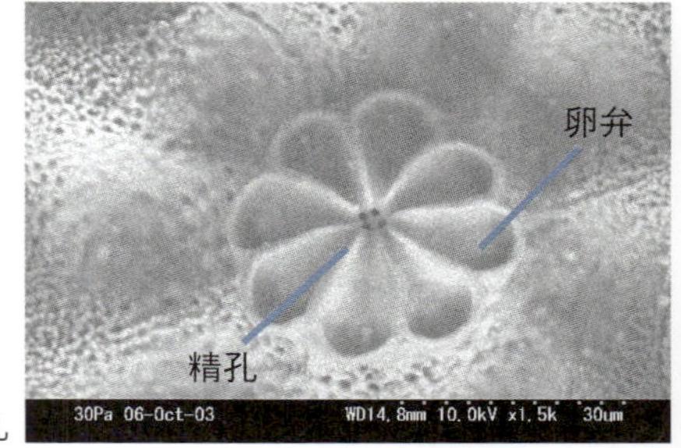

図 3.91　モモシンクイガの卵弁と精孔

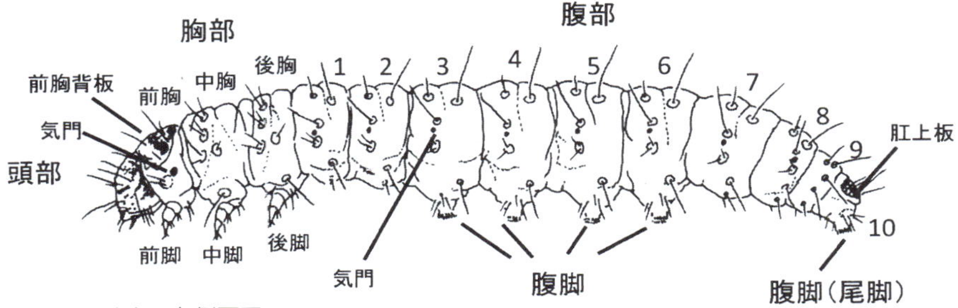

図 3.92　幼虫の左側面図

図 3.93　チャハマキのオス，第 5 腹節背面に一対の精巣が見える（矢印）

(2) 幼虫

幼虫（larva）は一般的には細長い円筒形であるが，扁平なものもある．頭部（head）と胸部（thorax）および腹部（abdomen）からなり，胸部は 3 節，腹部は 10 節の環節からなる（図 3.92）．幼虫の体色は淡色のものから色彩豊かなものまで様々である．幼虫の雌雄の区別は困難な場合が多いが，淡色の幼虫では，第 5 腹節背面にオスでは一対の精巣が明瞭に見える場合がある（図 3.93）が，メスの卵巣は不明瞭な場合が多い．胸部の各節には通常一対の胸脚（thoracic leg）をもつ．腹部の第 3〜6 節および第 10 節に腹脚（proleg）をもつ（図 3.92）．体表面には多数の刺毛（seta）が生えている．

1) 刺毛

体の表面にはソケットを有する刺毛（図 3.92）が生えており，一次刺毛，亜一次刺毛および二次刺毛に分けられる．刺毛のソケットの周りの表皮は通常硬化，着色していて，この硬化部を刺毛基板（pinaculum）という（図 3.94）．

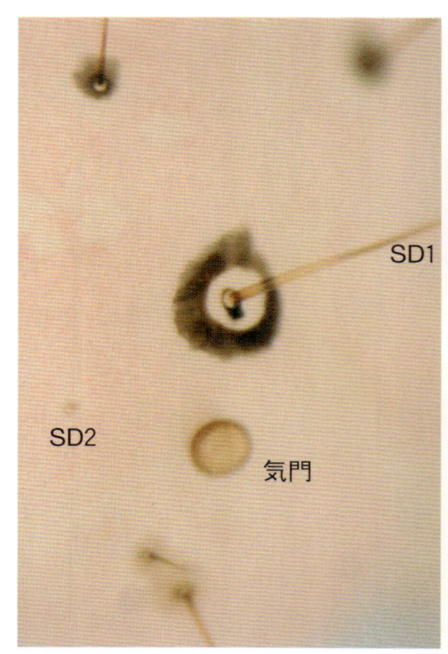

図 3.94　スジコナマダラメイガの第 8 腹節の気門周辺

図 3.95　モンクロシャチホコ腹部

図 3.96　ヒロヘリアオイラガ腹部

刺毛の色は，淡褐色から黒色，赤色と様々である．大型の幼虫や体色が濃い幼虫では，刺毛は解剖せずに観察可能なときもあるが，体色が淡いものや小蛾類など幼虫が小型のものは観察しにくいことが多い．そのときは体表面のプレパラート標本を作製する必要がある．一次刺毛は 1 齢幼虫時に存在する刺毛で，いわゆる小蛾類の多くは終齢幼虫まで一次刺毛だけをもつ．亜一次刺毛は 2 齢幼虫になって現れる刺毛である．一次刺毛は触覚に関連する長刺毛および頭部と前胸が接する部分や各環節が接する部分などに見られる非常に短い微刺毛に分けられる．二次刺毛は，1 齢幼虫時にはないが，齢が進むにつれて追加される刺毛で，大型の鱗翅類などで見られることが多く，不規則に生じたり，毛束などになったりする（図 3.95）．このような刺毛の中には毒をもつものがあり，毒針毛と呼ぶ．また，体表面に多数の肉質状突起をもち，その突起から刺毛が生じる場合もある（図 3.96）．

刺毛の生え方（配置，数）は種や科レベルで一定の特徴があり，分類に有用な場合がある．刺毛の生え方を図示したものを刺毛配列図（刺毛図，図 3.97〜3.99）（setal map）と呼ぶ．刺毛の名称は Stehr（1987）にならうのが一般的

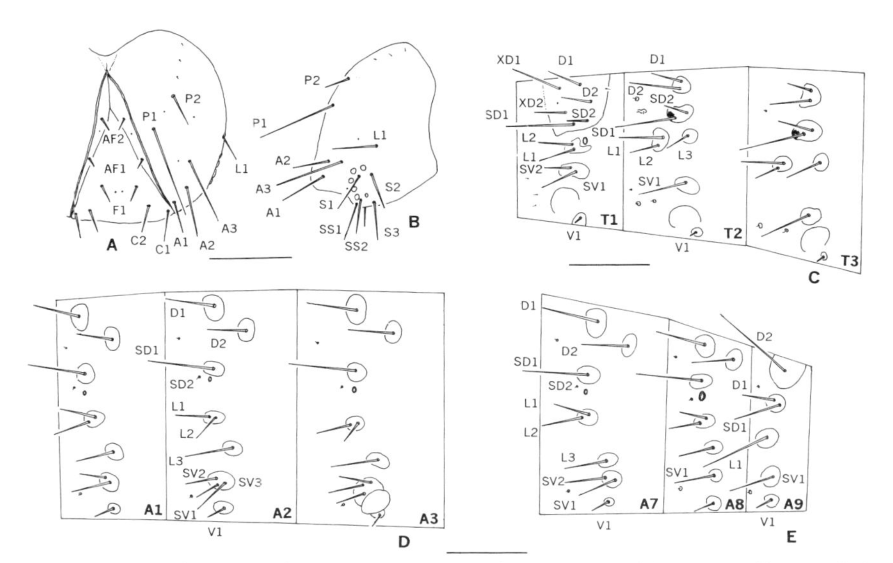

図 3.97　シロマダラノメイガの幼虫刺毛図．A：頭部正面，B：頭部側面，C：前胸から後胸（左側面），D：腹部第 1 ～ 3 節（左側面），E：腹部第 7 ～ 9 節（左側面）

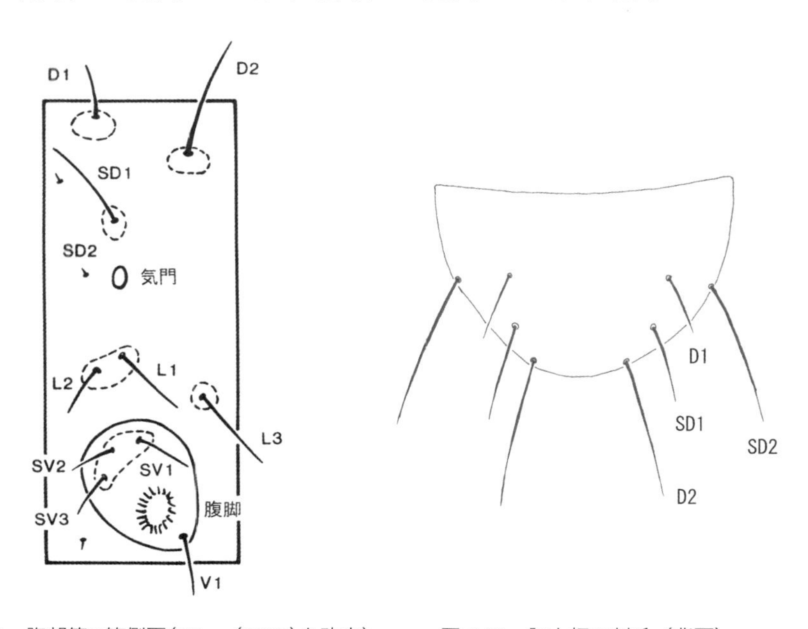

図3.98　腹部第3節側面（Sther（1987）を改変）

図 3.99　肛上板の刺毛（背面）

図 3.100　フタトガリコヤガ頭部正面

である．主な刺毛の記号は以下の通りである．D：dorsal の略で背面にある．SD：subdorsal の略で亜背面にある．L：lateral の略で側面にある．SV：subventral の略で亜腹面にある．V：ventral の略で腹面にある．

前胸と第 10 腹節の背面はとくに刺毛基板を含む硬化部が大きく発達する場合があり，それぞれ前胸背板（前胸背盾）（prothoracic shield）と肛上板（anal plate）と呼ばれる（図 3.92）．前胸背板には D 刺毛 2 本，SD 刺毛 2 本以外に 2 本の XD 刺毛が存在する（図 3.97C）．肛上板は D 刺毛と SD 刺毛をそれぞれ 2 対ずつもつ（図 3.99）が，時に二次的に過剰刺毛をもつこともある．

2）頭部

頭部は球形のカプセルで頭蓋（cranium）と呼ぶ（図 3.97A, B，3.100）．後方から前方に向かって逆 Y 字形の縫線がある．表面には多数の刺毛と点刻（pore）が生じる．側面には 1 本の触角（antenna），通常 6 個の個眼（stemma）をもつが，個眼は退化するものもある．腹面には 1 本の絹糸を吐く吐糸管（spinneret）を通常もつ．口器は前方にあり，ラブルム（labrum），マンディブル（mandible），マキシラ（maxilla），ラビウム（labium）からなる．ラブルムは上唇ともいい，中央がへこんだ長方形状で数対の刺毛をもち，マンディブルを覆っている．マンディブルは大顎（大腮）ともいい，左右一対の構造で，硬化していて，植物を切断する機能をもつ．その内面には内歯や稜線をもつ場合がある．マキシラは小顎（小腮）ともいい，ラビウムをはさむように左右一対でいくつかの節からなり，先端に 2〜3 節からなるマキシラリ・パルプス

図 3.101　シャクガの幼虫側面（腹部第 3 ～ 5 節の腹脚が消失）

図 3.102　フタトガリコヤガの幼虫側面（腹部第 3 ～ 4 節の腹脚が消失）

図 3.103　スジコナマダラメイガの腹脚の鉤爪

（maxillary palpus）をもつ．ラビウムは下唇ともいい，数節構造で，吐糸管をはさむように 3 節からなる一対のラビアル・パルプス（labial palpus）をもつ．

3）胸脚

前胸（prothorax），中胸（mesothorax），後胸（metathorax）は腹方にそれぞれ一対の胸脚をもち，それぞれ前脚（foreleg），中脚（midleg），後脚（hindleg）とよぶ．脚は通常基部から基節，転節，腿節，脛節，付節および爪をもつ前付節からなる（図 3.92, 3.105）．コバネガ科，カウリコバネガ科やスイコバネガ科などでは退化傾向にある．

4）腹脚

第 3～第 6 腹節および第 10 腹節の腹面にある一対の円筒形の脚を腹脚とよぶ．とくに第 10 節のものを尾脚（anal proleg）とよぶ（図 3.92）．腹脚はグループにより退化するものがあり，コブガ科コブガ亜科では第 3 腹節，シャクガ科のほとんどは第 3～5 腹節のものが消失し（図 3.101），ヤガ科のシタバガ亜科とキンウワバ亜科などでは第 3 腹節と第 4 腹節のものが退化傾向にある（図 3.102）．

腹脚の先端（底部）には鉤形の爪，鉤爪（crochet）をもち，その数と配列は様々である．鉤爪は絹糸を引っかけたり，木の枝をつかんだりと歩行に関係した機能がある（図 3.103）．

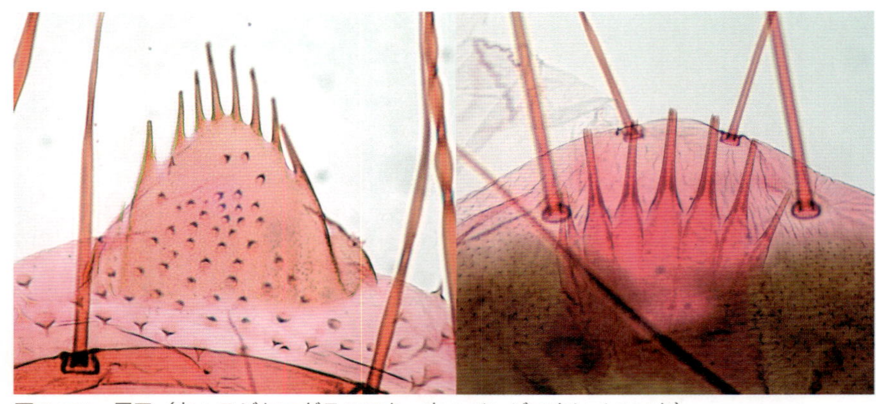

図 3.104　尾叉（左：スジケマダラハマキ，右：バンジロウヒメハマキ）

5）気門

体の側面には気門（spiracle）が開いており，中胸，後胸，第 9 腹節と第 10 腹節は気門を欠く（図 3.92）．一般的には，第 8 腹節の気門は大きく，より背方に位置する．ホソガ科オビギンホソガ亜科では例外的に前胸の気門がなく中胸に存在する．

6）尾叉

尾叉（anal fork, anal comb）は，第 10 腹節の肛上板の腹方と肛門（anus）の背方の間にある器官で，フォーク状ないし突起状で糞粒を遠くに飛ばす機能をもつ（図 3.104）．キバガ科，ハマキガ科，セセリチョウ科で見られる．

7）腺器官

頸腺（cervical gland, adenosma）

幼虫の前胸腹面前方（頸部）に見られる袋状の腺器官で，普段は体の内部にあるが，刺激があると一部が反転して外部に突出する（図 3.105, 3.106）．スガ科，タテハチョウ科，シャチホコガ科，ヤガ科などの幼虫に見られる．反転したときの形状はドーム状や先端が二叉するなど，種によって様々である（Stehr, 1987；中村，1998；駒井ら，2011）．シャチホコガ科では袋内に蟻酸や脂肪族ケトンなどが蓄えられており，反転したときに液体が噴出する．この液体は刺

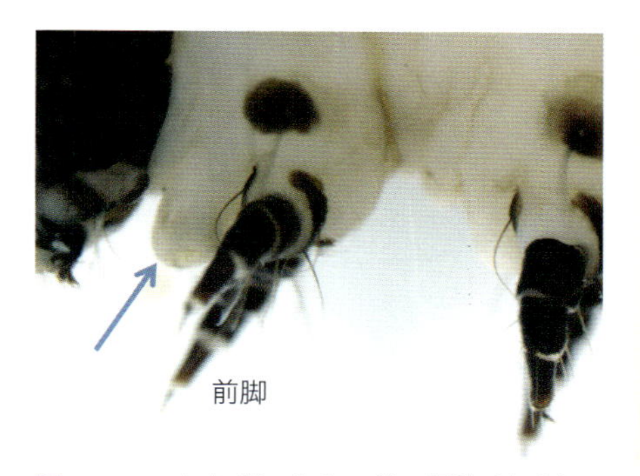

図 3.105　オオボシオオスガの頸腺（矢印），一部が反転突出している

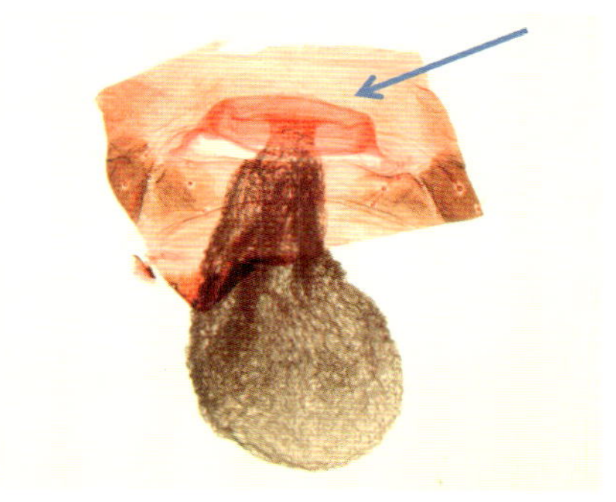

図 3.106　モンクロシャチホコの頸腺の開口部（矢印）と内部の袋状器官

激臭があり，トカゲやクモなどの天敵に対する防御になっているという（Eisner *et al*., 1972）．一方，スガ科では何らかの道しるべフェロモンを分泌しているのではないかと推察されている（Povel & Beckers, 1982）．

観察は簡単で，シャチホコガ科などでは生きている幼虫を刺激すると外部に突出してきて，刺激臭を放つ．エタノール標本では突出しているものもあり，突出していなくとも頸部をピンセットなどで圧迫すると反転突出する．また，幼虫を 10 % 水酸化カリウム溶液で処理すると突出した頸腺および内蔵された袋が容易に観察できる．

その他の腺器官

アゲハチョウ科では前胸の背板中央から悪臭を放つ Y 字状の肉角（osmeterium）がでる．また，シジミチョウ科では腹部第 7 節の背面に蜜線（dorsal gland, honey gland）をもつものがある．

（3）蛹

蛹（pupa）は円筒形ないし紡錘形で，体色は一般的には褐色ないし，黒褐色である（図 3.107）．翅や口器，脚などの付属肢が自由に動くものを裸蛹（exarate pupa），これらが動かないものを被蛹（obtect pupa）という．前者は系統的に初期に分岐したグループで，後者はそれら以外のものが含まれ，腹部の環節の可動も悪くなる．腹面の頭方からは頭部，触角，ラビアル・パルプス，口吻（マキシラ，ガレアとも称する），脚，前翅，後翅，腹部の環節などがそ

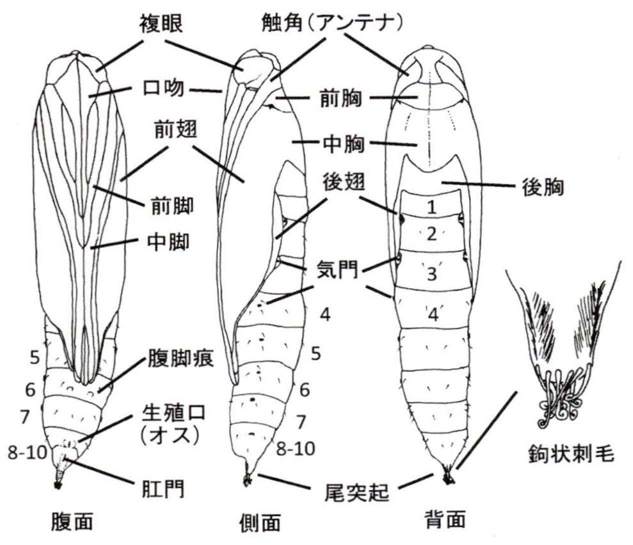

図 3.107　シロマダラノメイガの蛹

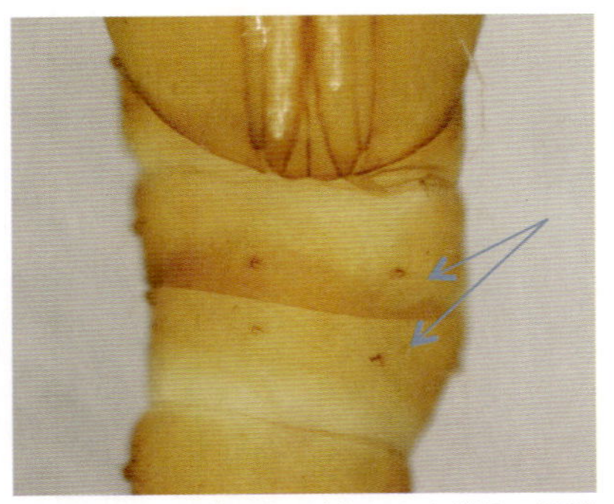
図 3.108　スジコナマダラメイガ蛹の腹脚痕（矢印）

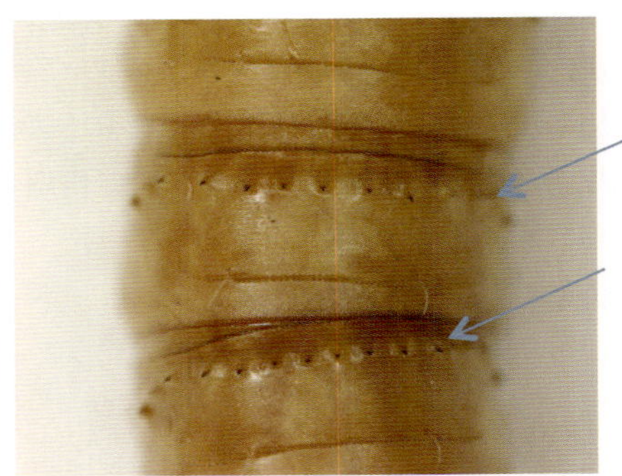
図 3.109　チャノコカクモンハマキ蛹の腹部背面の刺列（矢印）

れぞれ縫線によって区別できる．表面に短い刺毛があり，基本的には幼虫の刺毛位置と対応できるが，退化傾向にある．腹節の腹面に一対の腹脚痕（proleg scar）が認められる場合もある（図 3.108）．腹節の背面に刺列（dorsal spines）をもつものがあり（図 3.109），羽化する際に蛹が蛹化場所からせり出すのに役に立つ．一般的に腹部の側面にはやや突出した気門（spiracle）が見られるが，第 1 腹節の気門，さらに第 2 腹節のものも後翅に覆われて隠れているものが多い．第 10 腹節が伸張して尾突起（cremaster）となる場合がある

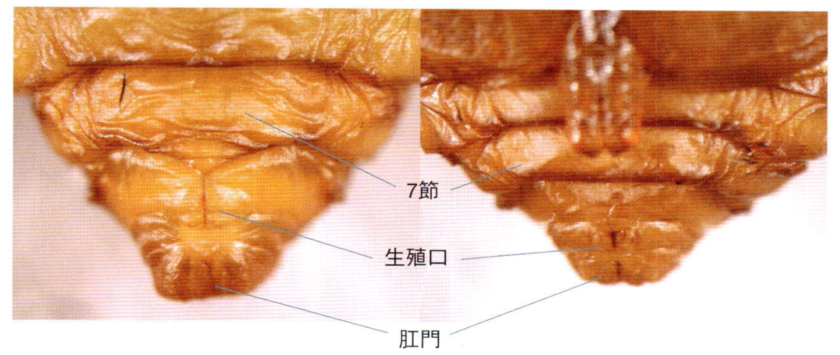

図 3.110　ヒロヘリアオイラガ蛹の腹部（腹面），左：メス，右：オス

（図 3.107）．尾端には鉤状刺毛をもつものがあり，この刺毛は繭などの絹糸に絡みつかせ蛹を固定する機能をもつ．肛門（anus）は第 10 腹節の後縁近くに円い孔あるいは縦の裂孔として認められる．

蛹の雌雄の識別は一般的には明瞭で，オスの生殖口は第 9 腹節に縦の裂孔（図 3.110 右）として，メスでは第 8 腹節と第 9 腹節に分かれた裂孔，あるいは接近して一つの連続した溝（図 3.110 左）として認められる．メスでは生殖口に関係する節の腹面の境界は前方に移動し，中央部は不明瞭となる．

引用文献

Eisner, T., Kluge, A. F., Carrel, J. C. and Meinwald, J., 1972. Defense mechanisms of Arthropods. XXXIV. Formic acid and acyclic ketones in the spray of a caterpillar. *Ann. entmol. Soc. Am.* **65**: 765–766.

江崎悌三，1958．概説．江崎悌三ら，原色日本蛾類図鑑（上）：iii–xix，保育社，大阪．

駒井古実・吉安　裕・那須義次・斉藤寿久（編），2011．日本の鱗翅類，xx+1307 pp.，東海大学出版会，秦野市．

黒子　浩，1972．鱗翅類．内田　亨（監修），動物系統分類学 7-IIIC：52–134，中山書店，東京．

六浦　晃，1965．概説．一色周知（監修），原色日本蛾類幼虫図鑑（上）：183–228，保育社，大阪．

中村正直，1998．ヤガ科幼虫の頸腺とその分泌物の化学成分．蝶と蛾 49: 85–92．

Povel, G. D. E. & Beckers, M. M. L., 1982. The prothoracic 'defensive' gland of *Yponomeuta*-larvae (Lepidoptera, Yponomeutidae). *Proc. K. Ned. Akad. Wet. Ser. C Biol. Med. Sci.* **85**: 393–398.

Stehr, F. W. (ed.), 1987. Lepidoptera. Stehr, F. W. (ed), Immature Insects 1: 288–305, Kendall/Hunt Publishing company, Dubuque, Iowa.

（1）幼虫の刺毛などの観察

那須義次

大型の幼虫では，体表面の刺毛などの構造をそのまま観察できるが，小蛾類などの小型の幼虫や体色の薄いものは，直射光による個眼や小さい刺毛，小孔などの観察がしづらい場合が多い．このため，体を水酸化カリウム溶液で処理し，筋肉や内臓などを溶解除去して，表皮を透過光で観察するか，あるいは染色する必要がある．以下に筆者が行っている方法を紹介する．本項目を執筆するにあたり，森内（1969）も参考にした．

1）透過光による表皮の観察（染色しない場合）

必要なもの：ピンセット，解剖用の小型のハサミ（眼科用，外科用の刃が小さいもの），柄付き針，小さいシャーレ，試験管，エタノール溶液（70〜80 %），10 % 水酸化カリウム溶液，酢酸，水，透過式実体顕微鏡，湯沸かし器（湯煎法で必要）．

① 幼虫の筋肉や内臓を溶解しやすくするため，形態的に重要でない部分に切れ込みを入れる．筆者は，内臓の掃除がしやすいように腹部第 4 節と 5 節の間の腹面から側面にかけて解剖用のハサミで背面を残して切断している（図 3.111, 3.112）（胸部と腹部の間および腹部第 6 節と 7 節の間の腹面からでも良い）．大きい幼虫では 2〜3 ヶ所に切れ込みを入れた方が，内臓が溶解しやすいし，掃除もしやすい．

図 3.111，3.112　腹部第 4 節と 5 節の間の背面を残して切断後，水酸化カリウム処理を行うと，内臓や筋肉などが溶解する．

② この幼虫を10％水酸化カリウム溶液が入った試験管に入れて，煮沸した湯の中で5分～10分程度湯煎させる（図3.116）．具体的な湯煎法の手順は第3章1.(2）の交尾器の観察を参照．湯煎時間は幼虫の大きさによって異なるため，時間はあくまでも目安である．湯煎させなくとも，室温のまま一晩（20時間ほど）放置しておいても良い．夏や冬場は気温が異なるので，放置しておく時間も異なる．この処理により，筋肉や余分な内臓を溶解させる．40℃のインキュベーター内では，小さい幼虫なら6時間ほどで十分である．

③ 水酸化カリウム処理が終わった幼虫は水洗して，余分なものを除去する．水洗は，水を入れた試験管に幼虫を入れ，試験管の口を指の腹で押さえて上下に振ると簡単に掃除できる．このとき試験管の水は満タンにしない方が振りやすい．もちろん小さい幼虫の場合は，透過式の実体顕微鏡の下で，エタノールに幼虫を浸けて筆で溶解した内臓などを除去しても良い．

④ この状態の幼虫を，中和のため酢酸につける．中和中も筆で体を叩きながら残った消化管や気管の一部を除去する．このとき，気管をきれいに除こうとして，表皮を傷つけないようすること．ある程度，内臓が残っていても，小さい刺毛などの観察には支障はない．小さい頭部は胴部と切り離してしまうと，保存中に紛失するおそれがあるので，切り離さないほうが良い．

⑤ 中和，掃除が終わった幼虫をエタノール液に戻し，透過式実体顕微鏡を使って表皮の構造や刺毛などが観察できる．観察後はエタノール液を入れた管ビンなどで保存する．

2）表皮の染色による観察（178～181ページ，図3.113～3.128）

微小な幼虫や表皮の状態を詳しく観察したり，写真撮影するには表皮を染色した方が良い．

必要なもの（図3.113）：ピンセット，柄付き針，細い筆（面相筆など筆先が柔らかいもの），解剖用のメス（刃先が小さくて，鋭く，替え刃タイプのものがよい），解剖用の小さなハサミ（眼科用，外科用の刃が小さなもの），小さなシャーレ，スライドグラス，カバーグラス，染色液は酢酸カーミン液（アセトカーミン，アセトカルミンともいう），エタノール溶液（70～80％），マニキュア，透過式実体顕微鏡.

染色液にマーキュロクロム液（赤チン）を使う方法もあるが，1〜2分で染まるために染まりすぎる場合が多いので注意が必要．なお，本液は現在日本では製造されていないが，インターネットで購入が可能である．

染色液が濃い場合や染色時間が長い場合，表皮が染まりすぎることがある．このときは，水酸化カリウム溶液に浸けると脱色できる．

① 幼虫の側面の表皮を頭方から尾方に切り裂く．このとき，体の前方を左にしたプレパラート標本を作製するため，切るのは幼虫の右側面である．これは，左側面の標本や図が伝統的に多いため，これらと比較しやすいようにするためである．

② 幼虫の頭部を左，体の右側が上になるように（幼虫の脚や腹脚が見た目に上になるように），シャーレ内に固定あるいはピンセットでつかんで固定する（図 3.114）．頭部と胸部の境目から尾部末端まで，気門の下に解剖用メスを入れて一文字に切り裂く．メスは斜めに突き刺して，鋸で切るようにメスを斜め上下に尾方に挽いていくと切り裂きやすい（図 3.115）．2〜3 頭処理すると刃の切れ味が悪くなるので，すぐに刃を交換すること．

③ 切り裂いた幼虫を前述 1）の②と③の要領で水酸化カリウム処理をし（図 3.116, 3.117），処理後の幼虫は，試験管の中に入れ，親指で栓をして上下に振って水洗する（図 3.118）．この後，筆やピンセットを使い，エタノール液を入れたシャーレの中で丁寧に掃除する（図 3.119, 3.120）．小さい幼虫の場合は，試験管で振らずに，シャーレ内で掃除をするとよい．

④ この開きになった状態の幼虫を，中和のため酢酸に浸ける．中和したものを実体顕微鏡の下で，筆やピンセットを使い，落ちなかった消化管や気管などを除去する．このとき，幼虫側面がうまく切れていない場合があるので，解剖用のハサミを使って切断する．

⑤ きれいにした幼虫の頭部は着色されている場合が多く，染色しなくとも刺毛などが観察しやすい．また，立体的であるため，プレパラート標本にはしにくい．このため，針かピンセットで胴部からはずす（図 3.120）．尾端もきれいに切れていないことがあるので，観察しやすいように切り開いておく．はずした頭部は，エタノール液が入った管ビンなどで保存し，適宜観察する．

⑥ 処理が終わった幼虫の表皮を酢酸カーミン液で染色する（図 3.121）．染色時間は一晩（約 18〜20 時間）ぐらい．このとき，カバーグラスで幼虫の表皮をはさんでおき，表皮を伸ばした状態にして染色液に浸けて染色すると良い．表皮を伸ばした状態にしたほうが，永久プレパラート作製時，表皮が伸びて標本にしやすいし，カバーグラスではさむ方が染色むらは生じにくい．

⑦ カバーグラスで表皮をはさむときは，実体顕微鏡下で，斜めに差し入れたカバーグラス上に筆でゆっくりと表皮を引き上げてゆく（図 3.122）．このカバーグラスをスライドグラスの上に置き，カバーグラス上の表皮を少し染色液でぬらして，筆などやピンセットで傷つけないようにゆっくりと表皮の重なりや折れがないように伸ばす（図 3.123）．

⑧ 伸ばした表皮の上からカバーグラスを斜めに置いていき，カバーグラスでサンドイッチ状にはさみ込む（図 3.124）．2 枚のカバーグラスが分離しないように，マニキュアで 1 ヶ所ほど止めると良く，下のグラスと上のグラスを少しずらしておくとマニキュアで止めやすくなる（図 3.125）．マニキュアは十分乾かしておくこと．マニキュアを使わずに小さいポリフォームでグラスをはさむ方法や染色液に浸けるときにグラスの上から重しを置く方法もある．

⑨ このサンドイッチした状態のものを小さいシャーレに入れた染色液に浸け，一晩おいて染色する（図 3.126）．

⑩ 染色処理が済んだ表皮をエタノール液中に入れ，カバーグラスを割ってはずし（図 3.127），表皮の余分な染色液を除去する．このとき，除去しきれていなかった気管なども除去しておく（図 3.128）．

⑪ きれいになった表皮は，透過式実体顕微鏡下でシャーレに入ったエタノール液中で表面構造や刺毛などを観察できるが，この表皮をスライドグラス上に広げ，グリセリンを適度に垂らしてカバーグラスをかけた簡易プレパラートにして観察するのがよい．観察後はエタノール液が入った管ビン中で簡易保存（切り離した頭部も一緒に入れておく）するか，下記の永久プレパラート標本にして保存する．

3）表皮の永久プレパラート標本作製法

上記 2）で切り離した表皮は伸ばした状態の永久プレパラートにできるが，

頭部は立体的な構造であり，表皮のような永久プレパラートにはしにくい．このため，頭部はエタノール液が入った管ビン中などで保存しておく．

ここでは，染色後の表皮を安息香酸メチル液を使って脱水した後，カナダバルサムで包埋する方法を紹介する．なお，100％に近いエタノール液を使用して脱水する方法もあるが，エタノールを100％近い液に保つのが難しく，失敗しやすい．ここで紹介する脱水に安息香酸メチル液を使用する方法が簡便である．また，包埋剤にカナダバルサムでなくユーパラール（ロンドン自然史博物館推奨）を使う方法もある．ユーパラールを溶解する液はキシレンの代わりにユーパラールエッセンスを使用するだけで，これから紹介する基本的な工程は変わらない．永久プレパラート作製成功のコツは完全に脱水することである．

なお，以下の永久標本作製法の手順は翅脈や交尾器の永久プレパラート作製法と同じなので，具体的な手順の一連写真は本書の第3章1.(1)と(2)を参照されたい．

必要なもの：ピンセット，柄付き針，小さいシャーレ，スライドグラス，カバーグラス，99.5％エタノール溶液，キシレン，安息香酸メチル，カナダバルサム，キムワイプ，透過式実体顕微鏡．

① 染色が終わった表皮を99.5エタノール溶液中にしばらく浸ける．
② 次に，完全に脱水するため表皮を安息香酸メチル液に浸ける．この液に浸けると表皮は激しくくるくると回り，脱水が終わると動きは止まる．時間は小さい幼虫なら1〜2分間も浸けておけば十分である．
③ 脱水が終わった表皮をキシレンに浸ける．キシレンが適量付着した表皮はカナダバルサム中にスムースになじむ．
④ スライドグラスの真ん中にカナダバルサムを一滴ほど垂らす．スライドグラスはきれいにキムワイプなどで拭いておくのは当然．カナダバルサムの固さは，ガラス棒をバルサムから抜いた場合，ゆっくりと垂れるぐらいが良いので，キシレンを加えて調整しておく．ただし，表皮やピンセットにはキシレンがすでに着いているので，このキシレンの追加でバルサムが軟らかくなりすぎることがある．追加されるキシレンも考慮してバルサムの固さを調整しておく．スライドグラスはキムワイプできれいに表面を拭いておく．キムワイプはクズが出にくい紙で重宝する．

⑤ このカナダバルサムにキシレンに浸けた表皮を入れる．表皮の上にバルサムが乗っていない場合は，バルサムを少し表皮の上に垂らしておく．バルサムの量が多いとカバーグラスからはみ出るバルサムが多くなるので，バルサムの量を少な目にしておくことがコツである．

⑥ この上にカバーグラスを斜めにしながら，ゆっくりとかぶせる．バルサムの量が少ない場合はガラス棒の先にバルサムを少量つけ，カバーグラスの端からバルサムを補う．空気の泡が入っていても乾燥している間に抜ける．大きな気泡の場合は，カバーグラスの端からピンセットでつまんだキシレンを入れると，全体になじんで気泡が抜ける．カバーグラスもキムワイプで拭いておくが，強く拭くとカバーグラスが割れるので注意する．

⑦ 次にスライドグラスにデータをマジックインキで書き込むか，あるいはデータを書いた紙を糊付けする．完全に乾燥するまでスライドをマッペなどで水平に保管しておく．乾燥途中でキシレンが抜け，バルサムが足りない場合はガラス棒などでカバーグラスの隙間から足しておく．乾燥は，40 ℃ぐらいのインキュベーター内が早くすむが，室内でも良い．乾燥後，透過式実体顕微鏡下で表皮構造や刺毛などを観察，刺毛配列図の作製や写真撮影を行う．

⑧ 固化したバルサムから表皮を取り出したいときは，スライドグラスごとキシレンに浸けて，バルサムを溶解し，表皮を取り出せばよい．

引用文献

森内　茂，1969．標本製作法および観察法．一色周知（監修），原色日本蛾類幼虫図鑑（下）：159-161，保育社，大阪．

表皮の染色による観察

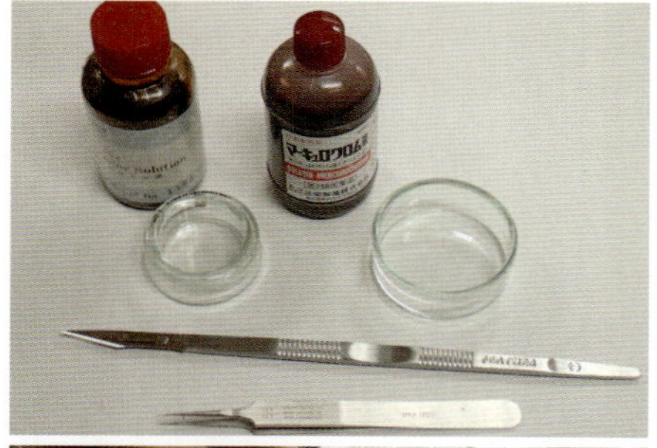

図 3.113　小さいシャーレ，エタノール溶液，解剖用メス，ピンセット，酢酸カーミン

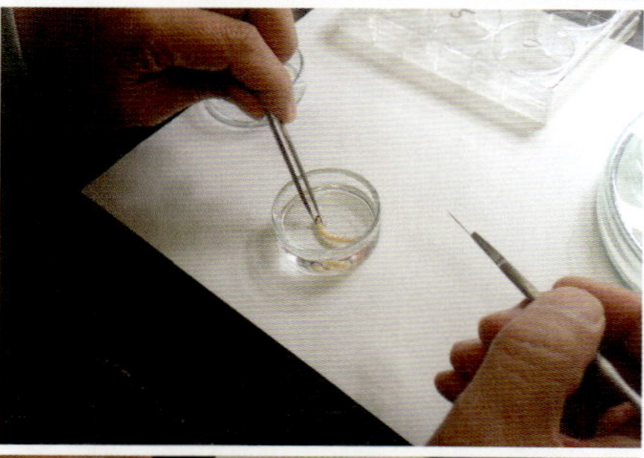

図 3.114　幼虫の右側面が上になるように，ピンセットで幼虫をつまんで固定する

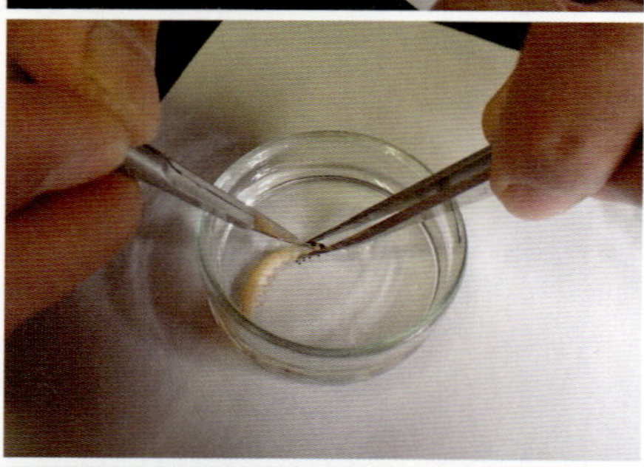

図 3.115　幼虫の右側面の気門の腹側を胸部から腹部末端に切り裂いていく

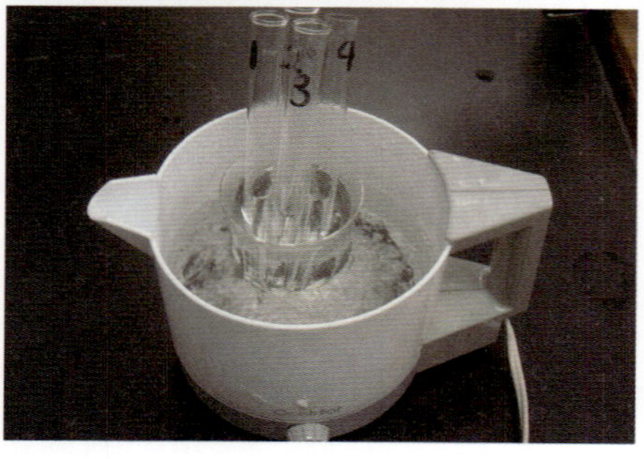

図 3.116　湯煎法
水酸化カリウム溶液に幼虫を浸けて，湯煎させる．この写真の湯沸かし器は大きいので，直接試験管を入れると倒れるので水を入れたビーカーに試験管を入れ，二重にして暖めている

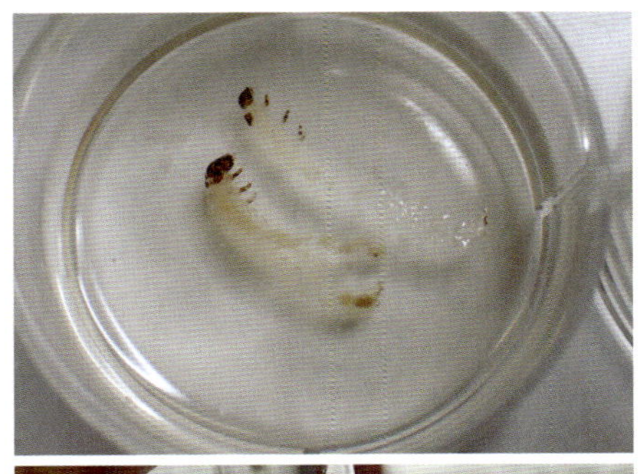

図 3.117　湯煎させるか，あるいは水酸化カリウム溶液に一晩浸けておいてもよい

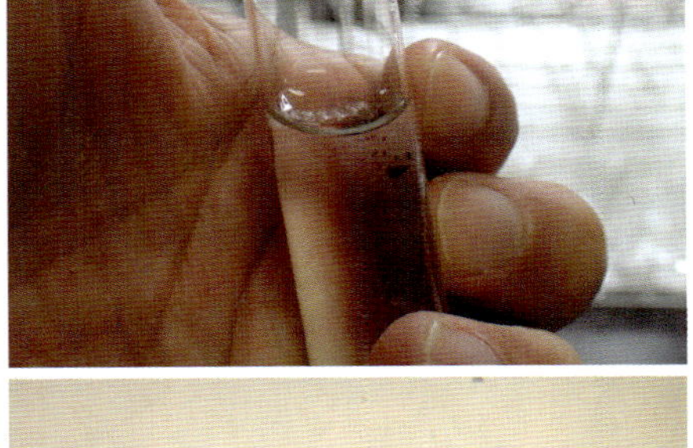

図 3.118　水酸化カリウム処理が終わった幼虫は，水を入れた試験管に入れて，試験管ごと上下に振って余分な内臓などを除去する

図 3.119　70 % エタノール溶液中に幼虫を移して，細い筆やピンセットなどで内臓や気管枝などを取り除く

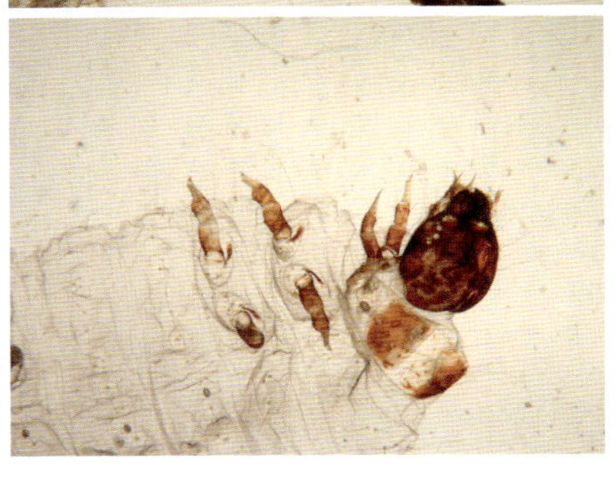

図 3.120　頭部はプレパラート標本にできないので，取り外す

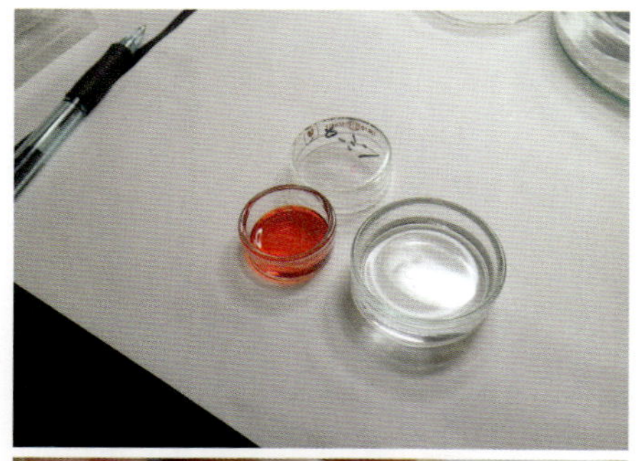

図 3.121　酢酸カーミン溶液（染色液）で幼虫の表皮を染色する

図 3.122　染色液に入れた幼虫の表皮を，斜めに差し入れたカバーグラスの上に筆でゆっくりと染色液とともに引き上げていく

図 3.123　顕微鏡下で染色液を含ませた筆や針などを使って，表皮の重なりや折れがないように広げる

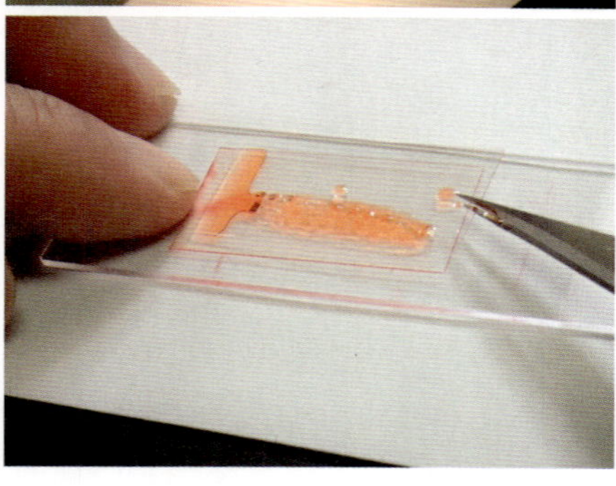

図 3.124　カバーグラスでサンドイッチ状態にする．このとき上のカバーグラスを少しずらしておく

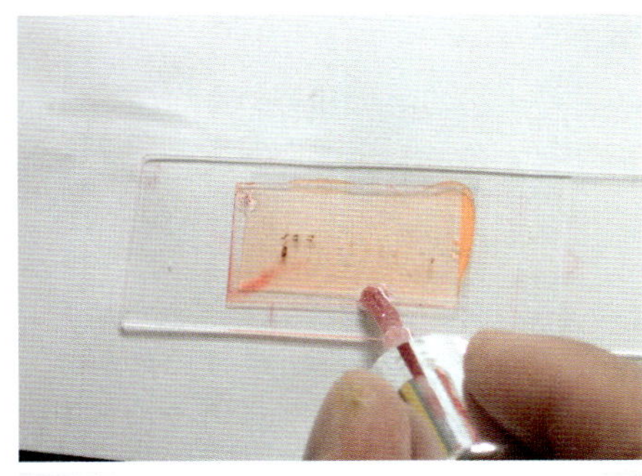

図 3.125　上下のカバーグラスが少しずれたところをマニキュアで 1〜2 ヶ所固定する

図 3.126　このカバーグラスを染色液に一晩浸ける

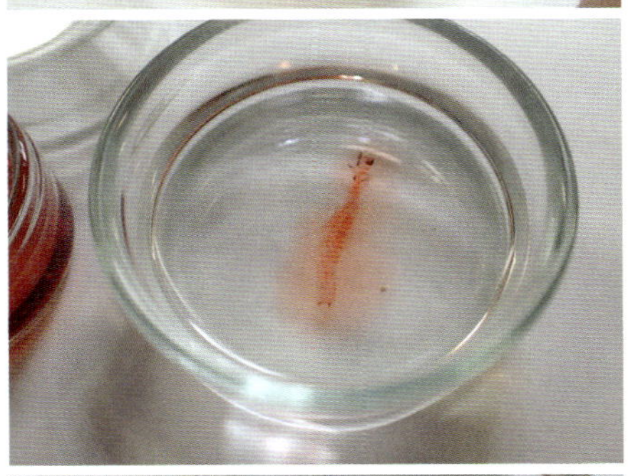

図 3.127　染色が終わった後，表皮をカバーグラスから取り外して，エタノール溶液中で余分な染色液を洗浄する

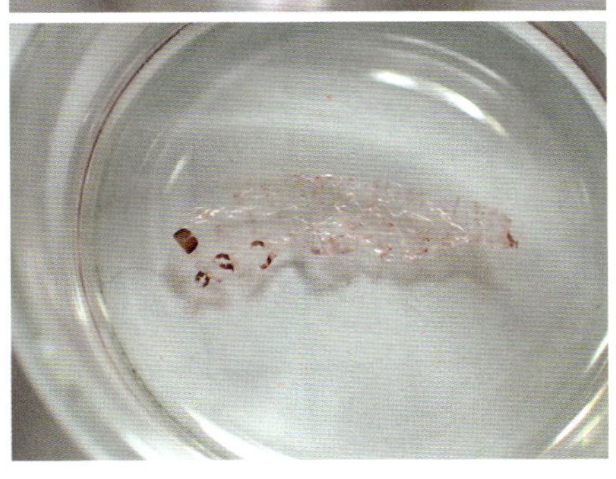

図 3.128　染色と掃除が終わった表皮

コラム

縮んだり，黒ずんだりした幼虫および幼虫の脱皮殻から刺毛配列などを観察する方法

那須義次

幼虫の固定が不完全であったため，エタノール液中で保存していた幼虫が黒ずんだり，縮んだりすることはよくある．こんな幼虫の体を伸ばして，刺毛などの状態を観察しやすくする方法および幼虫の脱皮殻から刺毛の状態を観察する方法を紹介する．

縮んだり，黒ずんだりした幼虫を 10 %の水酸化カリウム溶液中に入れ，湯煎するかあるいは室温で一晩程度浸けておくとよい．湯煎時間は，幼虫の大きさにもよるが 5 分あるいは 10 分程度でよい．この処理をすると縮んだ体が元のように伸び，黒ずんだ体色もある程度薄くなるので，刺毛などの観察が容易になる．この幼虫は，酢酸にしばらく浸けて中和し，70～80 % エタノール液中で酢酸を洗浄した後，エタノール液中で保存する．湯煎の方法については，本書の第 3 章 1.（1）あるいは（2）を参照してほしい．

図 1　縮んだり，黒ずんだ幼虫を水酸化カリウム溶液に浸ける

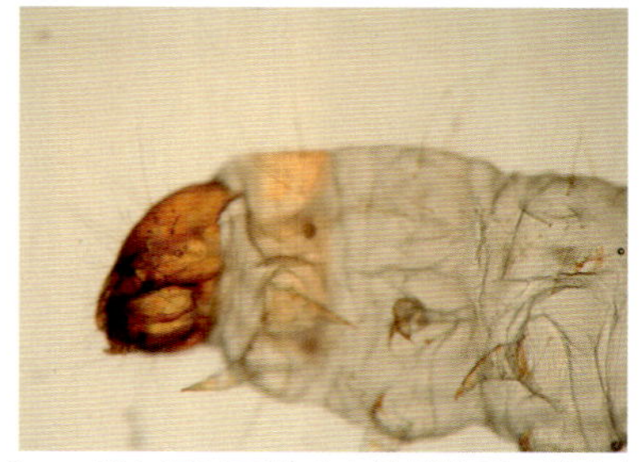

図 2　一晩も浸けておくと体が伸び，筋肉などが溶解し，掃除をすると刺毛が見やすくなる

幼虫が蛹に脱皮するとき，蛹の尾方に終齢幼虫の脱皮殻が小さく縮んだ状態で脱ぎ捨てられている（図 3）が，このような脱皮殻を使って刺毛などの状態が観察可能である．

脱皮殻を上述の液浸幼虫と同じように 10 %の水酸化カリウム溶液に入れ湯煎するかあるいは室温で一晩程度浸けておく（図 4）．この処理をすると縮んだ脱皮殻は伸びやすくなっているので，ピンセットなどでゆっくりと丁寧に表皮を引き伸ばしてやる（図 5）．ただし，刺毛は抜けやすくなっているため，刺毛の位置は刺毛のソケットで確認する．本方法は，斉藤寿久氏のご教示による．

図 3　繭の中の幼虫の脱皮殻

図 4　10 % の水酸化カリウム溶液に浸ける

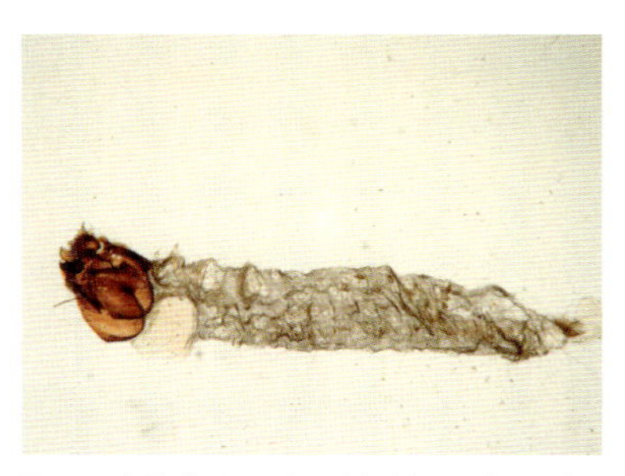

図 5　水酸化カリウム溶液処理後，ピンセットで表皮をゆっくりと伸ばした状態

（2）蛹の翅芽の観察

新津修平

完全変態昆虫の中でも鱗翅類昆虫の幼虫・蛹・成虫に至る翅形成に見られるその劇的な発生過程は，古今にわたり多くの人々を魅了してきた．鱗翅類の翅形成に関する研究は古くから多くの研究者によりなされているものの，その解剖法に関する具体的な方法論については，これまでほとんど紹介されることがなかった．

ここでは今後の鱗翅類研究のさらなる発展に不可欠と考えられる翅芽の解剖法について，主に蛹の翅芽の解剖にフォーカスを当てつつ，その概略を記述することとしたい．

1）蛹の翅芽の解剖法

蛹化後に硬化した蛹から発育中の翅の部分のみを摘出するのは決して簡単ではないが，段取りと手順を前もって踏めば解剖作業も思った通りに攻略できる作業プロセスだと筆者は考えている．用意として微小な翅芽を摘出するのに解剖用の顕微鏡，できれば連続的な倍率が得られるズーム式の双眼実体顕微鏡が望ましい．ピンセットは用途に応じて細いものから太いものを最低 2 本以上は用意する．ピンセットは使い慣れたもので，コシの柔らかいものがあればなおよい．ハサミは解剖用のものが 1 本あればよい．解剖が目的である場合，パラフィン切片用の組織固定で用いられる Kahle 氏固定液（水：30 ml，99 % エタノール：15 ml，酢酸：1 ml，ホルマリン：5 ml（Beutel *et al*., 2014））で解剖作業を行うと，良好な結果が得られる．解剖の目的が組織培養であるなら滅菌した生理食塩水中での解剖がよい．蛹は蛹化後数時間経つと，クチクラの表面が完全に硬化する．蛹化後 24 時間以降になると，蛹の翅芽（翅膜組織）は蛹翅のクチクラから剝離していく．詳しくは以下の通りである．

必要なもの（図 3.129）：小型シャーレ（直径 4.5 cm），スライドグラス，カバーグラス，Dissect dish（ディセクトデッシュ）（写真の黒い矢印，有限会社ブル精密にて購入可能）ピンセット（最低 2 本は必要），カッターナイフ，眼科剪刀，水，目的に応じた溶液．

① 光を蛹の翅に照らしながら，翅の発育段階の程度を確認する（図 3.130）．

図 3.129　必要なもの

未分化の段階では，蛹翅の外側から翅脈の原型になる気管の走行がくっきり観察できる場合が多い．翅芽は，ある程度発育が進むと気管が観察しにくくなり，翅が白く発達が進む．目的とする種の蛹を複数解剖し，経験を積むことによりコツをつかむ．

② 蛹の胸部をピンセットで摘んだ状態で，ハサミで腹部以下を切り落とす（図 3.131）．

③ 切り落とした腹部の断面側からハサミの先を蛹の頭部に向けてゆっくりと差し込み，切れ込みを入れる（図 3.132）．

④ 蛹の背面側の左右を両方の手に持ったピンセットで摘んだ状態で，蛹をゆっくりと引き裂いていく，最後に蛹の前方をハサミで左右 2 つに切り落とす（図 3.133）．

⑤ 切断した断片は左右対称となっている．さらに前翅と胸部・腹部の背面側の境目にハサミを入れ，翅以外の部分を切除する（図 3.134）．

⑥ 蛹の前胸気門（中村（1987）を参照）の位置が確認できた場合は，気門を目印に基部を切除する．さらに蛹の脚の部位をハサミを斜めに入れて切除する（図 3.135）．

⑦ 最後に翅の外縁を切除する．蛹の触角原基は切り取らず残しておく（図 3.136）．

⑧ 蛹の翅をひっくり返し，翅頂側を軽く摘んだ状態で，黄色い脂肪体（黒い矢印の部分）と薄皮を基部側に向かってゆっくり引き剝がしていく（図 3.137）．

⑨ 数回に分けて脂肪体を取り除いたら，最後に残った基部の黄色い脂肪体は，

翅芽と胸部気管が繋がっているため，無理やり剝がそうとすると，翅が歪むので，慎重に作業する．ある程度剝がせそうになったら，さらに基部と脂肪体をハサミで切除する（図 3.138）．

⑩ 基部側の翅組織を軽く摘んだ状態で翅芽を翅の外縁に向かってゆっくり剝離していく（図 3.139）．この作業の前になるべく翅芽を取り囲む薄いクチクラ由来の膜を翅の縁に向かってきれいに取り除いた方が良好な解剖結果が得られ易い．翅を剝がし終えたら，固定液，あるいは生理食塩水中でスライドグラスとカバーグラスの間に封入し，手際よく撮影，観察する．時間が経過すると，乾いていくので短時間で作業を行うのが望ましい．照明は下からの透過光だとバックが白くなる（図 3.140 のホールマウント観察例）．透過光をオフにした状態で上から光を与えると（図 3.139: 右側），本来の組織の色調の状態で撮影できる．

⑪ ホールマウントの観察では，翅芽の組織中の血球細胞も観察できる（図 3.140 右：高倍）．

⑫ 蛹化後 24 時間前後の未分化状態，あるいは休眠状態で翅芽の発育が進

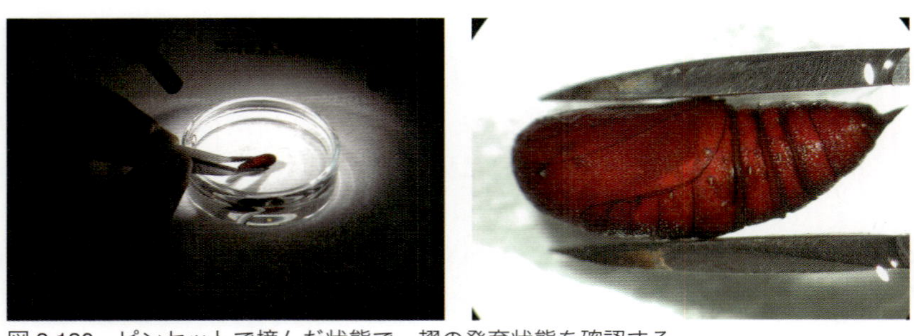

図 3.130　ピンセットで摘んだ状態で，翅の発育状態を確認する

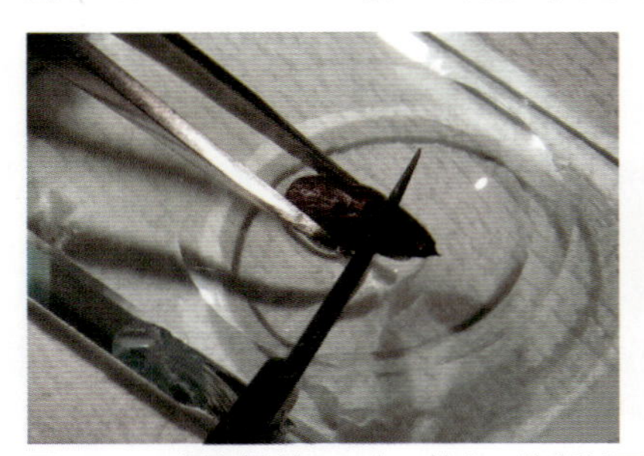

図 3.131　蛹を解剖皿の上で持ち，腹部以下の部分をハサミで切り落とす

図 3.132　腹部から，背面側からハサミを入れて切れ込みを入れる

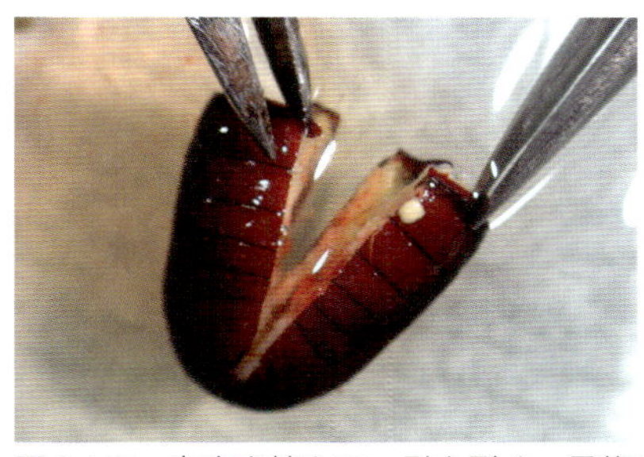
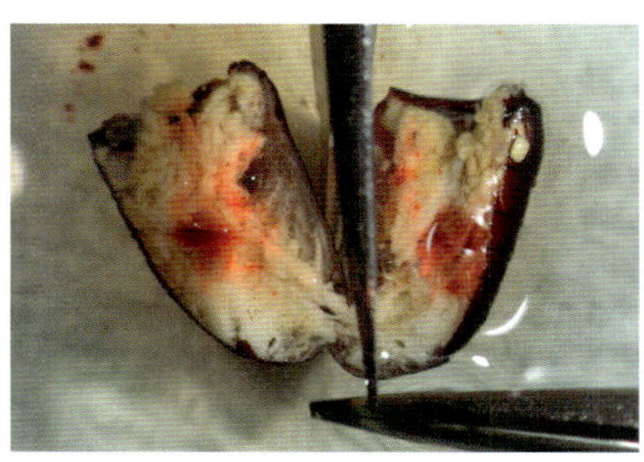

図 3.133　左右を摘んで，引き裂く．最後にハサミで切り落とす

図 3.134　翅と胸部・腹部の背面側を切除する

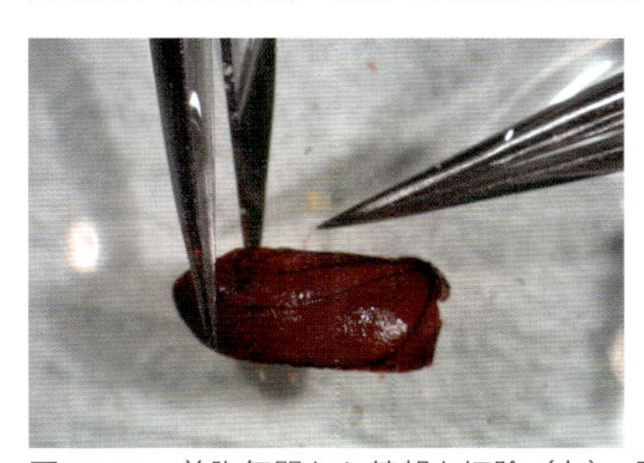

図 3.135　前胸気門から基部を切除（左），脚と複眼を切除する（右）

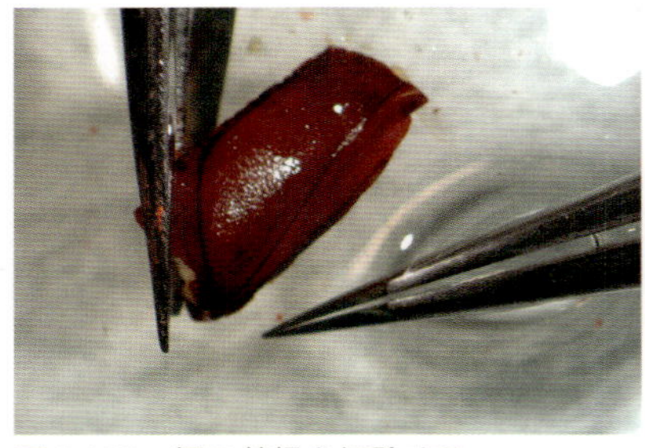

図 3.136　翅の外縁を切除する

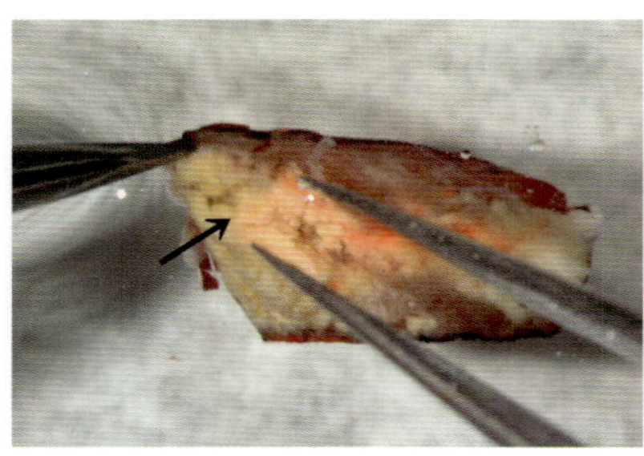
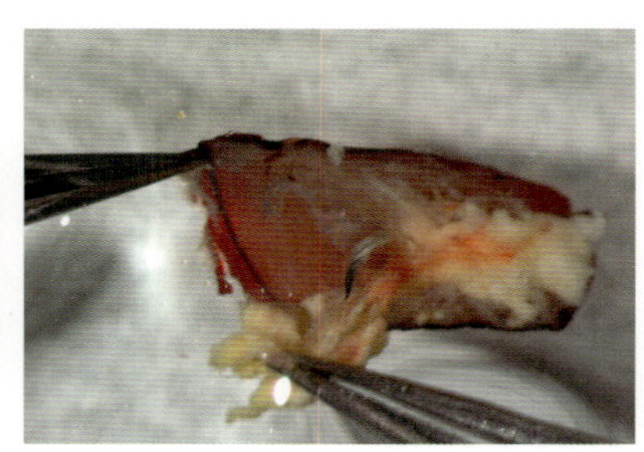

図 3.137　黄色い脂肪体（矢印）と薄いクチクラを，基部側に引き剝がす

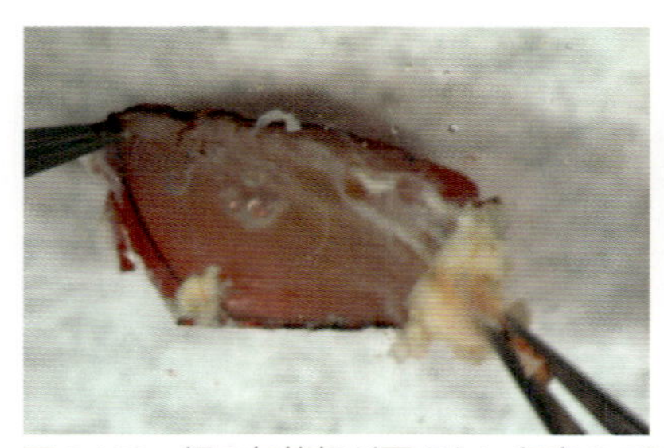

図 3.138　翅の気管相が歪まない程度まで引き剝がし，ハサミで切除

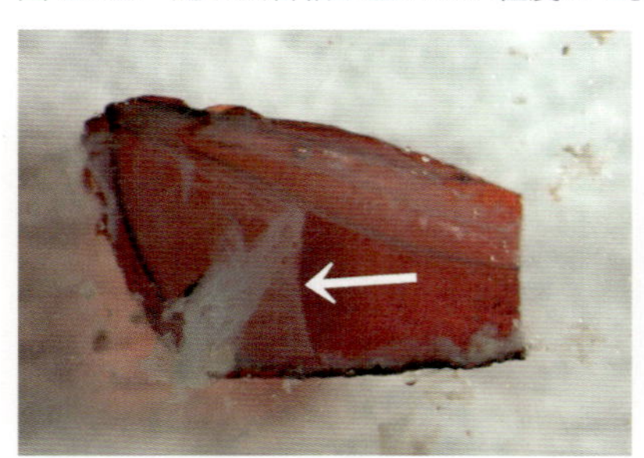
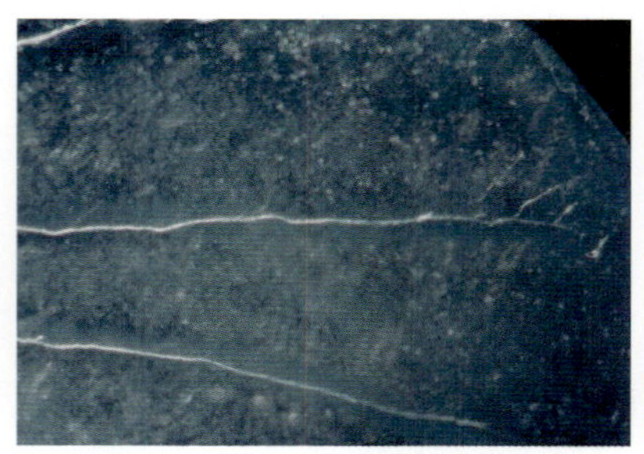

図 3.139　翅を基部からゆっくり引き剝がす．スライドグラスに乗せ，固定液数滴を含ませてカバーグラスに封入する．時間の経過とともに乾いていくので，なるべく早く観察し，撮影する

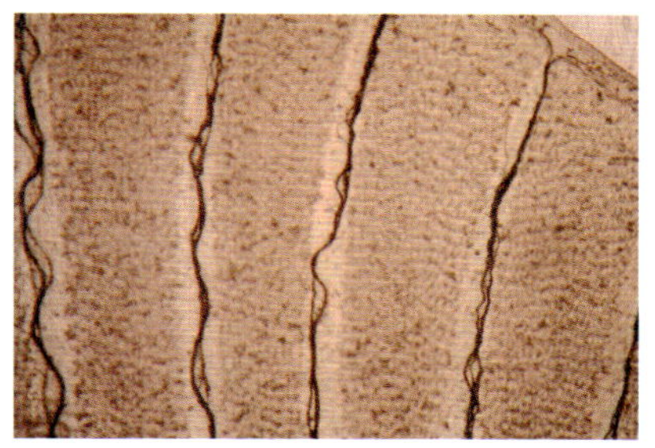
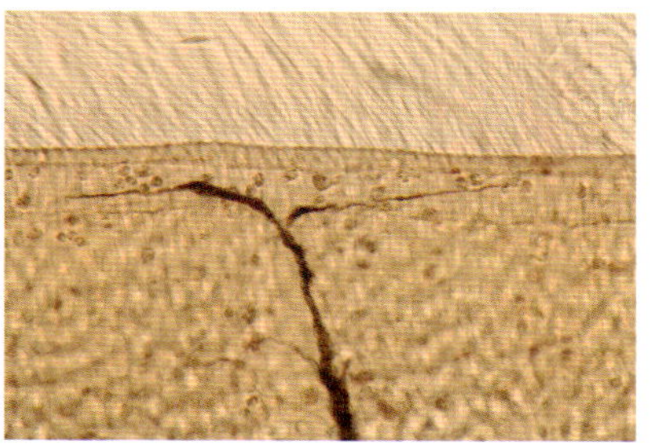
図 3.140　ホールマウントによる観察例（左：低倍率，右：高倍率）

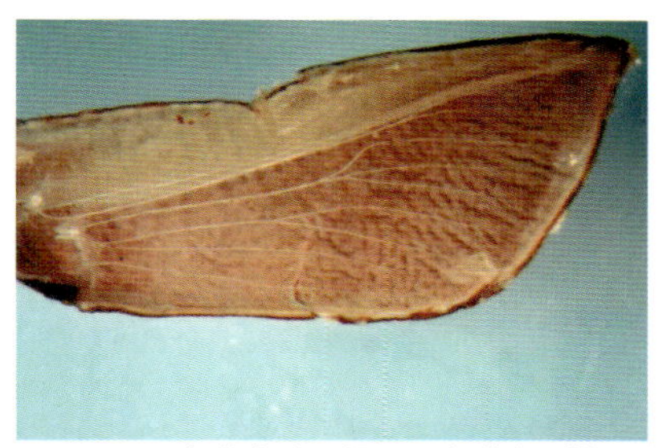
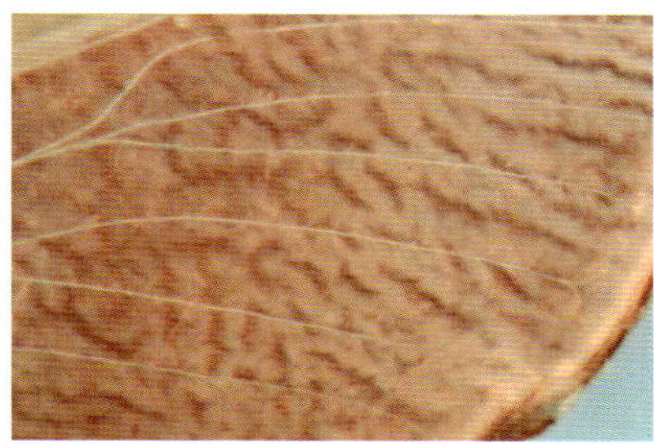
図 3.141　未分化時の蛹翅の気管相（左：低倍率，右：高倍率）

んでおらず，蛹の翅クチクラと翅芽が剥離していない状態のときには，⑨までの作業で終えて，気管の走行を双眼実体顕微鏡で観察し，状況に応じて撮影を行う（図 3.141）．

2）蛹化直後における蛹の翅芽の観察法

蛹化後数時間以内であれば，蛹の翅を直接はがして観察することが可能である．まず解剖用のシャーレを用意し，蛹の体の下半分が浸る程度に生理食塩水あるいは水をはる．ピンセットを 2 本用意し，蛹の腹面側が上にくるように蛹を摘み，固定する．もう片方の手でピンセットを握り，最初に触角を先端から摘んで蛹から剝がす．ピンセットは好みに個人差があるが，コシが柔らかいピンセットが扱いやすく，サンプルを傷つけず良好な結果が得られる場合が多い．次に蛹の翅の翅頂部をピンセットの先で摘んで，ゆっくりと翅の基部側まで剝がす（図 3.142）．後翅が一緒にくっついてきたときは，前翅と後翅の先端を持った状態でゆっくり剝がす．くっついた状態で両翅の根元を切除してから液体中で翅を剝がそうとしても，決して上手く剝がれず，収縮してしまうので注意を要する．翅をきれいに剝がし終えたら，ホールマウント，もしくは解

図 3.142　左：蛹化直後のフチグロトゲエダシャク．右：シャーレの液体上で引き剝がした蛹化直後のフチグロトゲエダシャク前翅

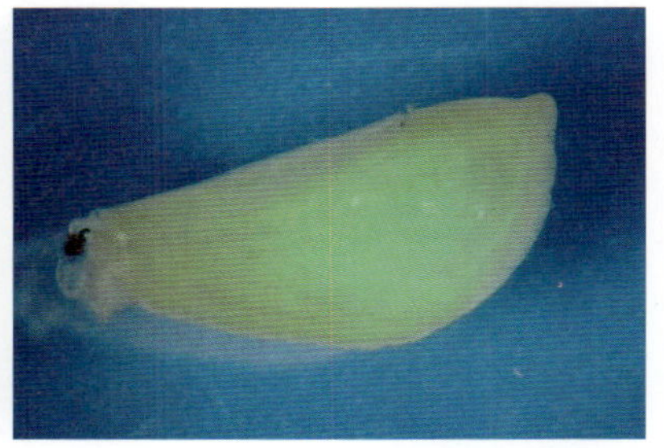

図 3.143　左：ホールマウントした翅．右：固定液中で摘出すると数 10 分後に白濁した翅

剖皿上で，早めに撮影・観察を行うのが望ましい（図 3.143 左）．ホルマリン系の固定液中で解剖した場合では数 10 分以上経過すると，図 3.143 右の写真のように翅芽が白濁し，気管相が観察しにくくなるので注意が必要である．

引用文献

中村正直，1987．蝶や蛾の蛹の形態．グリーンブックス 137: 85pp．ニューサイエンス社．

Beutel R. G., F. Friedrich, Si-Qin Ge and Xing-Ke Yang, 2014. *Insect Morphology and Phylogeny*, 516pp. Walter de Gruyter GmbH, Berlin.

コラム

ピンセットの研磨

吉安　裕

交尾器などの解剖に使用するピンセットは，先端が細くてその先端で対象部をきっちりとつかめることが重要である．一般には鋼鉄製または特殊合金製（時計修理ひげぜんまい用か生物解剖用）のピンセットが使用されている．先端が細いので，作業中に誤って先端を顕微鏡にあてたり，作業机に落下させたりすると先端が容易に曲がってしまうか，鋼鉄製のものは先端が折れてしまうこともある．このような場合，油砥石（Arkansas stone）に，油砥石用オイルをたらして，実体顕微鏡下で丁寧に研磨することによって，先端を元の状態に修復することができる．また，先端部研磨にきめの細かいサンドペーパーを使うこともある．

時間はかかるが，次の手順で研磨する．まず内面が曲がったりしている場合は，内面を砥石を挟み込むようにして，曲がった部分を凹凸がないように研ぎ，次に先端が同じ長さになるように縦に研磨する（ピンセットの長さは多少短くなる）．さらに，ピンセットの両側面を平行になるように調整する．最後に先端の外側を，薄くなりすぎないようにして研いで仕上げる．なお，一般のステンレス製のピンセットも同じようにして研磨できる．

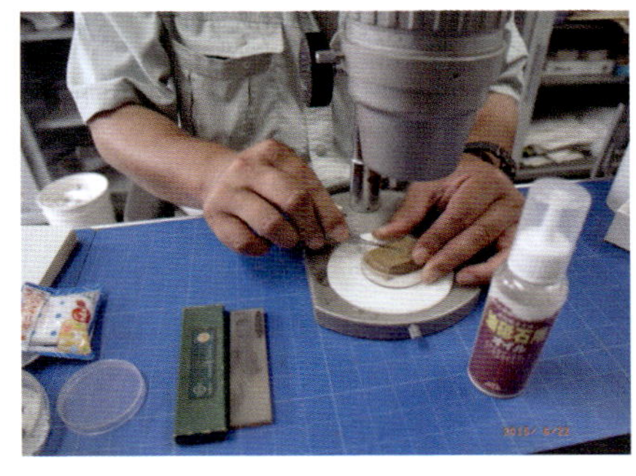

顕微鏡下で2種の油砥石でピンセットを研磨（写真左にはArcansas社製の油砥石：11×2.5 mmの長方形で厚さは6 mm），右側に油砥石用オイル）

現在入手可能な解剖用ピンセットとして，以下の製品がある．
スイスDumont社のDumoxel #5（RS-5060）（合金製）先端幅0.01 mm

コラム

解剖時に使う小さい筆

那須義次

交尾器や翅脈標本などを作製するときに使用している掃除用の筆を紹介する．筆者は主に小型の鱗翅類を扱っているので，掃除用の筆も何本か小さいものを持っており，その中から対象の大きさなどに応じて使いやすいものを用いている．図 1 に示したように筆先が 5 ～ 10 mm 程度のもので，左から 3 本が水彩画・アクリル画用の絵筆，右から 2 本目が鳥の羽毛筆，一番右が日本画用の面相筆である．水彩画や日本画用の絵筆は画材屋で販売されているし，インターネットでも簡単に購入できる．

しかし，羽毛筆は販売されていないので，筆者の手作りである．この筆は pin-feather ともいい，海外では絵筆として使っている人もいる．交尾器などの鱗粉を除去するとき，抜群の能力を発揮する．鱗粉を取るとき，羽毛の羽枝に 1 個 1 個の鱗粉がうまくひっかかることに加えてほどよい弾力があり，この筆に勝るものはないと思う（図 2）．使用する羽毛は，シギ類の翼角部にある小さい羽毛で，1 羽から 2 本程度しか採れない貴重なものである．竹串の先端にこの羽毛を接着して使っている．ロンドン自然史博物館などで伝統的に使用されているものをまねて駒井古実氏と作製した．

図 1　解剖用に使用している筆

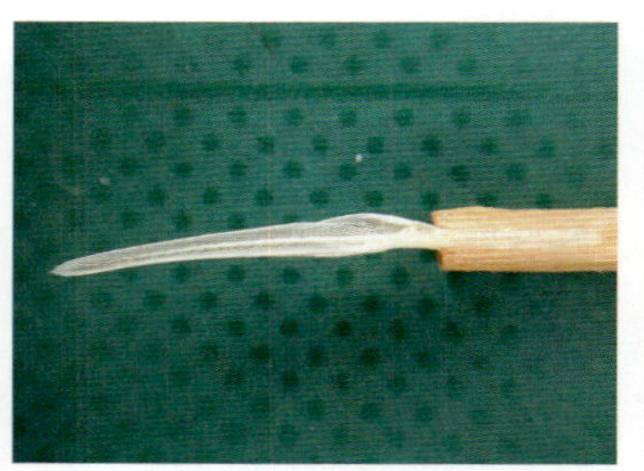
図 2　羽毛筆の拡大図

第4章　塩基配列の情報を用いた研究

1. 核酸情報の取得を目的とした殺虫法，標本作製法と保存法

大島一正

(1) はじめに

この節では，DNA や RNA の解析を念頭に置いたサンプリングにおいて，フィールドでの採集時や殺虫時，標本作製時の注意点を説明する．いかに高品質な DNA や RNA を抽出時まで残すかが最大の課題となるが，それには DNA や RNA の抽出にまつわる基礎知識も必要となる．DNA，RNA 抽出の詳細な手法に関しては川北ら（2012）が大変参考になる．また，実際の実験室内での作業（抽出，電気泳動，PCR など）に関しては，秀潤社が発行している『細胞工学』別冊の『バイオ実験イラストレイテッド』シリーズが役立つ．初学者の方はこれらの書籍にも是非あたっていただきたい．

(2) DNA を解析する場合

1) 乾燥標本の場合

殺虫後の個体は，展翅後迅速に乾燥させることが望ましい．これは，DNA の分解反応が加水分解であるため，より早く水分を虫体から取り除く必要があるためである．よって，研究室内で展翅をした場合であれば，乾燥器に入れて十分に乾燥させる．乾燥器が利用できない場合でも，電源さえ確保できればドライヤーを用いて熱風を展翅板が入った箱に当てて乾燥させることができる（海外に調査に行く場合は，行き先の電圧に対応した機種を用意する）．電源が確保できない場合は，晴れ間のうちに熱せられた岩やコンクリート，鉄板などの上に展翅板が入った箱を置き，その熱で乾燥させる．ただし，熱帯雨林などでは突然のスコールに気をつける．乾燥後は，丈夫なチャック袋に入れ，念のためシリカゲルも入れておけばある程度は乾燥状態を維持できる．

このように，乾燥標本中の DNA の品質を維持する上では，水分をいかに早

く取り除くかが鍵となる．筆者の場合，ホソガ科の小蛾類で，20〜30 年前の標本からでも 200〜300 bp の長さの PCR に成功しており（Ohshima and Yoshizawa, 2006），これはサンプルの虫体が小型のため比較的早く乾燥が進んだためではないかと考えられる（ちなみに，殺虫時に使用された薬剤はアンモニアである）．よって，DNA の解析を念頭に置いた場合，加湿などによる軟化展翅は絶対に行ってはいけない．軟化展翅後の標本から抽出した DNA では，PCR の効率が著しく低下することが知られており（Knölke *et al*., 2005），どうしても軟化展翅を行う必要がある場合は，あらかじめ片側の後脚などを取り除き，別途保存しておく必要がある．

軟化展翅の際の水分が DNA の品質に多大な影響を及ぼすということは，乾燥標本を保存する際にも湿度に気をつける必要があることを意味している．もちろん，多湿であれば標本にカビが生えやすくなり，DNA の品質以前に形態を観察するための標本としての価値も下がるため，極力乾燥した環境下で標本を保存する必要がある．

以上の方法を実践することで，乾燥標本からでも DNA 配列の解析が可能となるが，筆者の経験では核の遺伝子はミトコンドリアの遺伝子よりも PCR の効率が悪い．よって，DNA 配列の解析を予定している場合は，極力以下に述べる 99.5 % エタノールやアセトン中での保存を検討されたい．また，貴重な採集個体の場合は片側の脚を殺虫後すぐに取り除き，取り除いた脚のみを 99.5 % エタノールやアセトンに保存する方法もある．ただしこの場合は，乾燥標本と液浸標本との対応関係が崩れないよう，データと標本の取り扱いに細心の注意を払う．また，乾燥標本から DNA を抽出した場合は，交尾器を解剖したときにつける「解剖ラベル」と同様のものを「抽出ラベル」として標本につけておく．

2）液浸標本の場合

密閉できるスクリューチューブに 99.5 % エタノールやアセトンを入れ，そこに採集個体を入れる．こうすることで，室温で保存しても数年程度であれば DNA の配列解析に耐えることができる（Mandrioli *et al*., 2006）．虫体に対して液量が少ないと十分に脱水ができないため，十分量（体積にして 10 倍以上）の液体に浸ける．また，虫体からは水分が浸み出すため，定期的に溶液を取り替えることが望ましい．ただし，長期間の保存や，後で述べるゲノム解析など

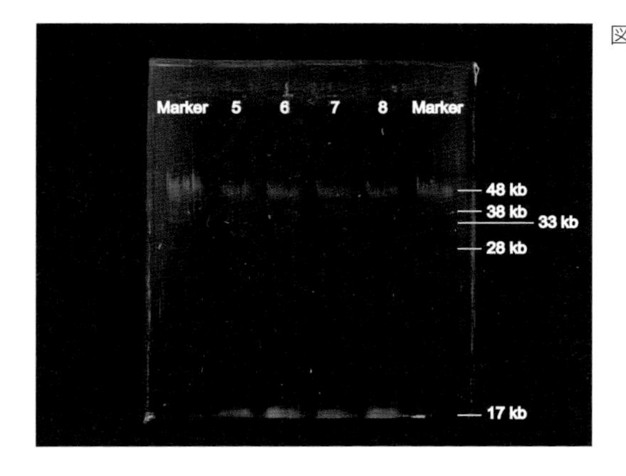

図 4.1　電気泳動によるゲノム DNA 抽出産物の品質チェック．通常の PCR チェックに用いるミニゲル（55 × 60 mm）のサイズで，0.4 % のアガロースゲルにて 50 V で 1 時間 40 分間泳動したときの写真である．両端のマーカーのうち，もっとも長い（約 48 kb）ものは λ（ラムダ）DNA であり，5〜8 の計 4 サンプルを泳動している．各サンプルはクルミホソガの蛹 1 個体からのゲノム DNA の抽出産物であり，2 ul の抽出産物を泳動している（抽出法はフェノール・クロロホルム・イソアミルアルコール法）．

も行う場合は，−80 ℃程度の超低温に保存することが望ましい（Mandrioli *et al.*, 2006）．

液浸標本にする際の注意点としては，99.5 % エタノールやアセトン中に保存した虫体が極めてもろくなる点である．とくに，野外調査時にはサンプルに伝わる振動でもろくなった標本が壊れることもあり，付属肢の形態観察には不向きである．これを解消するには，野外でのサンプリング時には 80 % 程度のエタノールを使用し，研究室に戻った後に 99.5 % エタノールやアセトンに入れ替えるとよい．また，サンプルを航空機で運ぶ必要がある場合，採集地で 99.5 % エタノールやアセトンを入手し，一旦これらの液にサンプルを浸けて極力脱水した後，液を捨てて乾燥させ，持ち運ぶとよい．

3）ゲノムの解析を目的とする場合

全ゲノムの解読といった研究では，極力断片化していない DNA 分子を用いることが望ましい．よって，理想的には殺虫後すぐにゲノム DNA を抽出するべきである．殺虫は −80 ℃程度のディープフリーザーで凍死させることで行い，液体窒素を用いて凍らせたまま虫体を粉砕して抽出する．ただし，すぐに抽出できない場合や，ある程度サンプルが集まってから抽出する場合は，必ず −80 ℃程度のディープフリーザーか液体窒素中（約 −196 ℃）で保存する．

ゲノム解析用の DNA 抽出産物に限った話ではないが，抽出したサンプルを電気泳動することで，どの程度の長さの DNA 断片が抽出できたかをチェックすることができる（図 4.1）．バンドが少々見にくいが，マーカーの λ DNA とほぼ同等の長さのゲノム断片が抽出できていることが分かり，この程度の長さのDNAが抽出できていれば，大体のゲノム解析に使用可能である．また，マーカーDNAの濃度は分かっているため，ImageJなどの画像解析ソフトを用いることで，バンドの面積や明るさの比率から，抽出産物のおおよその濃度を見積もることもできる．もし，抽出したサンプルのDNAがすでに断片化していれば，短バンド側にスメアが見える（ちなみに，ゲル下部の17 kb付近に見えるバンドはミトコンドリアDNAのバンドである）．

このように抽出産物の電気泳動は，非常に簡単な作業ではあるが，抽出産物の品質や濃度に関してもっとも正確な情報を与えてくれる（単なる濃度の測定では断片化の程度は推定できない）．よってゲノム解析に用いる場合だけでなく，自身が抽出したDNAの品質を知りたい場合には，是非とも行っていただきたい作業である．

（3）RNAを解析する場合

ここで取り扱うRNAとは，生体内で遺伝子が発現する際に転写されるmessenger RNA（mRNA）である．mRNAを解析する理由は第4章の2.で詳しく述べるが，主にゲノム配列中の遺伝子の在り処を知るためと，組織や発生段階ごとに特異的に発現している遺伝子を特定するためである．よって，mRNAを抽出する際は，その生物で発現している遺伝子のカタログを作成したいのか，それともある時期のある組織特異的に発現している遺伝子を知りたいのか，といった目的によって抽出時の方法も異なってくる．前者のような目的であれば，幼虫や成虫，そして雌雄のように，できるだけ多くの発育段階や性のサンプルから抽出する必要があり，後者の場合なら，特定の時期に特定の組織から迅速に抽出する必要がある．

いずれの場合においても，RNAはDNAよりもはるかに分解されやすいため，迅速な抽出が不可欠であり，生体からの抽出が望ましい．どうしても無理な場合は，抽出目的に合わせた発育段階や性別の個体を−80 ℃程度のディープフリーザーか液体窒素中（約−196 ℃）で保存する．なお，抽出したRNAのうち大部分（99 %前後）はribosomal RNA（rRNA）とtransfer RNA（tRNA）であり，poly（A）精製と呼ばれているようなmRNAのみを精製するステップが必要となる．サンプルの低温保存が難しい場合は，RNAlaterなど，RNA分解を抑える試薬にサンプルを浸し，常温で保存する方法もある．ただし，サンプルに試薬が染み込まないと効果がない点や，保管場所の温度によって保存可能な期間が変わってくる点に注意が必要である．

(4) 最後に

本稿では触れなかったが，古い昆虫標本からのDNA抽出とその後のPCRに関しては大島・吉澤（2012）も参考にされたい．次世代シークエンサー next generation sequencer（NGS）の利用を念頭に置いたプロトコル集としては，二階堂（2014）が参考になる．また，NGSによる解析を行う場合，昆虫が研究材料であっても，植物からの核酸抽出法（CTAB法など）を採用したり，異なる核酸抽出キットを用いることによって，より精製度の高い，解析に好適な核酸を得ることができる場合も多いため，適宜工夫していただきたい．

引用文献

川北　篤ら，2012．野生生物からのDNA抽出．川北　篤・奥山雄大（編），種間関係の生物学，pp. 265-316．文一総合出版，東京．

Knölke, S., S. Erlacher, A. Hausmann, M. A. Miller and A. H. Segerer, 2005. A procedure for combined genitalia dissection and DNA extraction in Lepidoptera. *Insect Systematics and Evolution* 35: 401-409.

Mandrioli, M., F. Borsatti and L. Mola, 2006. Factors affecting DNA preservation from museum-collected lepidopteran specimens. *Entomol. Exp. Appl.* 120: 239-244.

二階堂愛，2014．次世代シークエンス解析スタンダード．401 pp. 羊土社，東京．

Ohshima, I. and K. Yoshizawa, 2006. Multiple host shifts between distantly related plants, Juglandaceae and Ericaceae, in the leaf-mining moth *Acrocercops leucophaea* complex（Lepidoptera: Gracillariidae）. *Molecular Phylogenetics and Evolution* 38: 231-240.

大島一正・吉澤和徳，2012．古い昆虫標本からのDNA抽出と抽出産物のPCR増幅．川北　篤・奥山雄大 編，種間関係の生物学，pp. 304-311．文一総合出版，東京．

*　　　*　　　*

2. 核酸情報を用いた解析法

大島一正

(1) はじめに

分子生物学的な技術の発展と普及により，DNAやRNAといった核酸の配列情報を読み取って系統関係や集団構造を推定するという研究手法は，分類学を始めとする多様性生物学の分野でもごく一般的な研究スタイルとなっている．さらに近年では，大規模な情報が取得可能な次世代シークエンサー next generation sequencer（NGS）も普及しつつあり，核酸の配列情報を取り巻く研究の世界は目まぐるしい勢いで変わりつつある．

たとえば系統解析なら，これまでは数個から数十個の遺伝子の配列を読み，数百から数千塩基程度の配列長の情報に基づいて行っていた研究が，一気にゲノム全体の比較，つまり数千個の遺伝子からなる数十万から数百万塩基にも及ぶ配列長を用いた研究へと発展しつつある．こうした大規模な配列情報は，これまでの小規模なデータセットでは推定が難しかった目間や上科間といった深い分岐関係の推定に威力を発揮するだけでなく，近縁種間や種内集団間の系統推定にも大いに役立っている．

そしてこうした核酸情報の利用は，系統の推定だけでなく様々な解析目的に使用されている．たとえば，外部形態では区別がつかないような地域集団間での遺伝的分化の有無を調べたり，個々の集団の個体数を推定したり，さらには遺伝的分化の有無だけでなく実際にどの程度の遺伝的交流が集団間で生じているかを推定することもできる．また，血縁関係が不明な個体どうしを用いた親子の推定や，異なる品種間で雑種を作って両親の遺伝子がどのように子孫に伝わっていくかを追跡するのにも使われている．

この節では，まず核酸情報を用いる上での注意点を述べた後，核酸情報の実体と，核酸情報を用いた標準的な解析法の概要を，適宜ゲノム情報の利用などにも触れながら説明する．

(2) 核酸情報を用いる上での注意点

1) 解析目的と適切な核酸情報の選択

先述のように多様な用途のある核酸情報だが，重要なのは研究の目的に応じた配列情報を用いるという点である．ゲノム中には遺伝子をコードしている配列，つまり mRNA に転写されタンパクへと翻訳される配列と，遺伝子をコードしていない配列が存在する．DNA から mRNA に転写される領域にも，イントロン intron と呼ばれる最終的にはタンパクに翻訳されない領域が存在する（図 4.2）．

タンパクに翻訳される領域（エクソン exon）は，タンパクの機能を維持するための制約（自然選択）がかかるため，突然変異で生じる塩基置換にも制約がかかる．つまり，タンパクの機能を変えるような突然変異が生じたとしても

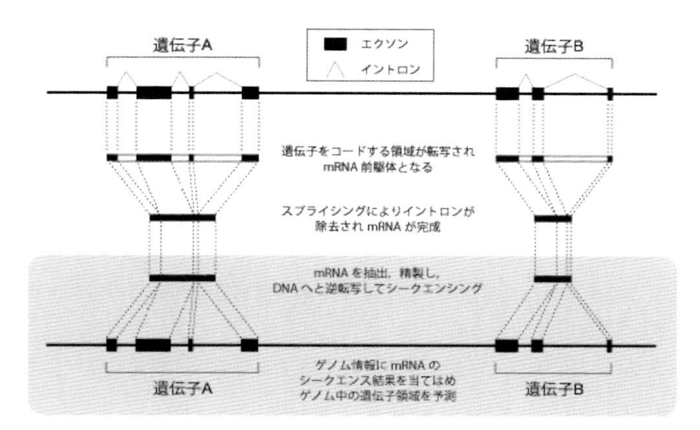

図 4.2　mRNA の配列取得と遺伝子領域の予測．真核生物では，転写直後の mRNA 前駆体にはイントロンも含まれる．ただし，mRNA が成熟する過程でイントロンは取り除かれるため，成熟 mRNA を回収し，網羅的にシークエンシングを行う（RNA-seq）ことで，ゲノム中のエクソン領域の予測が可能となる．エクソン領域のうち，mRNA としてひとつながりになっていた部分が個々の遺伝子領域に相当すると考えられる．灰色で示した部分が実際に実験や解析として我々が行う部分である

その多くが生体にとって有害であるため，種内から排除される．このような制約から，エクソン部位はイントロンや遺伝子をコードしていない領域よりも進化速度が遅くなる傾向が見られる．ただし，エクソンであっても第3コドンのように他のコドンよりは塩基置換の制約が緩和される座位もある．

一方，イントロンや遺伝子をコードしていない領域は，こうした塩基置換の制約が緩く進化速度が速いため，同じ地域に生息する同種の個体間であっても塩基の多型（中立的変異）を検出できることもある．話は鱗翅類からそれるが，たとえばヒトの親子鑑定や犯罪捜査において遺伝子検査が威力を発揮できるのはこのような領域のおかげである．反対に，ヒトの生存にとって不可欠なタンパクをコードしている遺伝子のエクソン領域を親子鑑定や犯罪捜査に用いてしまっては，ほとんどの個体間で塩基の多型が見られず，全く役に立たないであろう．つまり，進化速度の遅い領域は，種内の個体間や集団間での解析には不向きといえる．

では，種内多型の調査に用いるような進化速度の速い領域を，たとえば科や上科レベルの系統関係を推定するのに用いてしまった場合を考えてみよう．DNA には A, C, G, T の 4 種の塩基が使われているが，進化速度が速い，つまり単位時間あたりの塩基置換が多い場合，たとえば A が G に突然変異し，そ

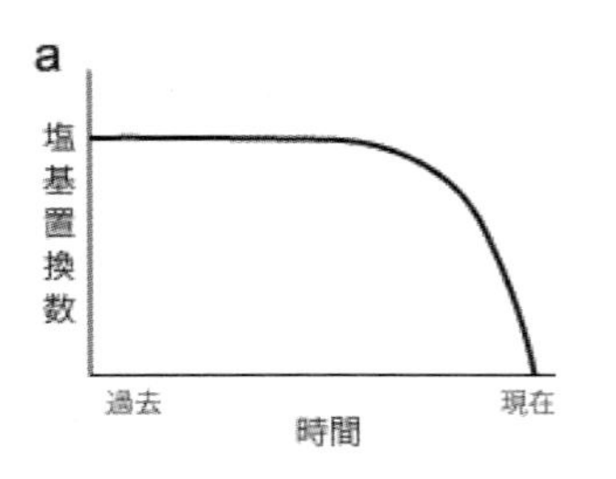

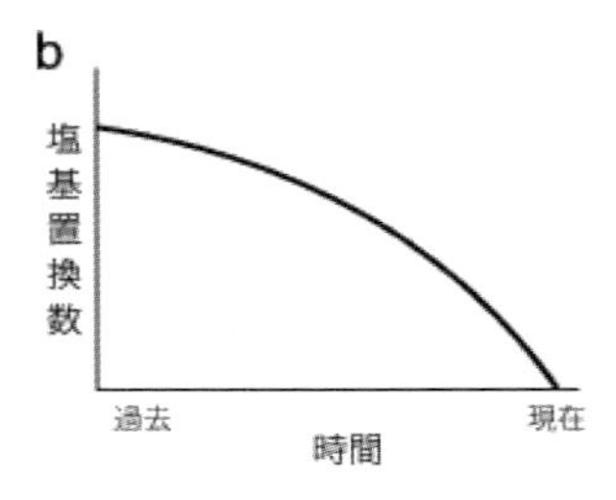

図 4.3　時間と塩基置換数の関係．a）進化速度が速い領域．種内や近縁種間での解析には威力を発揮するが，時間を遡るにつれて塩基置換数が飽和するため，より過去に生じたイベントである高次の分類群を対象とした解析には不向きである．b）進化速度が遅い領域．種内や近縁種間での解析では進化速度が速い領域よりも得られる情報が少ないが，高次系統の推定には有用である

の後いくつかの突然変異を繰り返した後，またAに戻る，といった塩基置換（多重置換）が頻繁に生じてしまう可能性がある．この場合，時間を過去に遡っていったとしても，はじめは塩基の置換が遡った時間とともに増加するが，途中からは同じ塩基に戻ってしまう置換も多発するため，実際には塩基置換はおこっているのだが，時間を遡っても塩基置換数が増加しない，つまり飽和した状態となる（図 4.3a）．これでは，個々の科や上科において特徴的に生じた塩基置換をとらえることができず，知りたい科レベル以上の系統関係を正確に推定できなくなる．一方，科や上科レベルが分岐した年代まで時間を遡ってもあまり飽和しない核酸配列を用いれば（図 4.3b），特定の科や上科のみで生じた特徴的な塩基置換を拾いあげることが可能となり，系統推定の精度が高まる．

ただし，遺伝子ごと，分類群ごとに進化速度は異なり，もちろん実際に過去に遡って検証することは不可能なため，既存の分類体系と照らし合わせた上で，個々の遺伝子の多型を見比べ，どの遺伝子がどの程度の分岐関係を解明するのに適しているか検証する必要がある（統計的な手法の例としては Townsend（2007）など参照）．目的ごとにどのような核酸情報が使われているかは，(3)-1）の遺伝マーカーの部分で述べる．また，鱗翅目の属間や亜科間，科間での系統解析にどのような遺伝子が使われているかは，(4)-2）の系統推定の部分で触れる．

2）核酸情報を用いた解析の落とし穴

核酸情報というと，A, C, G, T の 4 文字で理路整然と情報が並んでいるデータを想像してしまうが，実際には A, C, G, T という情報を読み取る際にも実験誤差は生じる．つまり，シークエンサーと呼ばれる塩基配列を読み取る機器が吐き出すデータにも，時として A なのか T なのか判断に迷うような箇所がある．次世代シークエンサーでは，解読した塩基 1 つずつに，その塩基の読み取り精度のデータ（クオリティスコア）もついて出力される．キャピラリーシークエンサーのデータも含め，精度が低い部分は解析から外すか，同じ部分を複数回読んで多数決を取る，といった慎重さが求められる．

さらに，たとえば系統推定や集団間の遺伝子流入の推定にしても，得られた結果はあくまでも一つの仮説にすぎない．もっとも，尤度や最節約基準といった何らかの最適化基準をもとに選ばれた最良の仮説ではあるが，仮説であることには変わりない．ところが，推定された系統関係や遺伝子移入率を眺めていると，それがあたかも真実のような錯覚に陥ってしまうことがある．「○△の系統関係が分かった」といった類いの言い回しをしばしば見かけるが，こうした表現は本来は適切ではない．よって系統樹にしろ，遺伝子移入率にしろ，得られた結果を扱う際には，常に疑いの目を持って向き合う必要がある．それと同時に，データを解析する場合は，推定された結果がどの程度確からしいか，異なる計算手法や最適化基準を用いた第 2，第 3 の別の解析法でも試し，同じような結果が見られるかどうか念入りに確認する必要がある．

(3) 核酸情報の実体とデータの取り扱い

さて，ここまで「核酸情報」という言葉を何の説明もなく用いてきたが，ここでは核酸情報の実体について説明する．核酸情報とは，文字通り塩基配列の並びの情報であるが，研究の目的によっては 1 塩基だけの情報で十分な場合や，連続した配列情報が必要な場合が存在する．たとえば，あるガのメス個体に 2 個体のオス個体を交配させたとする．このときオス個体間のゲノム配列に 1 塩基の差があれば，子孫の個体がどちらのオス個体に由来するかは，子孫におけるその 1 塩基の情報を調べることで理論上判別できる．一方，系統推定や一部の遺伝子移入率の推定法のように，連続した配列情報が必要な場合もあり，「核酸情報の実体とデータの取り扱い」で述べた研究目的に応じた配列情報の選択には，このような連続した配列が必要であるのか，それとも，不連続な 1 塩基単位の情報が適しているのか，といった違いも重要となってくる．

1）遺伝マーカー

PCR によって特定の領域を増幅した DNA 断片は一種の遺伝マーカーであり，様々な用途が考えられる．たとえば，以下のような 20 塩基からなる配列が 5 個体から得られたとしよう．

										1										2
	1	2	3	4	5	6	7	8	9	0	1	2	3	4	5	6	7	8	9	0
個体 1	A	T	A	T	C	G	G	T	T	C	T	A	A	T	C	G	T	A	C	A
個体 2	A	T	A	T	C	G	G	***A***	T	C	T	A	A	T	C	G	T	A	C	A
個体 3	A	T	***T***	T	C	G	G	***A***	T	C	T	A	A	T	C	G	T	A	C	A
個体 4	A	T	***T***	T	C	G	G	***A***	T	C	T	A	A	T	C	***C***	T	A	C	A
個体 5	A	T	***T***	T	C	G	G	***A***	T	C	T	A	A	T	C	***C***	T	A	C	A

個体 1 の塩基配列を基準として，各個体において個体 1 とは異なる塩基を持つ場合を斜体の太字で示してある．まず，遺伝マーカーとして機能するためには，対象としている個体間で塩基に違いがないといけない．この 5 つの配列情報には，20 塩基中 3 塩基で個体間の違いが見られ，このような違いを塩基多型 nucleotide polymorphism と呼ぶ．個体 4 と 5 の間には多型が見られず，この 2 個体はこの 20 塩基では区別できない．また，個体 4 と 5 に最も似た配列を持つのは個体 3 であり，その次に似た配列は個体 2 に見られる．このような，対象としている配列全体での多型情報は系統推定をする際に必要となる．

しかし，先に述べたオス親を判別するような場合，たとえば個体 1 をメス親に，個体 2 と 3 をオス親に用いたとすれば，左側から 3 番目の塩基情報だけ得られれば十分である．そしてこのような 1 塩基からなる多型情報を SNP（single nucleotide polymorphism）と呼ぶ．この SNP を検証するには，上記のように 20 塩基全体を PCR で増幅後にシークエンサーで解読してもよいが，PCR 後に ATAT という塩基配列を認識して AT と AT の間で切断するような制限酵素を用いて判別することもできる．この場合は，個体 2 由来の配列からは AT と ATCGGATCTAATCGTACA という 2 種類の長さの配列断片が得られるが，個体 3 由来の配列からは元の 20 塩基のままの断片しか得られないため，制限酵素処理後にゲル電気泳動を行うことで SNP を判別できる．

このように元々は 1 塩基の多型に基づく違いを，制限酵素処理後に得られる断片長の違いとして認識する方法としては，RFLP（restriction fragment length polymorphism）や AFLP（amplified fragment length polymorphism）と呼ばれる遺伝マーカーが伝統的に広く使われてきた（RFLP と AFLP の詳細に関しては西脇・陶山（2001）を参照）．ただし，こうした断片長多型に基づく手法では，個体間に差があることはわかっても，その差をもたらしている塩基配列そのものの情報は得られない．そして個体間の違いは 0（制限酵素で切れなかった）もしくは 1（制限酵素で切れた）といった 2 値化された情報で記録される．

そこで近年主流になりつつあるのが，制限酵素を用いてゲノムを断片化し，その断片を網羅的に次世代シークエンサーで解読する RAD（restriction-site associated DNA）と呼ばれる遺伝マーカーである（Baird *et al*., 2008）．この方法では，たとえば解析対象となる個体のゲノムを特定の制限酵素で切断し，切断部にアダプター（次世代シークエンサーで解析する際に必要となる配列）を付け，このアダプターから断片の内部の配列を読み取る．上記の 20 塩基を例に説明すると，AT と AT の間で切断する制限酵素を用いて AT と ATCGGATCTAATCGTACA という 2 種類の長さの配列断片にした後，ATCGGATCTAATCGTACA の左側にアダプターをつけ，そこを起点として右側の 18 塩基を読むことになる．こうすることで，制限酵素で切れた，切れなかったという 0 もしくは 1 の情報に加え，切断部位近傍の塩基配列情報も取得できる．このため，従来 AFLP などが用いられていた集団構造や親子間の関連だけでなく，配列情報が必要となる系統推定や遺伝子移入率の推定にも，制限酵素断片に基づく遺伝マーカーが使用できるようになった．RAD 法には，制限酵素の種類や数を変えることで様々なバリエーション（2b-RAD 法など）が考案されており，興味がある読者は柿岡（2013）や Andrew *et al*.（2016）を読まれることをお薦めする．

こうした制限酵素断片に基づく遺伝マーカーは，ゲノム中からランダムに取得できると考えられる．しかし，鱗翅類を含む多くの昆虫類では，ゲノム中のほとんどの領域は遺伝子をコードしていない非コード領域のため，ゲノム中からランダムに得られる制限酵素断片の多くも，非コード領域に由来すると考えられる．よって，RAD マーカーの登場によって近縁種間や同種集団内での遺伝的分化を調べるための進化速度の速い配列情報が大量に得られるようになった．ただし，(2) の核酸情報を用いる上での注意点でも述べたように，系統的に離れすぎた種間では，非コード領域における制限酵素認識部位の進化速度の速さ故，相同な領域を得ることが困難となる（Takahashi *et al*., 2014）．

上述の遺伝マーカー以外で伝統的に多用されてきたものとしては，一般にマイクロサテライト microsatellite マーカーと呼ばれる SSR（simple sequence repeat）マーカーがある．これはゲノム中に見られる AT や CG といった 2 塩基もしくは 3 塩基の配列の繰り返し数の多型を用いた遺伝マーカーである．遺伝子座あたりの対立遺伝子数が多い利点があるが，繰り返し数がどのように進化するのか（10 個の繰り返しが 11 個になる方が生じやすいのか，それとも 20 個に倍増する方が生じやすいのか）というモデルを考えにくいという難点がある．ただし，近年ではこの繰り返し配列部位に PCR プライマーを設計し，繰り返し配列の近傍の配列を RAD マーカーの様に次世代シークエンサーで解読する MIG-seq という手法も開発されている（Suyama and Matsuki, 2015）．遺伝マーカーの全体像に関する詳細な情報は津村（2012）を参照されたい．

2）データのファイル形式

個体サンプルには，常にサンプル固有の識別番号を与え，遺伝マーカーの情報を得た際には，この識別番号と遺伝マーカーの情報を統合して扱う必要がある．たとえば，(3)-1）で挙げた 5 個体 20 塩基のデータを再び例とすると，「個体 1」という情報には，ATATCGGTTCTAATCGTACA という 20 塩基の情報が付与されることになる．こうした「サンプル名」と「マーカー情報」のセットを扱うためのファイル形式は多数存在しており，主なものでは FASTA, PHYLIP, NEXUS などが挙げられる．それぞれ，個別の配列解析アプリケーションに由来しており，たとえば FASTA というファイル形式は，その名も FASTA という塩基配列やアミノ酸配列のアライメントソフトウェアが用いた形式である．FASTA は様々な解析プログラムと互換性があり，かつサンプル名にも字数制限がなく使いやすいため，以下ではこの FASTA 形式を用いて説明を行う．

FASTA 形式で先述の 5 個体 20 塩基のデータを表すと，

```
>Sample_1
ATATCGGTTCTAATCGTACA
>Sample_2
```

```
ATATCGGATCTAATCGTACA
>Sample_3
ATTTCGGATCTAATCGTACA
>Sample_4
ATTTCGGATCTAATCCTACA
>Sample_5
ATTTCGGATCTAATCCTACA
```

となる．まず，各個体の名称であるが，系統解析や集団構造の推定で用いるソフトウェアでは，ほぼ日本語のフォントは使えないので必ず半角の英数文字を用いる．なお，以下の解析に用いるフォーマットやコマンドはすべて半角の英数文字であり，電子ファイルとして保存する際のファイル名も半角の英数文字に必ず統一する．個体名は不等号“>”の後に続ける．不等号“>”の後，最初に来る改行までがサンプル名として認識される．サンプル名にスペースを入れることも可能ではあるが，解析時のトラブルの原因となるので，スペースを使用したい場合はアンダースコア“_”で代用することをお薦めする．そして，この改行の後に配列情報が続く．この後は，次の不等号が来るまでがそのサンプルの配列情報と見なされ，途中で改行が入っても，一連の配列情報として認識される．よって，

```
>Sample_1
ATATCGGTTC
TAATCGTACA
>Sample_2
ATATCGGATC
TAATCGTACA
>Sample_3
ATTTCGGATC
TAATCGTACA
>Sample_4
ATTTCGGATC
TAATCCTACA
```

```
>Sample_5
ATTTCGGATC
TAATCCTACA
```

もファイル内容としては先に挙げた例と変わらない．さらに，見やすさのため，次の不等号の前にもう一つ改行を入れることもできる．また，サンプル名を含め，1 行の長さは 80 文字以内がよいとされている．

```
>Sample_1
ATATCGGTTC
TAATCGTACA

>Sample_2
ATATCGGATC
TAATCGTACA

>Sample_3
ATTTCGGATC
TAATCGTACA

>Sample_4
ATTTCGGATC
TAATCCTACA

>Sample_5
ATTTCGGATC
TAATCCTACA
```

これらのフォーマットは，各種の OS にデフォルトで入っているテキストエディタでも簡単に作成できる．ファイルを保存する際は，拡張子を .fas もしくは .fasta とする．

また，次世代シークエンサーが出力するファイル形式として一般的なものに，このFASTA形式を改良したFASTQ形式と呼ばれるものがあり，個々の塩基のクオリティ情報が付与されている．

上述のフォーマット以外にも，各種解析ソフトウェアごとに特有のフォーマットが存在する場合があり，解析ごとにフォーマットを改変する必要がある．これは少々骨の折れる作業になることもあるが，たとえば集団遺伝学的解析を行うDnaSP（Librado and Rozas, 2009）などのように各種のフォーマット間の変換を行ってくれるソフトウェアもあり，こうしたソフトウェアを用いることで効率的にフォーマットの変換を行える．

(4) 核酸情報から何が分かるのか

ここでは，塩基配列を用いることでどのようなことが分かるのかを，その目的ごとに概説する．とくに，これから塩基配列の解析に初めて取り組もうとされている方を対象に，そもそもどのような解析手法が存在し，何が分かり，その手法を用いるにはどのような遺伝マーカーを選択する必要があるのかに説明の力点を置く．個々の解析法や，個別のソフトウェアに関する詳細な説明については，既に多くの出版物や原著論文が出版されているためそれらを参考にされたい．代表的な解析ソフトウェアに関しても適宜紹介していくが，これらはあくまでも典型的な例であり，後は読者自身で応用していただきたい（紹介するソフトウェアは基本的にすべて無料で公開されているため，読者自身で実際に動かされることをお薦めする）．また，今後も新たな遺伝マーカーや解析手法が続々と開発されると考えられるため，こうした最新情報にもアンテナを広げておいていただきたい．

1) ゲノム解読

ゲノムの解読というのは，何とも壮大な研究テーマであるが，壮大であるが故に何のために行っているのか，そして何を行っているのか今ひとつ分からない，という方も多いかもしれない．また，ゲノムの解読など，自分には関係ないと考えている方も多いかもしれない．しかし，ゲノムこそが生物の設計図であり，家を建てるときに設計図から始めるのと同じように，対象となる生物について考える上での土台となる．とくにこれから大学で生物学を学ぼうとしている人にとっては，ゲノム情報はより身近で，かつ，なくてはならないデータとなるだろう．

たとえば，様々な化学農薬に対する抵抗性（薬剤が効かなくなること）を獲得した昆虫種がいたとする．ではこの昆虫種は，なぜこうも様々な薬剤を克服できたのだろうか？　一つの可能性としては，この昆虫種のゲノムにはいかなる薬剤も無毒化できるような万能解毒酵素の設計図が含まれているのかもしれない．他の可能性としては，活躍している解毒酵素自体はありふれたものだが，その設計図がゲノム中にとてもたくさん存在しており，結果として昆虫の生体中の酵素量も格段に多くなり，あらゆる薬剤に抵抗性を示せているのかもしれない．実際に，鱗翅類の重要害虫であるコナガでは，薬剤の排出に関わる酵素の遺伝子が他の鱗翅類昆虫よりもはるかに多くゲノム中に含まれていることが分かっており，コナガにおける薬剤抵抗性の獲得メカニズムを解く鍵を与えてくれる（You *et al.*, 2013）．

このように，ゲノム情報というのは対象とする生物の生き様について，我々の素朴な疑問に答えてくれるとても重要な情報といえる．では，実際のゲノム解読はどのように行われているのだろうか．三田（2009）を参考に，鱗翅類を代表するモデル生物であるカイコガを例に説明していく．カイコガのゲノム中に含まれる塩基の総延長は 475 Mb であり，実に 4 億 7,500 万個もの塩基が並んでいることになる．このゲノムに含まれる塩基の総延長をゲノムサイズと呼び，仮に 1 ページに 1,000 文字が印刷されている本を考えると，カイコガのゲノム情報を収めるには 475,000 ページが必要となる．ゲノムという情報がいかに膨大なものか，お分かりいただけるだろう．そしてカイコガの場合，この 4 億 7,500 万の塩基が 28 本の染色体上に振り分けられて並んでいる．染色体ごとに長さは異なるが，単純に 28 等分してみると，約 1,700 万塩基（先の本にたとえると 17,000 ページ）となり，染色体 1 本だけでも依然として相当な情報量である．

では，カイコゲノムはどの程度解読されているのだろうか？　そして解読されたゲノム情報は，28 本ある染色体の塩基配列が完全につながった形で復元されているのだろうか？　実は，解読されたゲノム配列は，ゲノム全体が数万個の断片に分かれており，28 本の長い連続した配列というイメージからは，ずいぶんとかけ離れた状態となっている．つまり，解読したといっても数万個のバラバラの配列データがある状態である（ただし，これらのうち 9 割近い断片はどの染色体上に位置するかは分かっている）．これは何もカイコガだけに限った状況ではなく，ゲノムが解読された多くの生物にも当てはまる．

この理由は，ゲノムを読む際にはゲノムを細かく断片化してから解読し，その後で計算機（多くの場合スーパーコンピューターを使用）によって元々の配列，つまりゲノム中での塩基の並びを再構築（アセンブル）しているので，どうしても完全には復元できないためである．さらにゲノム中には，同じ並びの配列が何度も繰り返し現れる箇所があり，このような箇所も配列を復元する際の妨げとなる．とくに，ゲノム解析に大きな力を発揮している次世代シークエンサーの主要機種である Illumina 社の HiSeq では，解読できる断片 1 本あたりの長さが 150 bp ほどであるため，染色体全体のゲノム配列を再現するのはほぼ不可能である．これを少しでも改善するため，近年では 1 断片あたり数 kb 読むことができる Pacific Biosciences 社の PacBioRS というシークエンサーの利用が進みつつある．

このように，ゲノムが解読できたといってもその実体は断片だらけのデータであり，何をもって解読できたとするかは難しいところである．一つの目標としては，断片化しているとしても一つ一つの断片長を極力長く復元する，というものである．もう一つの目標としては，復元したゲノム配列に含まれる遺伝子を推定し，ゲノムを解読した生物種がどのような遺伝子をそれぞれいくつ持っているかをカタログ化することである．また，昆虫であればおおよそ持っているであろう標準的な遺伝子のレパートリーが知られており，解読したゲノム中にこのレパートリーがどの程度再現されるかで，ゲノム解読の精度の指標とすることも提唱されている（Simão *et al.*, 2015）．

さて，ゲノム中に含まれる遺伝子，という表現を用いたが，全ゲノムの配列情報を入手したとしても，そこには ACGT の 4 種類の文字が並んでいるだけであり，これだけではどの部分が遺伝子なのかは分からない．しかし，遺伝子をコードしている配列であれば，しかるべき段階で mRNA に転写されるため，研究対象の生物で発現している mRNA を網羅的に調べ，RNA の配列とゲノム配列とを照合することで，ゲノム中のどの部分が遺伝子をコードしているのかを知ることができる（図 4.2）．さらに，遺伝子がコードされている領域を，タンパクがコードされているエクソン exon と，コードされていないイントロン intron に区別することが可能となる（図 4.2）．エクソンにはタンパク質に翻訳されたときの機能的制約がかかるため，遠縁な系統間でも配列の相同性が維持されやすい傾向にある．よって，スプライシング splicing によって mRNA となった配列には比較的保存性の高いエクソン部位のみが残るため，次の系統解析の項で述べるように，高次の分類群間の系統推定に有用なデータが得られることが多い．このように，total RNA を抽出後に mRNA を精製し DNA へと逆転写した上で，これらの配列を次世代シークエンサーで網羅的に解読する手法を RNA-seq と呼ぶ．

2）系統推定

その名の通り，サンプル間の系統関係を推定する手法であり，PCR で増幅した配列情報を用いる．互いにゲノム中で物理的に連続していない，複数の遺伝子配列を連結させて解析する場合も多い．どの程度の塩基配列数，つまりデータ量を要するかは，扱うサンプル間の分岐関係や分岐年代にもよる．鱗翅類を用いた系統解析において，属間や科間，上科間を対象とする場合によく用いられる遺伝子やそのデータ量の例としては Kawahara *et al*.（2011）や Kozak *et al*.（2015）を参照されたい．

また，最適化の基準には，最節約法 maximum parsimony（MP）method と距離行列法 distance matrix method, 最尤法 maximum likelihood（ML）method, ベイズ法 Bayesian method の 4 つがある．得られた系統樹の統計的な頑健性に関しては，ブートストラップ bootstrap と呼ばれる元データからのリサンプリングによる擬似データを多数作成して系統解析を繰り返す方法や，比較したい系統的事象を強制して推定した系統樹の尤度と，制約をかけない系統樹の尤度比を検定する AU（approximately unbiased）test（Shimodaira, 2002）などの手法が挙げられる．これらの手法の統計的な側面に関しては，奥山・川北（2008）や田辺（2015）を参照されたい．この 2 つの文献には，各手法に関する理論面の解説だけでなく，系統樹の表記法や，実際の解析時に役に立つ情報が満載されており，一読されることを強くお薦めする．

さてここからは，系統推定の中でも高次の分類群を扱う場合につきまとう困難について少し説明をする．たとえば Kawahara *et al*.（2011）では，ホソガ上科（鱗翅目）内の系統関係を解明することを主目的に解析が行われた．しかし，科や亜科といった主要な分類群の単系統性が強く支持された一方，科や亜科間の系統関係は全く解けなかったに等しい状態であった．図 4.4 を用いてこの原因を考えてみよう．図 4.4 では，ホソガ上科で見られたように，解析した系統樹内の主要グループ（A, B, C, D）がごく短時間の間に一気に放散している．このような場合，解きたい分岐関係は分岐の深いところ，つまりかなり時間を遡った時点で生じたイベントであるため，図 4.3b で示したような比較的進化速度が遅い遺伝子を用いる必要がある．しかし，何しろ放散が一気に生じたため，放散中に個々の系統に特有の塩基置換が蓄積するには時間が短すぎる．つまり，ある程度過去に生じた放散のため進化速度の遅い遺伝子を使わざるを得ないが，解きたい分岐関係はごく短時間のうちに急速に分岐したため，各枝を特徴づけるような塩基置換が十分には得られない．こうした急速な放散の例は鱗翅類昆虫に限らず多くの昆虫類において見られ，昆虫の高次系統関係を推定する上での大きな課題となっている．

これを乗り越えるには，進化速度が遅い遺伝子の配列情報をゲノム中から大量に取ってきて，情報量の不足を補うしかない．これは，数年前まではほぼ不可能であったが，近年のゲノム解析技術の向上と普及，そしてコストの低下により可能となってきている．たとえば Misof *et al.*（2014）では，(4)-1）で述べた mRNA を網羅的に次世代シークエンサーで解読することにより，昆虫綱における目間の系統関係を推定した．同様の手法は鱗翅目内の上科間の系統関係の推定にも適用されており，良好な結果が得られている（Kawahara and Breinholt, 2014）．

また，同じく次世代シークエンサーを用いるが，mRNA ではなくゲノム情報を直接用いる Anchored hybrid enrichment（Lemmon *et al*, 2012）と呼ばれる手法も利用され始めている．この手法では，ゲノム情報が公開されている様々な系統の動物種において，広く保存されている遺伝子の領域（つまり多くの動物種が共通して持っている相同な配列）を数百個特定し，その配列に hybridize するプローブが設計されている．手順としては，まず解析対象の生物のゲノム抽出液にこれらのプローブを混ぜ，プローブと hybridize した対象生物のゲノム断片を回収する．次にプローブに hybridize した配列の周辺領域を解読することで，様々なサンプルから相同なゲノム領域の配列を網羅的に取得できる．この手法は，先述のホソガ科内の亜科間でも，分岐順序の推定において驚異的な解像度を与えてくれており（Kawahara *et al.*, in prep.），短期間に放散したような昆虫の分類群において，今後主要な解析手法となっていくと予想される．次世代シークエンサーを用いてゲノム規模の情報を系統推定に用いる方法に関しては，Lemmon and Lemmon（2013）に詳しくまとめられている．

最後に，系統推定に用いられる主なソフトウェアを紹介する．最近では最尤法を用いたプログラムの高速化が行われ，尤度比検定を用いた仮説検定が可能

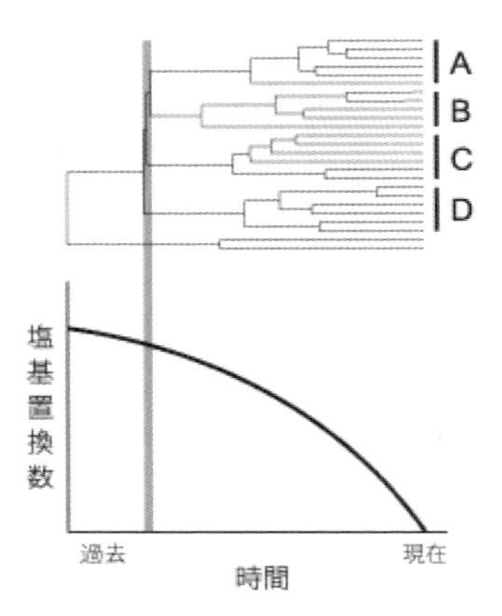

図 4.4　主要なグループが一斉に放散した分類群を対象とした高次系統解析の例．解明したい系統関係が分岐の深い部分にあるため，図 2 の b で示したような進化速度の遅い領域を用いる必要があるが，A, B, C, D の主要グループが灰色で示したごく短期間に分化したため，分岐関係の推定に必要な塩基置換の情報が十分に得られない

である点からも最尤法が最も頻繁に用いられているようである．大規模データを用いても比較的高速に最尤法による系統推定を行える解析ソフトウェアとしては RAxML（Stamatakis, 2014）や PhyML（Guindon *et al*., 2010）などが挙げられる．ただし，これらのソフトウェアは必ずしも使い勝手が良いとはいいがたい．そこで初めて系統推定をされる方のために，MEGA を用いた最尤法による解析手順の概要を以下に述べる．

MEGA の最新バージョンは MEGA 7（Kumar *et al*., submitted）であり，ソフトウェアの website より無料でダウンロードできる．MEGA は，配列のアライメント（相同部位を合わせる作業）から最尤法で用いるモデルの推定，実際の系統推定まで一つのソフトウェアで行え大変使い勝手が良い．ただし，塩基配列のアライメントや編集には（個人的な好みにもよるが）MEGA よりも使い勝手が良いと感じるものがあるかもしれない．たとえば著者の場合は Mesquite（Maddison and Maddison, 2015）を目視でのアライメントや配列の編集に用いている．また，キャピラリーシークエンサーが出力する塩基情報の根拠となる波形データの確認には 4Peaks を使用している．

これらのソフトウェアがインストールできれば，(3)-2）で述べた FASTA 形式のデータファイルを作成する．これを Mesquite に読み込ませ（Mesquite がファイル形式を尋ねてくるので “FASTA (DNA/RNA)” を選択する），手作業にてアライメントを行う．ただし，タンパク質をコードしていない配列など，挿入や欠失が頻繁に起こるような領域をアライメントする場合は，専用のソフトウェアを利用することがある．アライメントの完了後，Mesquiteに再びFASTA形式で出力させ，このファイルをMEGAに読み込ませる．そして，まずは塩基置換のモデル選択を行い，AIC（赤池情報量基準 Akaike's information criterion）の値が最も小さくなったモデルを選択し，このモデルを指定して最尤法にて解析を行う．

本稿では詳しくは触れないが，系統解析の情報をもとに，過去の分岐点での形質状態や分岐年代を推定することもできる（たとえば，先述のMisof *et al*. (2014) でも分岐年代の推定が行われている）．分岐年代の推定には化石や地史的イベント，もしくは進化速度が推定されている遺伝子配列などによるキャリブレーションが必要となるが，興味のある読者は是非調べていただきたい．

3）ネットワーク解析

この解析手法は一見系統解析と似ているが，系統解析がハプロタイプ間の系統関係，つまり派生してきた順序を推定するのに対し，ネットワーク解析は，単に各ハプロタイプ間の関係，つまり何塩基の置換が起こればどのハプロタイプになるかを双六のような表記法（図4.5）で表す方法である．

あまりに離れたハプロタイプ間では，塩基置換のルートに多数の可能性が生じるため，ネットワークがうまくつながらない場合が生じる．このため，使用できる場面は，同種内の集団間やごく近縁な種間での解析に限られる．逆に，データ内の多型が少ない，つまりサンプルの配列どうしが互いによく似ている場合には，系統解析ではハプロタイプ間の関係が寸詰まりになって理解しがたいが，ハプロタイプネットワークだと，各ハプロタイプ間の関係が理解しやすくなる．また，ネットワークの形状によって，対象としている種に過去に生じたイベントを推定できることがある（図4.5，詳細は小泉・池田 (2013) を参照）．

解析に用いるデータセットは，系統推定と全く同じでよく，たとえば，FASTA形式のファイルをDnaSP（Librado and Rozas, 2009）に読み込ませ，Network（Baddelt *et al*., 1999）と呼ばれるネットワーク推定専用のソフトウェアが使用するファイル形式（.rdfという拡張子がついた形式）に変換すれば簡単に推定できる．その他，よく使われるネットワーク推定用のソフトウェアと

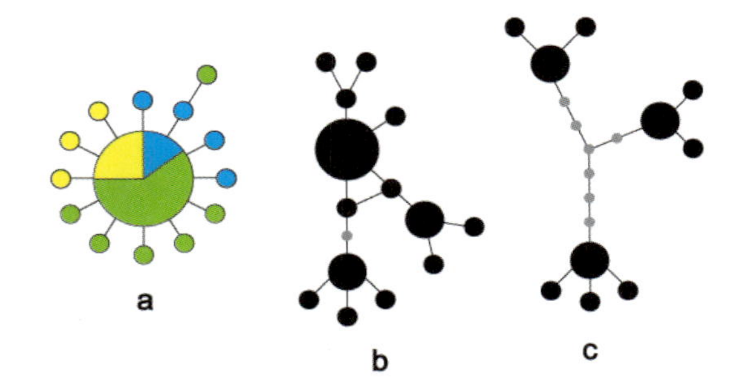

図 4.5　ネットワーク図の例．一つ一つの円が検出された個々のハプロタイプを表し，1 塩基の差異で異なるハプロタイプどうしが線で結ばれている．円の大きさは，各ハプロタイプを持っていた個体数を相対的に表している．a のように，各ハプロタイプに含まれる個体をその属性（採集地や寄主植物など）ごとに色分けして円グラフとして表記する場合も多い．また，灰色の円は，理論上は存在するはずだが，既に絶滅したか，解析に用いた個体には含まれなかったハプロタイプを示しており，ミッシングハプロタイプと呼ばれる．a）近年急速に個体数が増加した場合．多型自体は多いが，一斉に放散したため，ハプロタイプ間の塩基の違いはごく少ない．b）長期安定型．ハプロタイプ間の塩基の差異には，少ないものから多いものまで，様々な置換数が見られる．c）ボトルネックを受けた場合．多くのハプロタイプが絶滅し，ごく一部のハプロタイプのみが生き残ったと考えられる

しては TCS（Clement *et al*., 2000）などが挙げられる．

4）集団遺伝学的解析

ここまでは配列の情報からサンプル間やハプロタイプ間の関係を推定してきたが，配列の情報そのものにも様々な生物学的な情報が含まれている．たとえば，(4)-3）で見たようにハプロタイプネットワークで図 4.5a の様な放射状のネットワークが見られた場合，個々のハプロタイプどうしは，1 塩基か 2 塩基程度しか変わらないことになる．反対に，図 4.5b のような状況の場合，ハプロタイプの数自体は図 4.5a と同じだが，各ハプロタイプ間の塩基置換数の平均値は，図 4.5a の場合よりもずっと大きくなることが予想される．

このように，サンプル全体で配列間の塩基の違いを総当たりで比べて平均化し（サンプルどうしの組み合わせ数で割る），さらに塩基サイトあたりに平均化した（配列の長さで割る）値のことを塩基多様度 nucleotide diversity と呼び，π で表すことが多い．π は，配列データの多様性を表す指標となる．また，多型が見られる塩基サイトそのものの数 number of segregating sites（S_n）から推定される θ も同様に配列データの多様度の指標となる．そしてこの π と θ の関係から Tajima's D（Tajima, 1989）という統計量が推定され，集団が過去に受けた自然選択の有無や，過去の集団サイズの変動が推定できる．たとえば，$D < 0$ となる場合は，過去に純化選択を受けたか，もしくは集団の大きさが急増したことを示唆している．π，θ，Tajima's D ともに DnaSP によって計算することができる．

また，Tajima's D という統計量は，そもそも対象としている塩基配列が中立かどうかを調べる目的で解析されることも多い．そして，以下で説明する遺伝子移入率や集団構造の推定といった集団遺伝学的な解析では，用いる遺伝マーカーが中立であることなどを仮定している場合が多いため，各解析を行う際は仮定されている集団遺伝学的な制約に気をつける必要がある．各種の集団遺伝学的パラメーターの推定や解釈に関するより詳しい解説は，舘田（2012）や井鷺・陶山（2013）などを参照されたい．

5）遺伝子移入率の推定

遺伝子移入率の推定は様々な実験系で盛んに行われてきたが，実は難しい問題を含んでいる．これまでは，集団間の分化の尺度である F_{ST} 値（0 から 1 の範囲の値をとり，分化の程度が大きいほど F_{ST} 値は 1 に近づく）から遺伝子移入率 m が推定されてきたが，F_{ST} 値だけに基づく議論では，ごく最近分岐したため遺伝的分化が小さい場合（図 4.6a）と，古くに分岐が生じたが交雑による遺伝子流入のために遺伝的分化が蓄積しにくくなっている場合（図 4.6b）とを区別できない．また系統学的な手法を用いても，集団間での祖先多型の共有（図 4.6c）と真の遺伝子流入とを区別することは難しい．

そこで近年頻繁に用いられているのが coalescent theory に基づく Isolation with Migration（IM）と呼ばれる手法である（Hey and Nielsen, 2004）．Coalescent theory は，大雑把にいうと現在から過去へと遡りながら対立遺伝子や集団サイズの挙動を集団遺伝学的に説明しようという考え方である．もし本当に遺伝子流入が生じていれば，図 4.7 に示したように，対立遺伝子の融合イベント "coalescence" が集団を跨いで生じる．この IM では，両方向の遺伝子移入率とともに分岐後の 2 集団と祖先集団の有効集団サイズ，2 集団の coalescence までの時間も同時に推定される．各遺伝子座は中立であると仮定されているため，各集団の有効集団サイズが大きければ大きいほど，より多様な対立遺伝子を長期間にわたり集団内に維持できる．このため，遺伝子流入で

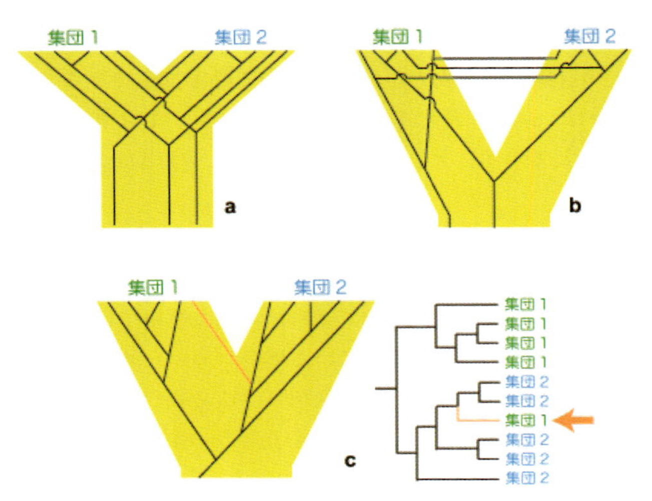

図 4.6　遺伝子移入率の推定にまつわる問題．a）2 集団の分岐がごく最近生じたため，各集団に特有の対立遺伝子が固定しておらず F_{ST} 値が低くなる場合．b）分岐は古くに生じたが，遺伝子流入のため F_{ST} 値が低くなる場合．c）祖先多型による対立遺伝子の共有

はなく祖先多型により対立遺伝子の共有が生じているという仮説が支持されるためには，該当する集団（図 4.7 なら集団 1）の有効集団サイズが十分に大きくなければならない．もし，有効集団サイズから祖先多型の維持が起こりにくいと推定されれば，遺伝子流入が生じたという仮説が支持されることになる．

IM モデルによる解析には，系統解析で用いるような配列情報か，SSR マーカーの情報を使うことができ，最新の解析ソフトには IMa2p（Sethuraman and Hey, 2016）がある．ただし，IM モデルは仮定に様々な制約があるため，より柔軟なモデルにも対応可能な要約統計量（たとえば π など）を用いる ABC（近似ベイズ計算 approximate Bayesian computation）法が普及しつつある．IM モデルや ABC 法に関してより詳しく知りたい読者は三井（2013）や山道（2013）を一読されることをお薦めする．

6）集団構造の推定

ここで対象とする集団構造の推定とは，種内に見られる複数の地理的に隔離された小集団（地域集団）や生態的に分化した小集団（エコタイプ）から個体を採集し，それらの個体の遺伝的特徴を解析したときに，どのような種内構造，つまり種内集団が再構築されるか，という解析手法である．たいていの生物種

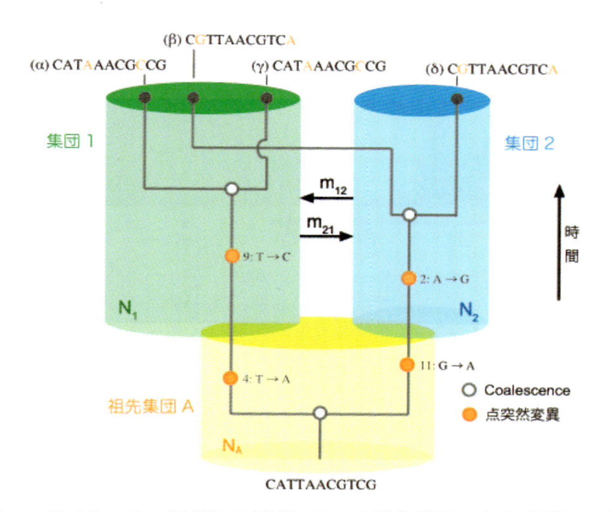

図 4.7　Isolation with Migration モデルの概要．1 つの祖先集団 A から集団 1 と集団 2 が分化した状況を想定している．N_A, N_1, N_2 は各集団の有効集団サイズ，m_{12} は集団 1 から 2 への，m_{21} は集団 2 から 1 へのシミュレーション上での遺伝子移入率をそれぞれ示している．Coalescent theory は時間を遡って考えるため，シミュレーション上での遺伝子流入の方向は，実際に起こった遺伝子流入の向き（図中の矢印）とは逆になる．たとえば，実際には集団 2 から 1 へと生じた遺伝子流入は，シミュレーション上では集団 1 から 2 へと遺伝子が戻っていく形（m_{12}）で検出される．（α）から（δ）は注目している対立遺伝子の配列である．（β）の集団 1 における存在が遺伝子流入ではなく祖先多型の共有によるという仮説が支持されるには，集団 1 の有効集団サイズが（β）を集団の分化後から現在まで維持できるほどに大きい必要がある

には，地域集団やエコタイプが見られるが，遺伝マーカーのデータでもそうした小集団が反映されるのか，それとも，生態的には異なっていても遺伝的には大差なく一つの集団（クラスター）としてまとまるのか，といった点に迫る手法である．

具体的には，まず各地域集団やエコタイプから複数個体を採集し，互いに物理的に連鎖していない複数のマーカー遺伝子座の遺伝子型を決定する．遺伝マーカーには，SSR マーカーや制限酵素断片に基づく各種のマーカー，SNP マーカーなどを用いる．解析に含めるマーカー数が多ければ多いほど偶然性を排除でき，各個体の遺伝的特徴を偏りなく表すことができる可能性が高まる．集団構造自体は，距離行列法による分岐図の作成でも推定可能であるが，ここでは STRUCTURE（Pritchard *et al.*, 2000）という解析ソフトウェアを紹介する．デフォルトの STRUCTURE による集団構造の推定では，まずハーディー・ワインベルグ（Hardy-Weinberg）平衡をできるだけ満たすよう，得られた全個体

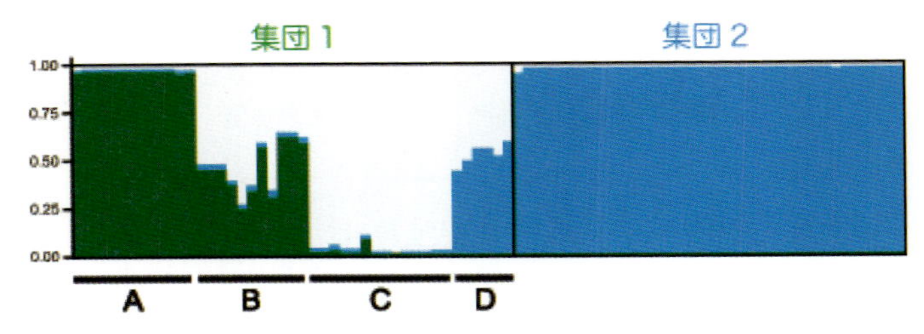

図 4.8　STRUCTURE による解析結果の例．この例では 2 つの集団を解析しており，横軸が解析した個体，縦軸が各個体におけるゲノム構成比率を表す．つまり，縦長の一つ一つの棒が各個体におけるゲノムの構成を表す．採集した時点では，集団としては 2 つしか認識できていなかったわけだが，解析の結果，各個体のゲノムは，緑，青，白色の 3 つのクラスターに分類されることが示された．集団 2 は 1 つのクラスターからなるが，集団 1 は，集団 2 との交雑が疑われる個体（D）と，緑色のクラスターに属する個体（A），白色のクラスターに属する個体（C），さらにそれらが交雑したと考えられる個体（B）からなる複合的な集団であることが示唆される

のデータをもとにクラスターと呼ばれる小集団の数を推定する（実際の解析では，様々なクラスター数を与え，その中からデータに最も適合するクラスター数を選び出す）．Hardy-Weinberg 平衡を満たす，ということは，交配は基本的に各クラスターの中で行われている，ということであり，このようなクラスターが種内にいくつ見られるかを推定していることになる．次に，各個体の遺伝的な特徴をもとに，各個体が含まれると推定されるクラスターへと割り当てていく．1 つの個体が複数のクラスター由来の遺伝的特徴を持つ場合は，その個体のゲノム中に含まれる各クラスター由来のゲノムの構成比率が推定される．結果は図 4.8 のようなバープロットで示され，各地域集団やエコタイプから，採集してきた個体が，推定されたクラスターに基づきどのようなゲノム構成をしているかを視覚的にとらえることができ大変有用である．より詳細な STRUCTURE の解説や，他の集団構造を把握するための解析手法に関しては，津田 (2012) が大変参考になる．

7）目的遺伝子座の探索

近年，非モデル生物であっても大量の遺伝マーカーが利用できるようになってきたため，野外で見られる摩訶不思議な形質がどのような遺伝子によって制御されているのか，という博物学とゲノム科学を融合したような研究が盛んに行われている（たとえば，オオシモフリエダシャクの工業暗化 van't Hof *et al.* (2011) やシロオビアゲハの擬態 Nishikawa *et al.* (2015) など）．ただし，いくらゲノム情報の取得が容易になったといっても，ゲノム情報を得ただけでは，単にACGTの塩基の情報が並んでいるだけであり，どの配列が目的の形質に関与しているかはわからない．仮に，遺伝子をコードしている領域だけに注目したとしても，昆虫では約2万個の遺伝子があるとされており，ゲノム情報のみから目的の遺伝子を特定するのは，まさに砂浜に落としたコインを探すような作業となる．

目的の遺伝子座を特定するための手法としては，遺伝マーカーと形質との連関から調べる方法と，遺伝子の発現様式そのものを比較して候補を探す方法の，大きく分けて2通りがある．

まず，遺伝マーカーと形質との連関を用いる方法から説明していくと，注目している形質が遺伝的に決まっているのなら，目的とする形質を持つ個体と持たない個体（オオシモフリエダシャクの例であれば，暗色型と明色型）の間には，ゲノム中のどこかには必ず一定の違いが見られるはずである．よって，この「形質と遺伝子型」の関連をどのように見つけるか，という点がポイントとなる．

たとえば図4.9aのように，暗色型と明色型を掛け合わせて雑種第一世代（F1世代）を作成する．このとき，親に用いた暗色型の個体と明色型の個体の遺伝子型を多数のマーカー遺伝子座について調べ，片方の親にしか見られない遺伝子型，つまり両親を区別できる遺伝子型を持つマーカー遺伝子座を，遺伝マーカーとして両ゲノムの目印として使う．F1世代は，親世代（P0世代）のゲノムが半分ずつ合わさった状態となり，どちらの親由来の遺伝マーカーも持っている．そしてこのF1世代の個体どうしを交配させてF2世代を作成すると，各染色体についてF1個体が持つ2本の染色体のどちらを受け継ぐかと，F1個体が配偶子を形成する際の減数分裂時に生じる相同組換えの効果により，F2世代にはP0世代のゲノムが様々なパターンで混ざり合った個体が生じることになる．そこで，F2世代の各個体の表現型と持っている遺伝マーカーを調べ，目的の表現型を示している個体が高頻度で持っている遺伝マーカーを特定する．そして，この遺伝マーカーのゲノム中での位置を特定することで，目的遺伝子座が存在するゲノム領域を絞り込むことができる．このように，分離世代と呼ばれるF2や戻し交雑（backcross, BC）世代などを用いて表現型と遺伝マーカーの連関を調べる方法で代表的なものとしてはquantitative trait loci（QTL）mappingが挙げられる．この手法は，その名の通り量的形質quantitative trait

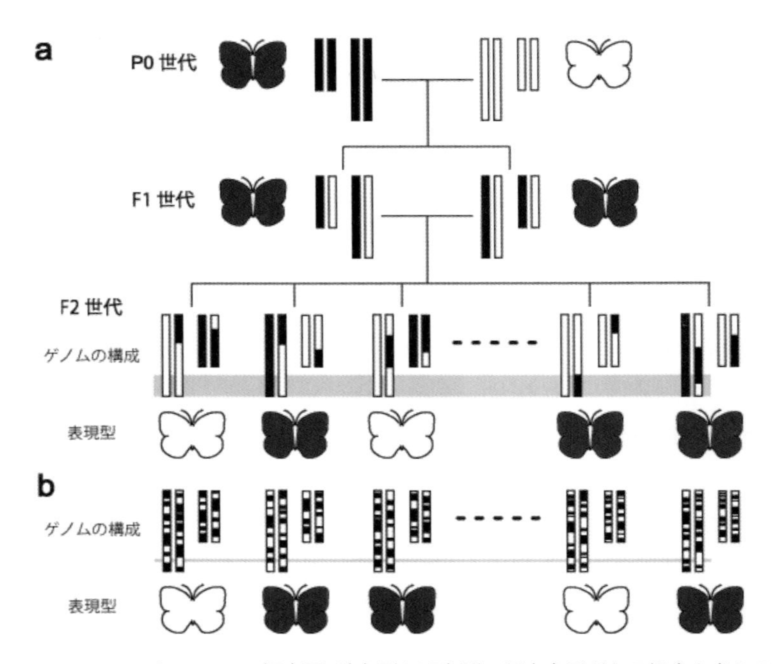

図4.9　QTL mappingとGWASの概念図．暗色型と明色型の種内多型がある場合を考える．a）QTL mappingの概要．異なる表現型を示すP0世代の親を交配してF1世代を得る．この例では，暗色型が優性となる場合を想定している．また，この生物の核型は，模式的に $2n = 4$ とし，各染色体を縦長の棒で表している．P0個体（両親）のゲノムは，遺伝マーカーによって区別可能である（図中では白黒で表す）．F1個体どうしの交配によりF2世代を作成すると，様々なゲノム構成を持った個体を作出することができる．そして，目的の表現型を示す個体が高頻度で持っている遺伝マーカーを探すことで，目的の遺伝子座が存在すると考えられるゲノム領域（灰色で示した領域）を絞り込むことができる．b）GWAS解析の概要．長期間にわたる組換えの効果を利用するため，QTL mappingよりも詳細に目的のゲノム領域を絞り込むことができる．ただし，QTL mappingのようにP0世代を区別できる遺伝マーカーを選択的に利用する，ということはできず，対象とした集団中に多型を示すマーカーがいかに多くあるか，という点が重要となる．そして，集団内で多型が見られたマーカーと表現型との間の連鎖不平衡を指標に，目的のゲノム領域を推定する

の遺伝基盤を調べることを前提として考案されたが，先に挙げた翅の明暗のような質的形質 qualitative trait にも適用できる．また，遺伝マーカーのゲノム中での位置を特定する方法を連鎖解析 linkage analysis と呼び，連鎖地図によって各遺伝マーカーの位置関係を示すことができる（各解析の理論面は，鵜飼（2000）や中道（2004），杉谷（2004），などを参照のこと）．

QTL mapping でどこまでゲノム領域を絞り込めるかは，どれだけたくさんの箇所に組換えを起こせたかと，どれだけたくさんの遺伝マーカーを使えたか，の2点にまずかかっている．前者には，極力たくさんのF2やBC世代を用いることが重要となり，後者は，文字通りいかにたくさんの遺伝マーカーを利用できるかにかかっている．

マーカー数を増やす点は，まさに次世代シークエンサーの利用による改善が期待できる．その一方で，分離世代の個体数を増やすのは，1腹あたりの子供の数といった制約があり，モデル生物のように純系が確立できていない場合は，容易には増やすことができない．そこでこの解決策となるのがゲノムワイドアソシエーション解析 genome-wide association studies（GWAS）と呼ばれる方法である．この方法では，野外の個体群をそのまま解析に用いる．つまり，野外の個体群は長年の交配により集団中でゲノムが十分に混ざっており，QTL mapping のときのような2世代ほどによるゲノムの混合よりも，より効率的にゲノムが混合された個体を用いることができる（図4.9b）．よって，ゲノム中における組換え箇所の不足という先述の課題を克服することができる．ただし，組換え箇所が緻密になった分，それをカバーできるほどのマーカーの密度，つまりマーカー数がないと十分な力を発揮できないことになる．

他の方法としては，注目する表現型ごとに個体をグループ化し，グループ間で有意に高い遺伝的分化を示すマーカーを探索する outlier detection という手法がある．この方法では，集団間の分化の尺度である F_{ST} 値を指標として用いる．Outlier detection は，分化の程度が指標となるため，たとえば，地理的に隔離された集団間でとくに遺伝的分化が見られるゲノム領域を特定する場合などにも用いることができる．

以上で述べた手法を用いるには，SNP マーカーや制限酵素切断部位に基づくマーカー，SSR マーカーなどが必要となる．また，代表的な無償の解析ソフトとしては連鎖解析なら AntMap（Iwata and Ninomiya, 2006），QTL mapping なら R 上で動く R/qtl（Broman *et al*., 2003），outlier detection なら BayeScan（Foll and Gaggiotti, 2008; Foll *et al*., 2010）などがある．

次に，遺伝子の発現様式そのものを比較する方法を説明する．ゲノムの情報は生物の設計図であるが，生物は常に設計図全体を使っているわけではない．各組織や発生段階ごとで使われている，つまり発現している遺伝子は異なっている．このため，注目している組織や発生段階で特異的に発現している mRNA を探すことによって，その組織の形成に関与する遺伝子の候補を絞り込むことができる.

先述の暗色型と明色型の例を使って説明すると，たとえば暗色型の翅の発生過程で，色素が沈着する時期の前後のサンプル間や，翅の黒い部分と黒くない部分で，発現している mRNA を網羅的に比較する．このとき，沈着時期の前後や翅の色が異なる部位間で発現に差が見られた遺伝子が候補として挙がってくることになる．実際の作業としては，時間や部位ごとのサンプルから抽出した total RNA から mRNA を精製し，DNA へと逆転写をした上で RNA-seq により発現量を比較することが多い．具体的な実験手法や，得られたデータの解析手法に関しては鈴木ら（2014）や尾崎（2014），門田（2014）に詳しく説明されているため，より詳しく知りたい読者はこれらの文献も合わせて読んでいただきたい.

引用文献

Andrews, K. R., J. M. Good, M. R. Miller, G. Luikart and P. A. Hohenlohe, 2016. Harnessing the power of RADseq for ecological and evolutionary genomics. *Nat. Rev. Genet*. **17**: 81–92.

Baird, N. A., P. D. Etter, T. S. Atwood *et al*., 2008. Rapid SNP Discovery and Genetic Mapping Using Sequenced RAD Markers. *PLoS ONE* **3**: e3376. doi: 10.1371/journal.pone.0003376

Baddelt, H-J., P. Forster and A. Röhl, 1999. Median-joining networks for inferring intraspecific phylogenies. *Mol. Biol. Evol.* **16**: 37–48.

Broman, K. W., H. Wu, S. Sen and G. A. Churchill, 2003. R/qtl: QTL mapping in experimental crosses. *Bioinformatics* **19**: 889–890.

Clement, M., D. Posada and K. A. Crandall, 2000. TCS: a computer program to estimate gene genealogies. *Mol. Ecol*. **9**: 1657–1660.

Foll, M. and O. Gaggiotti, 2008. A genome-scan method to identify selected loci appropriate for both dominant and codominant markers: a bayesian perspective. *Genetics* **180**: 977–993.

Foll, M., M. C. Fischer, G. Heckel and L. Excoffier, 2010. Estimating population structure from AFLP amplification intensity. *Mol. Ecol.* **19**: 4638–4647.

Guindon, S., J-F. Dufayard, V. Lefort *et al*., 2010. New algorithms and methods to estimate maximum-likelihood phylogenies: assessing the performance of PhyML 3.0. *Syst. Biol.* **59**: 307–321.

Librado, P. and J. Rozas, 2009. DnaSP v5: A software for comprehensive analysis of DNA polymorphism data. *Bioinformatics* **25**: 1451–1452.

Hey, J. and R. Nielsen, 2004. Multilocus methods for estimating population size, migration rates and divergence time, with applications to the divergence of *Drosophila pseudoobscura* and *D. persimilis*. *Genetics* **167**, 747–760.

井鷺裕司・陶山佳久，2013．生態学者が書いた DNA の本．199 pp. 文一総合出版，東京.

Iwata, H. and S. Ninomiya, 2006. AntMap:constructing genetic linkage maps using an ant colony optimization algorithm. *Breed. Sci.* **56**: 371–377.

門田幸二，2014．トランスクリプトーム解析．226 pp．共立出版，東京.

柿岡諒，2013．生態・進化ゲノミクスのためのRADシーケンシング．生物科学 **64**: 168–176.

Kawahara, A. Y. and J. W. Breinholt, 2014. Phylogenomics provides strong evidence for relationships of butterflies and moths. *Proceedings of the Royal Society B* **281**: 20140970. http://dx.doi.org/10.1098/rspb.2014.0970

Kawahara, A. Y., I. Ohshima, A. Kawakita *et al*., 2011. Increased gene sampling provides stronger support for higher-level groups within gracillariid leaf mining moths and relatives (Lepidoptera: Gracillariidae). *BMC Evol. Biol.* **11**: 182. DOI: 10.1186/1471-2148-11-182

小泉逸郎・池田啓，2013．ハプロタイプネットワークから読み取る集団の歴史．池田　啓・小泉逸郎（編），系統地理学，pp. 30–32．文一総合出版，東京．

Kozak, K. M., N. Wahlberg, A. F. E. Neild, *et al*., 2015. Multilocus species trees show the recent adaptive radiation of the mimetic *Heliconius* butterflies. *Syst. Biol.* **64**: 505–524.

Kumar, S., G. Stecher and K. Tamura, submitted. MEGA7: Molecular Evolutionary Genetics Analysis version 7.0 for bigger datasets.

Lemmon, A. R., S. A. Emme and E. M. Lemmon, 2012. Anchored hybrid enrichment for massively high-throughput phylogenomics. *Syst. Biol.* **61**: 727–744.

Lemmon, E. M. and A. R. Lemmon, 2013. High-throughput genomic data in systematics and phylogenetics. *Annu. Rev. Ecol. Evol. Syst*. **44**: 99–121.

Maddison, W. P. and D. R. Maddison, 2015. Mesquite: a modular system for evolutionary analysis. Version 3.04 http://mesquiteproject.org

Misof, B., S. Liu, K. Meusemann *et al*., 2014. Phylogenomics resolves the timing and pattern of insect evolution. *Science* **346**: 763–767.

三田和英，2009．カイコゲノムの全貌．生化学 **81**: 353–360.

三井裕樹，2013．IMモデル．池田　啓・小泉逸郎（編），系統地理学，pp. 157–161．文一総合出版，東京．

中道礼一郎，2004．ショウジョウバエ性櫛数関連遺伝子の探索．岸野洋久（編），実践生物統計学，pp. 81–96．朝倉書店，東京．

Nishikawa, H., T. Iijima, R. Kajitani *et al*., 2015. A genetic mechanism for female-limited Batesian mimicry in *Papilio* butterfly. *Nat. Genet.* **47**: 405–409

西脇亜也・陶山佳久（編），2001．森の分子生態学．318 pp．文一総合出版，東京．

奥山雄大・川北　篤，2008．系統解析プロトコル：塩基配列から分子系統樹へ．川北　篤・奥山雄大（編），共進化の生態学，pp. 313–340．文一総合出版，東京．

尾崎克久，2014．非モデル生物の遺伝子発現をみる．二階堂愛（編），次世代シークエンス解析スタンダード，pp. 290–302．羊土社，東京．

Pritchard, J. K, M. Stephens and P. Donnelly, 2000. Inference of Population Structure Using Multilocus Genotype Data. *Genetics* **155**: 945–959.

Sethuraman, A. and J. Hey, 2016. IMa2p – parallel MCMC and inference of ancient demography under the Isolation with migration (IM) model. *Mol. Ecol. Res.* **16**: 206–215.

Shimodaira, H. 2002. An approximately unbiased test of phylogenetic tree selection. *Syst. Biol.* **51**: 492–508.

Simão, F., R. M. Waterhouse, P. Ioannidis, *et al*., 2015. BUSCO: assessing genome assembly and annotation completeness with single-copy orthologs. *Bioinformatics* **31**: 3210–3212.

Stamatakis, A., 2014. RAxML version 8: a tool for phylogenetic analysis and post-analysis of large phylogenies. *Bioinformatics* **30**: 1312–1313.

杉谷康雄，2004．オオムギの分子マーカーと穀物ゲノムのシンテニー．東京大学生物測定学研究室（編），実践生物統計学，pp. 69–80．朝倉書店，東京．

Suyama, Y. and Y. Matsuki, 2015. MIG-seq: an effective PCR- based method for genome-wide single-nucleotide polymorphism genotyping using the next-generation sequencing platform. *Sci. Rep.* **5**: 16963. DOI: 10.1038/srep16963

鈴木絢子・鈴木穣・菅野純夫，2014．急速に普及する RNA-seq で遺伝子発現をみる．二階堂愛（編），次世代シークエンス解析スタンダード，pp. 204–215．羊土社，東京．

舘田英典，2012．集団遺伝学概論．津村義彦・陶山佳久（編），森の分子生態学 2，pp. 33–57．文一総合出版，東京．

Tajima, F., 1989. Statistical method for testing the neutral mutation hypothesis by DNA polymorphism. *Genetics* **123**: 585–595.

Takahashi, T., N. Nagata and T. Sota, 2014. Application of RAD-based phylogenetics to complex relationships among variously related taxa in a species flock. *Mol. Phylogenet. Evol.* **80**: 137–144.

田辺晶史，2015．分子系統学演習：データセットの作成から仮説検定まで．http://www.fifthdimension.jp/documents/molphytextbook/（2016 年 2 月 29 日アクセス）

Townsend. J. P., 2007. Profiling Phylogenetic Informativeness. *Syst. Biol.* **56**: 222–231.

津田吉晃，2012．集団構造データ解析．津村義彦・陶山佳久（編），森の分子生態学 2，pp. 345–387．文一総合出版，東京．

津村義彦，2012．DNA マーカーの種類とその利用法．津村義彦・陶山佳久（編），森の分子生態学 2，pp. 179–192． 文一総合出版，東京．

鵜飼保雄，2000．ゲノムレベルの遺伝解析．350 pp．東京大学出版会，東京．

van't Hof, A. E., N. Edmonds, M. Dalíková, F. Marec and I. J. Saccheri, 2011. Industrial melanism in British peppered moths has a singular and recent mutational origin. *Science* **332**: 958–960.

山道真人，2013．系統地理学における統計的推定の手法と今後の展望．池田　啓・小泉逸郎（編），系統地理学，pp. 261–289．文一総合出版，東京．

You, M, Z. Yue, W. He *et al*., 2013. A heterozygous moth genome provides insights into herbivory and detoxification. *Nat. Genet*. **45**: 220–225.

3. DNA バーコーディングとその利用法

神保宇嗣

(1) DNA バーコーディングとは

DNA バーコーディング DNA barcoding は，カナダの Paul Hebert らによって提唱された，DNA を利用した同定支援技術の一つである．DNA バーコード DNA barcode と名付けられた，数百塩基程度の特定部位の配列を利用して同定を行う．まず，専門家によって同定された標本（証拠標本 voucher specimen）から DNA を抽出し，バーコード領域の塩基配列を決定した情報を蓄積して，参照配列のデータベースである「ライブラリ」を作成しておく．次に，同定したい未知のサンプルからも DNA を抽出し，バーコード領域の配列を決定して，ライブラリと比較する．そして，ライブラリ中にほぼ一致する配列があれば，その配列が由来する標本の同定結果を，未知のサンプルの同定結果とする（図 4.10）．つまり，DNA バーコーディングの同定の根拠となるのは，専門家による証拠標本の同定結果である．商品につけられたバーコードから商品の情報を読み出すように，標本個体が持つ DNA バーコード塩基配列から専門家による同定の知識を読み出すようなイメージである．

実際に DNA バーコーディング技術を利用した同定支援システムを作成するには，既知種を網羅するような DNA バーコード塩基配列のライブラリを作成する必要がある．そのために，ライブラリの整備や様々な技術開発を先導する

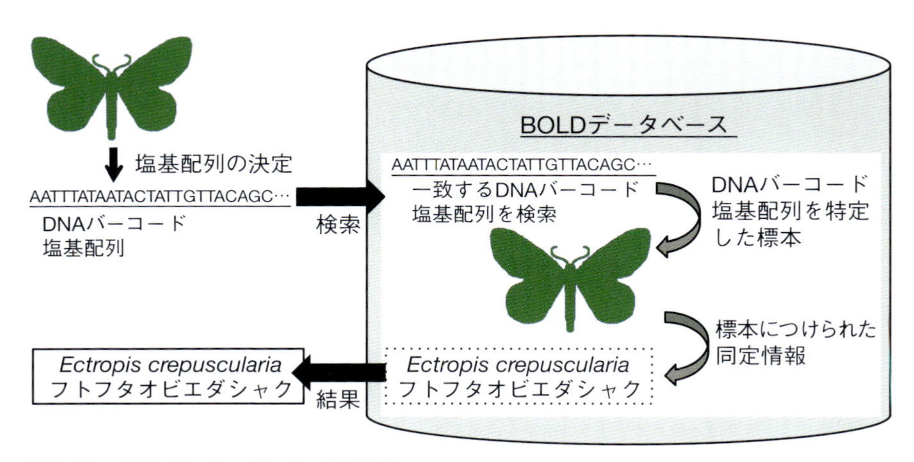

図 4.10　DNA バーコーディングの概要

図 4.11　International Barcode of Life（iBOL）ホームページ（http://ibol.org/）

国際的なプロジェクト International Barcode of Life（iBOL）が世界レベルで進められている（図 4.11）．得られたデータは，後述するデータベース，Barcode of Life Data Systems（BOLD）に集約され，実際に解析やデータの登録に利用できる．

鱗翅類はプロジェクト設立当初から重点的に整備が進んだグループで，最も情報の蓄積が進んでいる．実際，現在 BOLD システムに登録されている DNA バーコード塩基配列は 400 万件のうち，鱗翅類は 280 万件と 7 割を占める（2015 年 7 月現在）．iBOL には多くの国が参加しているが，日本は国レベルとしては参加しておらず，研究者レベルでの参加にとどまっている．日本にも分布する種の情報蓄積も進んでおり，ざっと集計したところ，日本産鱗翅類約 6,300 種（未同定種を除く）のうち，44 % にあたる約 2,800 種がすでに登録されている．ただし，日本のみから知られている種に限定すると，約 1,300 種中 180 種で 14 % にとどまる．

DNA バーコーディングは，雌雄や幼虫・成虫の組み合わせ確認，種間あるいは集団間の分化度合の確認，DNA バーコード情報と形態学とを組み合わせた分類学研究，次世代シークエンサーと組み合わせた環境 DNA 解析や消化管内容物からの食性推定など，様々な分野への貢献が期待されている．また，植物防疫や食品偽装表示など，迅速な同定が必要な場面や，モニタリング，野外調査といった生物多様性の保全活動や研究活動で不可欠となる同定作業を効率化してくれる．今後，生物資源の輸出入をモニタリングするために，商品の原

図 4.12　Barcode of Life Data Systems（BOLD）ホームページ（http://www.boldsystems.org/）

材料となっている生物資源の DNA バーコード塩基配列を特定し，それを公正な取引を証明する情報として利用することが考えられる．

DNA バーコードの塩基配列および配列を特定した標本の情報は，専用のデータベースである Barcode of Life Data Systems（BOLD，http://www.boldsystems.org/）に集約されている（Ratnasingham and Hebert, 2007，図 4.12）．BOLD システムには，DNA バーコードとそれに関連した情報，すなわち，塩基配列，シークエンス結果の波形データ（トレースファイル），標本の採集データ，標本写真などが登録されており，その一部は公開されている．これらの情報は，同定の妥当性・分類学的な問題の確認・実験結果の確認など，データの検証や新たな研究活動に利用できる．

（2）DNA バーコード塩基配列の決定

昆虫を含む動物では，ミトコンドリアゲノム上にある COI 遺伝子の 5' 端約 650 塩基長が標準的なバーコード領域とされている．この領域の増幅には，様々な分類群で使用可能なユニバーサルプライマー（LCO1490, HCO2198）が利用できる．このプライマーを用いて，標準的な PCR プロトコル（94 ℃ 1 分→ 94 ℃ 30 秒・50 ℃ 30 秒・72 ℃ 1 分 ×35 サイクル→ 72 ℃ 10 分）で増幅し，その産物を用いて塩基配列を決定する．標準的なプロトコルは，日本バーコードオブライフ・イニシアチブのウェブサイト（http://www.jboli.org/

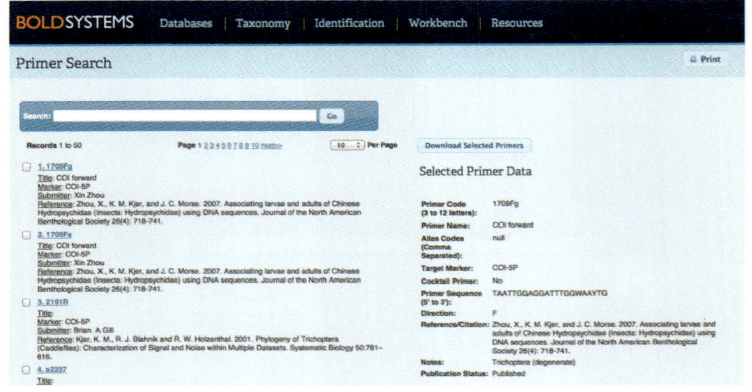

図 4.13　BOLD のプライマーデータベースページ

protocol）で参照できる．

鱗翅類では，ほとんどの場合ユニバーサルプライマーでよく増幅できる．しかし，プライマー領域に変異があり，ユニバーサルプライマーではうまく増幅できない場合や，DNA の保存状態が悪いためにさらに短い領域に分けて読まないといけない場合もある．その際には，他のプライマーを使用したり，新たに設計する必要がある．これまでに，鱗翅類に特化した汎用のプライマー（LEP_F1, LEP_R1）をはじめ様々なプライマーが設計されている．公開されているプライマー情報も BOLD に集約されている．BOLD（http://www.boldsystems.org/）にアクセスし，画面上のメニューより「Databases」を選択すると，データベースの一覧が表示される．その中の「Primer Database」をクリックすると，様々なプライマーの情報を参照できる（図 4.13）．

（3）BOLD を利用した同定検索

DNA バーコードの最も基本的な利用法である，BOLD を利用した同定方法について述べる．

① サンプルの DNA バーコード塩基配列を用意する．

② Barcode of Life Data Systems（BOLD）（http://www.boldsystems.org/）にアクセスし，画面上のメニューより「Identification」を選択する．

③ Identification Request（同定リクエスト）ページ（図 4.14）で「Animal

Identification（COI）」が選ばれていることを確認した上で，「Enter sequences in fasta format:」の項目に FASTA 形式（第 4 章 3. (2) 参照）で検索したい DNA バーコード塩基配列を貼り付ける（図 4.14A）．塩基配列だけを貼り付けても検索できる．検索するデータベースを選択し，「Submit」をクリックする．

④ しばらく待つと同定検索結果が表示される．同種と推定される DNA バーコード塩基配列が見つかった場合には，その種名と結果の信頼率が表示される（図 4.14B）．見つからなかった場合や，複数の候補がある場合はその由が表示される（図 4.14C）．

⑤ 近縁な塩基配列との関係性を詳しく見るために，同定検索結果画面で「Tree Based Identification」をクリックする．検索した塩基配列とそれに類似した塩基配列との系統関係を近隣結合法で推定した結果が PDF ファイルでダウンロードできる．

⑥ 同定検索結果ページ下には近縁な塩基配列が一覧表で示される．すでに公開されているエントリーの場合は，表示されるリンクをクリックすると，塩基配列を含む証拠標本情報の詳細を見ることができる．

BOLD システムにおいて同定のために利用される重要な情報は，ライブラリ中の塩基配列との類似度である．経験則として，類似度が 97 % 以上であれば同種の可能性が極めて高いといわれている．そこで BOLD システムでは，未知のサンプルと，それに最も近縁なライブラリ中の塩基配列との類似度が 99 % 以上であれば，その種と特定される．

検索のオプションのうち，よく使うのが，「Species Level Barcode Records」と「All Barcode Records」である．「Species Level Barcode Records」の場合，種レベルで同定済みのバーコード情報だけが使われ，類似度のほかに，種レベルおよび上位分類群レベルでの同定結果の確率が表示される．「All Barcode Records」の場合，種レベルで同定されていない配列や，DNA バーコードプロジェクト以外で決定された同領域の配列も用いられるが，同定結果の確率は表示されない．また，後者の場合，種レベルで一致しない塩基配列を検索したときに，ライブラリの中で近縁なものの一覧を返す．日本産種の場合，種の網羅性がまだまだ低いので，まず「All Barcode Records」で検索するのが良い．

複数の種類に，非常に近縁あるいは同一の塩基配列が含まれる場合もある．

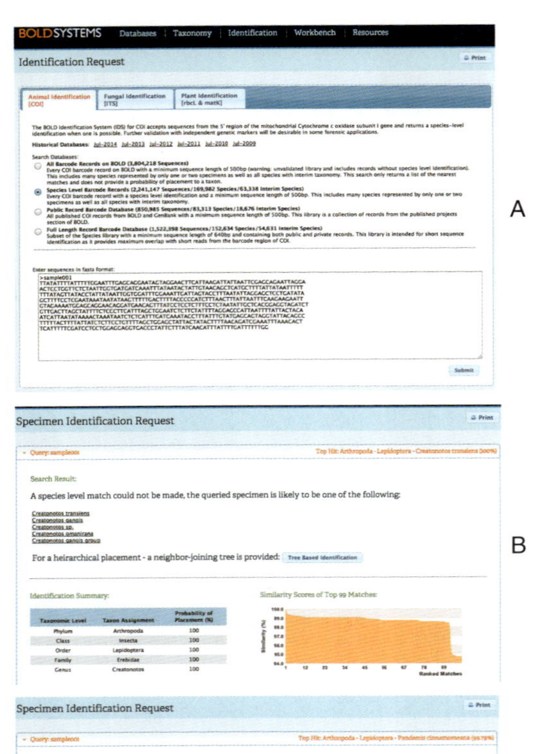

図 4.14　BOLD を利用した同定検索．A）同定リクエストページ．入力フォームに検索する塩基配列を貼り付ける．B)～C）検索結果．Species Level Barcode Records オプションで検索した．複数の種名が登録されているため注意が必要なことが記されている．B）検索結果が単一の場合．C）検索結果が複数の場合

そのような場合，BOLD システムは種を特定せず，可能性のある複数の候補を表示する．原因としては，同胞種など遺伝的に近縁な種群を形成している場合のほか，誤同定が含まれる場合，分類学的に古い学名が利用されている場合などが考えられる（DNA バーコードに付与されている学名は各登録者の見解である点に注意が必要）．このような場合は，利用者側で証拠標本の写真や採集データなどを精査し判断する必要がある．

(4) DNA バーコード情報の検索と利用

現在の BOLD システム (2015 年 7 月現在) には, 1) 公開されている塩基配列と標本のデータベース, 2) DNA バーコード情報の類似性をもとにクラスタリングされたグループ (グループにつけられる番号を Barcode Index Number (BIN) という), 3) 文献, 4) プライマーの 4 つのデータベースがある. ここでは, 塩基配列と標本のデータベースの検索方法を示す.

① Barcode of Life Data Systems (BOLD) (http://www.boldsystems.org/) にアクセスする. ある分類群に属するデータを取得した場合には, トップページにあるフォームに検索したい分類群名を入力し, 検索対象が「Taxonomy」であることを確認して「Search」をクリックする. あるいは上部メニューの「Taxonomy」をクリックして表示される分類群の検索フォームに入力しても良い (図 4.15A)

② 登録されている分類群名に一致する場合, その分類群に関する情報のサマリーとして, 標本数・登録されている DNA バーコード塩基配列数, 下位の分類群の一覧と各分類群の DNA バーコード登録件数, 標本写真などが表示される (図 4.15B). なお, 動物と植物で同名があるなど, 検索結果が複数ある場合は, それらを選択するページが表示される.

③「Access Published & Released Data」をクリックすると, 標本の一覧が標本画像の縮小画像つきで表示される. 標本数が多い場合には, リストの上下にあるページリンクを使って前後の情報が見られる.

④ 標本一覧のページで, 各標本の番号をクリックすると, 標本データの詳細, 塩基配列, 利用可能な場合は写真 (複数枚のこともある) や採集地点の地図などの情報が得られる.

⑤ 標本一覧のページの右上にある「Specimen data」「Sequences」「Combined」から, それぞれ標本データ・塩基配列データ・それらをまとめたものがダウンロードできる (図 4.15C). 標本データは「TSV」をクリックしてダウンロードすると, Excel で開ける形式 (タブ区切りテキスト) のファイルが得られる. 塩基配列データは, 配列そのものは FASTA 形式で得られるほか, TRACE をクリックすると波形データがダウンロードできる.

前述のように, これらのデータは, 同定の検証や研究のための予備解析などに利用できる. たとえば, 写真を利用した再同定や, 自分自身で特定した

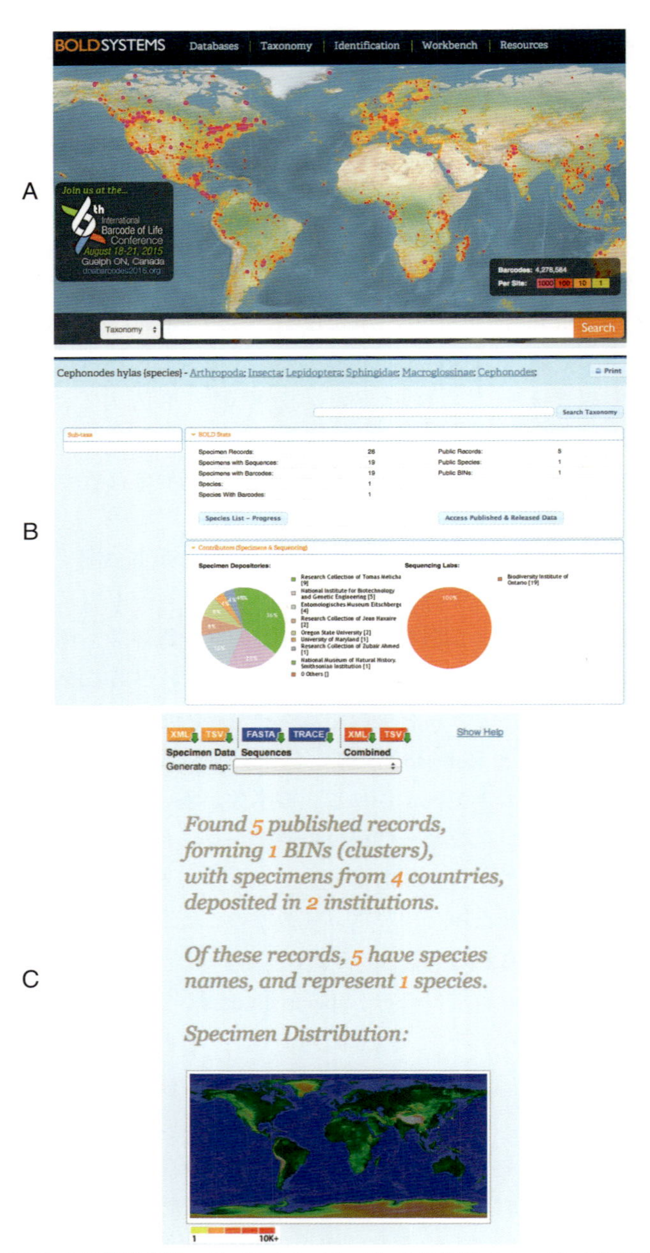

図 4.15　BOLD の分類群検索．A）検索ページ．B）各分類群のページ．C）標本一覧ページの記述

DNA バーコード塩基配列をダウンロードした塩基配列と組み合わせて系統推定をする，といったことが考えられる．

BOLD から自由にダウンロードできるのは，登録者が公開を許可したデータのみである．登録者が公開を許可していない（一時的に非公開のものも含む）データは，BOLD 利用者が同定検索する際には利用されるものの，塩基配列も含めて生データを閲覧することはできない．公開状況は，同定サービスの結果ページにある，類似する塩基配列リストの末尾の「Status」の項に，「Private」「Early-Release」「Released」といった形で表示されている．

（5）DNA バーコード情報の登録

DNA バーコード情報を公表する方法には，① DNA Data Bank Japan（DDBJ）をはじめとする国際塩基配列データベース（the International DNA Data Banks: INSDC）への登録と，② BOLD システムへの登録，の 2 つがある．

① INSDC への登録：DNA バーコード塩基配列を用いた研究成果を公表する場合には，一般的な塩基配列の場合と同様に，INSDC へ登録して各塩基配列の ID となるアクセッション番号を取得し論文に含める必要がある．基本的に一般的な DNA 塩基配列と同様の内容で登録すればよいが，証拠標本など，DNA バーコードの追加情報を含めることもできる．

② BOLD への登録：BOLD システムへ登録することで，塩基配列に加えて標本写真も含めた証拠標本情報も発信でき，DNA バーコードのライブラリ構築プロジェクトに貢献できる．また，BOLD の提供する様々な塩基配列および標本情報の管理ツールを利用することもできる．ツールの一つとして，INSDC の一つである GenBank への登録機能が提供されており，BOLD の登録ボタンを押すだけで一度に GenBank への登録を行うことができる．

BOLD システムへ自分のデータを登録したい場合，ユーザーアカウントの作成が必要である．自分のバーコードの情報は，「プロジェクト」と呼ばれる単位で管理されるので，ログイン後，プロジェクトを作成し，塩基配列や標本の情報をフォームで一つずつ登録するか，決められたテキストファイルで一括登録する．一括登録の場合は，BOLD スタッフのサポートがある．登録する際には，標本の保存機関の情報が，世界のコレクションデータベースの Global Registry of Biodiversity Repositories（GRBio）http://grbio.org/ に登録さ

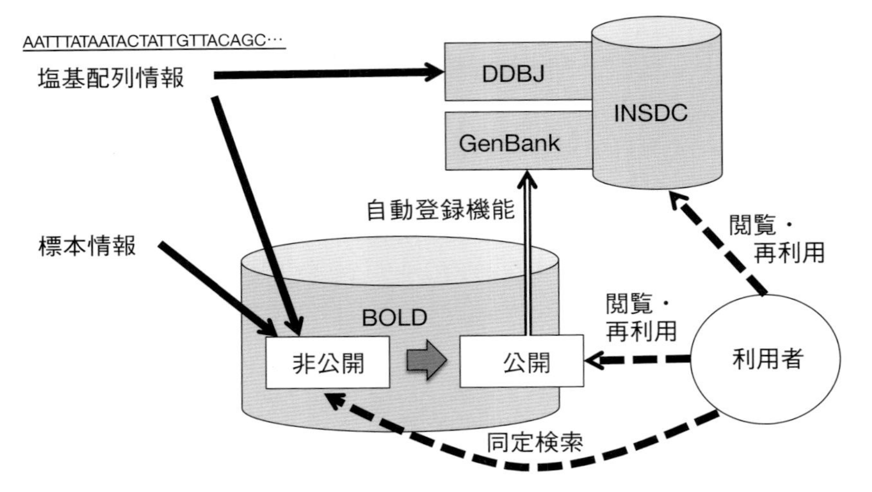

図 4.16　DNA バーコード情報の登録の流れと利用者が再利用可能な情報

れていることが必要である．登録したデータは非公表にできるが，基本的には登録後 18 ヶ月で公開される点も注意されたい．登録されたデータの流れを図 4.16 に示す．

なお，昆虫学における DNA バーコーディングの現状と活用については Jinbo *et al.*（2011）を，昆虫研究における諸問題点や生態学研究への応用については岸本（2015）を，DNA バーコーディングの概要や最新情報については日本バーコードオブライフ・イニシアチブ（JBOLI）のウェブサイト http://www.jboli.org/ を参照されたい．また，JBOLI ではデータベース登録支援や証拠標本の寄贈先調整など，サポートも行っている．国外では，iBOL や BOLD のページで各種マニュアル類が公開されている．

引用文献

Jinbo, U., Kato, T. and M. Ito, 2011. Current progress in DNA barcoding and future implications for entomology. *Entomol. Sci.*, 14: 107-124.

岸本圭子・伊藤元己，2015．DNA バーコーディングを活用した昆虫の種間相互作用網の解明．日本生態学会誌，65: 255-266.

Ratnasingham, S. and P. D. N. Hebert, 2007. BOLD: The Barcode of Life Data System (www.barcodinglife.org). *Molec. Ecol. Notes*, 7: 355-364.

第5章　成果の利用と公表

1. 環境評価への利用

広渡俊哉

鱗翅類昆虫の中で，チョウ類は環境の状態を測る指標生物として利用されてきた．一方で，ガ類も環境指標生物として有用であることが認識されつつある．
鱗翅類を用いた環境評価の手法としては，①特定種（レッドリスト種などの希少種を含む）のモニタリング，②類似度，重複度，多様度指数，上位種（優占種）などを利用した群集構造の解析，③特定グループの存在割合の算出，④種に指標値を与え数量化した指数の利用，などがある（中村，2011など）.

ここでは，それぞれの評価手法や調査の解明度について簡単に紹介するとともに，調査手法の長短について考察する．

(1) 環境評価の手法

1) 特定種のモニタリング

チョウでは，ナガサキアゲハやツマグロヒョウモンの分布調査による気候変動（温暖化など）の影響調査，オオルリシジミを用いた草原環境の衰退の評価などが行われている．一方，ガ類でも最近ではレッドリスト選定に向けての試行がなされており，草原性種として減少傾向があるベニモンマダラなどの特定種のモニタリングの必要性が指摘されている（間野，2009）.

2) 群集構造の解析

生物の群集構造を解析することにより，そこに成立する生態系の一面を把握することができる．たとえば，複数地点の鱗翅類の群集構造を比較するために，まず地点別の科数，種数，個体数などを算出し，さらに，種構成，上位種，多様度指数および各地点間の種構成の類似係数，重複度を算出して比較する（ここでは計算式は省略する）．単純に地点間の種構成だけを比較する場合は，類

似度 *QS* などを用い，種構成だけでなく，各種ごとの個体数を加味する場合には，重複度 $C\pi$ などを用いる．また，上位種（優占種）については，地点別の上位 5 〜10 種の個体数を示す場合が多い．さらに，群集の種多様度や各種の個体数のバランスを見るために，Shannon-Wiener 指数（H'）や Simpson 指数（1-λ）といった多様度指数を算出する．多様度指数は種数が多く各種の採集個体数が均衡している，すなわち個体数が突出した種が少ないと一般的に数値が高くなる．

3）特定グループの存在割合

日本国内では，ガ類群集の北方系と南方系の要素の比率を示すカラスヨトウ・シタバ指数（AC 指数）やシャクガ科の３つの亜科（アオシャク亜科，ヒメシャク亜科，ナミシャク亜科）の種数の割合を比較した GSL 指数などが提唱されている．

また，草原性と森林性の種の割合を比較したり，生息地（高山，里山，河川敷，市街地など）の割合，あるいは，幼虫の食べ物の違い（常緑広葉樹，夏緑広葉樹，針葉樹，草本，地衣類，枯葉など）の割合を比較したりすることによって，調査を行った地点の環境を評価する．

一方，攪乱や自然度の指標として，特定の分類群に注目することがある．オーストラリアの未伐採林と伐採後の期間が異なる複数の二次林において行われたガ類の調査では，ヒトリガ，カラスヨトウ，シタバガなどの亜科は攪乱の影響によって増加し，エダシャク，アオシャク，フトメイガなどの亜科が減少することが示された（Kitching *et al*., 2000）．また，奈良県大台ヶ原で行われた環境省の森林再生事業に関わる調査（立岩・広渡，2004）では，森林の攪乱や衰退の指標としてモンヤガ亜科やヨトウガ亜科，森林回復の指標としてシャチホコガ科やコケガ亜科などに注目することが提案された（立岩ら，2012）．

さらに，ある地点で得られた種の地理的分布を旧北区，東洋区，周日本海，などに分類し，その地点がどの要素（分布型）が多いかという点に注目して，種構成を比較する方法がある（宮田，1983 など）．

4）種に指標値を与え数量化した指数

チョウ類は，各種の生態的な情報がよく知られているため，各種に様々な指標値を与え，それを数量化して生息環境を評価するという試みがなされてきた．

たとえば，チョウに種別生息分布度と指標価という環境による重み付けをして環境を評価するER（環境階級存在比）（田中，1988），いくつかの指標グループに分類してからRI指数を用いるグループ別RI指数法（中村，1994），人為による土地への攪乱の状況を判断する人為攪乱指数HI（田下・市村，1997），寄主植物の出現する遷移段階にもとづいてチョウ類をランク分けする遷移ランクSRなどがある（西中，2015）．

（2）群集の解明度

群集の解明度を推定する方法として，Prestonのオクターブ法がある．これは横軸に1種あたりの個体数を2^k（k＝0，1，2，3，……）くぎりに区分し，その区間（オクターブ）の合計種数を縦軸にとったものである．群集の解明度が低い場合，1個体のみ採集された種がもっとも多くなり，グラフは右下がりの，あるいは「切れた正規分布」になることが多く，群集の解明度が高くなると分布の中心が右にずれ，切れた部分が少なくなるというものである．筆者らが2002年に熱海市で行った調査（カーテン法：5〜9月に各月1回）では，原則2名で終夜の採集を行ったが，オクターブ法による解析により，ガ類群集の解明度が低いことが示された（広渡ら，2010）．

（3）調査手法の選定

チョウ類の群集調査には，トランセクト法（ルートセンサス法）によるモニタリングが行われる．調査者が一定のルートを歩き，目撃された種の名前と個体数を調査表に記入する方法である（石井ら，1991など）．一方で，本書の第1章で解説したように，マレーゼトラップやバタフライトラップなど，トラップを用いて調査を行う場合もある．筆者らは，インドネシアで森林火災後のチョウ相の変化についてマレーゼトラップを用いた調査を行った（図5.1，Hirowatari *et al*., 2007）．

一方，ガ類の群集調査には，灯火（ライトトラップ）による採集を行うことが一般的であり（平嶋，2000など），目的や対象グループによってボックス法やカーテン法（図5.2, 5.3）を使い分ける．筆者らは，カーテン法を用いて小蛾類（コバネガ科などの原始的なグループからメイガ上科までの一群）を含めたガ類を対象とし，ガ類の環境指標としての有用性について検討を行った（広渡ら，2007, 2010）．また，筆者らが奈良県大台ヶ原で行った調査では，カー

図 5.1　マレーゼトラップ法

図 5.2　灯火採集法（カーテン法）
中国海南島（2004 年 5 月）

図 5.3　灯火採集法（ボックス法）

テン法で大台ヶ原のガ類相の把握，ボックス法ではトウヒ林が衰退した場所も含む植生の異なる 7 地点で調査を行い，いくつかの指標グループに注目してガ類群集を比較することにより植生環境の評価を試みている．

鱗翅類の多様性調査法の利点と問題点を表 5.1 にまとめた．なお，ここではフェロモンや糖蜜を用いた採集法は除外している．

トランセクト調査は，道具やソーティング（調査後の同定と分類）が不要，採集圧がない，などの利点があるが，同定能力などで個人差が生じる，熱帯などの種数が多い場所では困難，多数の地点で同じ調査者が同時に調査できない，などの問題点がある．マレーゼトラップは，道具やソーティングが必要で採集圧もかかるが，標本が残るため同定能力や採集の個人差が生じることはなく，種数が多い場所での調査や，多数の地点での同時調査が可能である．ただし，地上に設置するマレーゼトラップでは，樹冠部で活動する種などがトラップされにくいといった捕獲効率の問題がある．

表 5.1　鱗翅類昆虫の調査法の利点・問題点（広渡（2007））

（○有利　× 問題あり）

	トランセクト	マレーゼトラップ	灯火採集（カーテン法）	灯火採集（ボックス法）	
道　具	○ 不要	× 要	×	×	
ソーティング	○ 不要	× 要	×	×	
採集圧	○ なし	× あり	×	×	
種数が多い場所での調査	×	○	○	○	標本が残るかどうか
同定能力	× 個人差あり	○個人差なし	○	○	
定量性	△	○	△	○	
多数の地点での同時調査	×	○	×	○	データ収集(採集)に人が関わるかどうか
観察・捕獲の効率	○	×	○	△	
小蛾類の調査	△	×	○	×	

灯火採集のカーテン法は，小蛾類を含め鱗粉が落ちない状態で採集できるが，1 地点に最低 2～3 名の調査者と照明器具や発電機などの機材が必要となるので，同時に多数の地点で調査を行うのは現実的ではない．一方，灯火採集のボックス法は，採集されたサンプルの状態が悪くなり，とくに小蛾類の同定が難しくなるが，同時に多くの地点での調査が可能である．

以上のように，鱗翅目昆虫を用いて森林環境の評価を行う場合は，チョウ類とガ類がもつ生物指標としての特性や調査方法の長短を理解し，総合的に行うことが重要である．

引用文献

平嶋義宏，2000．ライトトラップ．新版 昆虫採集学．平嶋義宏・馬場金太郎（編）．pp390-396．九州大学出版会，福岡．

広渡俊哉，2007．鱗翅目昆虫を利用した森林環境の評価に関する研究．環動昆 18: 177-187.

Hirowatari, T., H. Makihara and Sugiarto, 2007. Effect of fires on butterfly assemblages in lowland diperocarp forest in East Kalimantan. *Entomol. Sci.* 10: 113-127.

広渡俊哉・高木真也・立岩邦敏・安能浩・李峰雨・山田量崇・水川瞳・上田達也，2007．異なる森林環境における小蛾類群集の多様性 1．小蛾類の環境指標性．環動昆 18: 23-37.

広渡俊哉・立岩邦敏・高木真也・安能浩・李　峰雨・水川　瞳・黄　国華・上田達也，2010．異なる森林環境における小蛾類群集の多様性 2．灯火法による小蛾類の群集調査の評価．環動昆 21: 37-52.

石井　実・山田　恵・広渡俊哉・保田淑郎，1991．大阪府内の都市公園におけるチョウ類群集の多様性．環動昆 4: 183-195.

Kitching, R. L., A. G. Orr, L. Thalib, H. Mitchell, N. S. Hopkins, and A. W. Graham, 2000. Moth assemblages as indicators of environmental quality in remnants of upland Australian rain forest. *J. Appl. Ecol.* 37: 284–297.
間野隆裕，2009．日本産ガ類レッドリスト選定に向けての一試行．間野隆裕・藤井恒（編），日本産チョウ類の衰亡と保護第 6 集．pp. 85–105．日本鱗翅学会．
宮田　彬，1983．蛾類生態便覧（下巻）．783pp．昭和堂印刷出版事業部，長崎．
中村寛志，1994．RI 指数による環境評価（1）RI 指数の性質と分布．瀬戸内短期大学紀要 24: 37–41．
中村寛志，2011．チョウ類群集による環境評価．蝶からのメッセージ．中村寛志・江田慧子（編）．pp. 52–62．
西中康明，2015．昆虫類を指標とした里山の生物多様性の保全に関する研究．環動昆 26: 63–68．
田中　蕃，1988．蝶による環境評価の一方法．蝶類学の最近の進歩，pp. 191–210，日本鱗翅学会，大阪．
田下昌志・市村敏文，1997．標高の変化とチョウ群集による環境評価．環動昆 8: 73–88．
立岩邦敏・広渡俊哉，2004．ガ類群集の多様性調査．昆虫と自然，39(14): 9–12．
立岩邦敏・広渡俊哉・池内　健・神保宇嗣・岸本年郎・石井　実，2012．大台ヶ原におけるガ類群集を利用した森林環境評価．環動昆 23: 55–74．

*　　　*　　　*

2. 報告書・論文の作成留意点

吉安　裕

鱗翅類について野外調査や実験を通じて，これまで知られていなかった新事実を見出したとき，その成果をどのような過程で，あるいはどのような形式と内容で公表するかを考慮することは，その成果を生かしていくうえで重要である．これらのいわゆる報告書や論文の形式と内容については，既にこれまで様々な刊行物で述べられているので，それらを参考にして原稿を作成すればよいが，ここではとくに注意すべき点について述べることにする．また，執筆の参考となる先行研究の文献調査の過程で，見出した知見が既知であることが判明することもあるが，追加の情報として，あるいは異なる論点を示すため公表することは有意義なことである．

ここでは主に分類，生物分布，生活史などに関連する報告書・論文についての作成上の留意点について述べる．ただし，分野に限らず共通する注意点として，供試した分類群の出自，産地，もし必要なら寄主などを明確にしたうえで，できればその材料の一部を証拠標本として，一般の研究者が見ることができる機関に残すことも考えておきたい．分類学では最たる証拠標本が「タイプ」として，通常博物館や大学などの研究機関に残されているが，生態や生理関連でもあとで分類学的処置が問題となったときに調べることができるようにしておくためである．そのための証拠標本の保管場所（できれば照合番号も）を文中，一般的には「材料と方法」の項目あるいはそれに該当する部分に明記すればよい．古い標本でも，今後分子解析に必要な DNA 抽出と解析に関わる技術が進展すれば再調査も可能となろう．

1）記載分類，分布資料としての報告書・論文の作成

未記載や日本未記録の種を記載，記録する場合，対象となる分類群の扱いの変遷や分布資料を調べ，記述・記載する必要がある．こうした分類的処理を扱ううえでもっとも重要な依拠すべき雑誌として，1864 年から発行されている『Zoological Record』がある．鱗翅目 Lepidoptera，半翅目 Hemiptera，甲虫目 Coleoptera，膜翅目 Hymenopera，双翅目 Diptera，その他の目 Other orders の 6 分冊からなる．この雑誌は基本的に年 1 回発行で，世界でその年に公表されたこれらの分類群に関する様々な分野の情報が盛り込まれている（図 5.4）．日本で発行されている日本昆虫学会誌や日本応用動物昆虫学会誌などの昆虫関連の雑誌，鱗翅類関連の学会誌や同好会誌である日本鱗翅学会の『蝶と蛾』と『やどりが』，日本蛾類学会の『蛾類通信』と『TINEA』，誘蛾会の『誘蛾燈』などの記事のほか，『昆虫と自然』や『月刊むし』などの商用誌も収録され，その数は 5,000 誌以上とされている．ただし，日本の地方の昆虫同好会誌の多くはこれに引用されないことが多く，重要な知見を公表する場合は，できたら上記の雑誌や商用誌に公表することが望まれる．

Zoological Record には分類的処置のみでなく，対象群の分布や寄主の新知見，総説，生理，生態学的な研究も含まれている．ただし，この雑誌は高価なので，一部の大学や博物館などでしか購入していない．冊子体だけでなく近年は出版社のウェブサイトで検索可能となった（冊子とは別契約）が，いずれにしても購入機関でしか利用できないので，その機関に依頼して利用するか，個人で「鱗翅目」の冊子のみを購入するしかない．

『Zoological Record』の利用の仕方について，大枠を説明する．雑誌の最初に文献内容の項目索引があり，「著者 Author」，「事項 Subject」，「地理分布 Geographical」，「古生物 Palaeontological」と「分類群 Systematic」索引の 5 項目がある．「著者」のところに，実際の文献の表題，掲載雑誌名，発行年月，

発行所が収録され，そのあとに文献番号が付されている．この文献番号は，「分類群」の項目にも付されている．該当の分類群の文献情報を得るには，まず，当該年の雑誌で分類群名（上科，科，属，種でもよいが一般には科名を参照）を「分類群」索引で検索し，掲載頁を見る．その頁の当該の科にはその科に関する一般的情報が載せられ，そのあとに属，種，亜種名が ABC 順に掲載されている（最近の号では検索表以外の事項がすべて ABC 順）．学名の新属には，「Gen nov」，新種（新亜種）には「Sp nov（Ssp nov）」，新しいシノニム提議には「Syn nov」が太字で付されており，一目でわかるようになっている．この項目には属・種名とその分類的位置しか掲載されていないので，次に，その項目の末尾に文献番号を参考にして，「著者」索引に戻り，同じ番号のところに掲載されている論文表題，掲載雑誌名などを検索することになる．このようにして，ある特定の年に記載された分類群を調査し，その掲載論文を入手することになる．前述のように，「事項」索引（たとえば，寄主植物や生理，生態的な項目）もあるので，同じような手順で文献を探すことができる．

上記のように『Zoological Record』の最新巻から 1864 年までさかのぼって，対象となる属や種を調査すれば，その分類学的処理の変遷と分布を押えることができる．当然，属名の変更などを含む変遷があるので，一般に分類に関わる研究者は，種の目録として，その種の記載年，掲載雑誌の巻号頁，分布などの情報を控え，それぞれの種ごとに作成している．これで，当該種のシノニムリストがつくられる．種より上位の分類群でも同様の措置が行われる．

分類学的処置については，歴史的変遷を記載年までさかのぼって調べることが必要であるが，必ずしも最初まで遡及する必要はない．これまでに当該分類群の再検討の論文やモノグラフがあるのなら，その後の変遷を調べればよい．たとえば，筆者が多少関わっているマドガ科では，1976 年に出版された Whalley による世界の Striglininae アカジママドガ亜科に関するモノグラフがあり，この時点までに記載されたほぼすべてのタイプの記載，写真，形態などの詳細な記述があるため，我々はこれを参照して，その後の記載種や分類的処置の経緯を調べればよいことになる．もっとも，記載を行うのであれば，原記載の論文は別に入手し，また分類学的処置についてはその後の知見を含めて検討する必要がある．

現在，日本昆虫学会では，「日本昆虫目録」を継続発刊している．日本産昆虫類のシノニムを含むカタログであり，すでにチョウと双翅目は公表されてい

FAMILY PLUTELLIDAE

Key to genera
Israel, p. 55 — GERSHENSON (949)
Key to subfamilies
Israel, p. 28 — GERSHENSON (949)
Digitivalva (Inuliphila) pulicariae
Cyprus
New record — GAEDIKE (918)
Digitivalva granitella
Slovakia
Vihorlat Mountains, Podstavka
New record — PANIGAJ (2349)
Digitivalva pulicariae
Slovakia
Records — PANIGAJ (2349)
Digitivalva reticulella
Slovakia
Records — PANIGAJ (2349)
Eidophasia messingiella Fischer von Roeslerstamm 1840
Redescription
Final instar larva, p. 24, pupa, p. 25 — HECKFORD (1158)
Galactica walsinghami Caradja 1920
Syn nov
Zarcinia melanocestas Meyrick 1935, p. 466 — ANIKIN (63)
Galacticidae
Checklists
Volga-Ural region
Additions & corrections, Eurasia — ANIKIN (63)
Paraxenistis africana
Sp nov
Kenya, p. 18 — MEY (2028)
Paraxenistis serrata

図 5.4 『Zoological Record』(2007 年版) の鱗翅目の表紙 (左) とコナガ科の項の一部 (右)

るが，ガについては進行中であり，近い将来これまで記載・記録されてきた全種の情報を得ることができるようになる．この目録が完成するまでは，1982 年に発刊された『日本産蛾類大図鑑 2』(講談社) のシノニミックカタログも参考になる．このカタログ以降の日本産蛾類の追加と分類的変遷は神保宇嗣氏による「List-MJ 日本産蛾類総目録」がインターネットで参照でき，参考となる．

2) 記載などを含む記述のための文献調査

上記のような文献調査により，ある属やそれに近縁の属の全種の原記載を参考にして比較検討したうえで，これまで該当する種がいない，あるいは日本での記録がないと判明したとき，新種として，あるいは日本で最初の記録となることを公表するための，次の段階の文献の調査をする．新種の判断と同じように，初記録となる場合でも，周辺の地域だけでなく，世界における記録を丹念に文献調査しなければならないが，とくに日本における記録を調べる場合，『Zoological Record』では取り上げられない日本国内での地方同好会誌や商用誌など (図鑑類を含む) の文献探索の必要がある．これらの文献探索については，本書の第 5 章 3 に示された様々な手段を駆使すればよい．そのうち，「Biodiversity Heritage Library」は，とくに入手が難しい 18 世紀や 19 世紀の古い雑誌や図鑑などが参照でき，筆者もよく利用している．

3）報告書・論文の形式と内容

科学論文では記述について一応の形式がある．最初から，1.「タイトル」，2.「著者とその住所」，3.「摘要」，4.「キーワード」，5.「序（序論）」，6.「材料と方法」，7.「結果」，8.「考察」，9.「謝辞」，10.「引用文献」の順序で記述されている（7. 結果と 8. 考察はまとめて「結果と考察」となる場合もある）．

オリジナリティーが比較的低い報告類では，「キーワード」や「摘要」（「抄録」）は省かれる場合も多く，また「材料と方法」から「考察」まではまとめて記述されるほか，「謝辞」も「序」の後ろに付されることが多い．また，記載論文では必ずしもこの形式がとられていない場合もある．いずれの場合も，項目立ては厳密にする必要はないが，「材料と方法」の部分は，報告書・論文の内容（結果）の精度を見る部分であり，できるだけ正確にわかりやすく記述することを心がけたい．とくに実験や調査に関わる部分は再現が可能なように詳述する．次に，「結果と考察」については，いずれの国の研究者，同好者の参考になることを考えて，最低限の情報や新知見の意義を入れておいたほうがよい．そのために，「序」の部分では，その種に関するこれまでの経緯とともに論文・報告の目的を，「考察」では，他の文献における記述内容に対する意見や新知見の意義を簡潔に記述する．そのため「序」は，論文や報告文での掲載順は最初であるが，「考察」に応じた内容となるため，執筆の最後に完成させることになる．

論文や報告書では，程度の差はあれ少なくともオリジナリティーが求められる．得られた知見のどの点が初めてなのかを明示し，議論することが重要となる．分布上の新記録や新寄主の報告であっても，どのような点で注目されるかを示すことによって次の研究の方向性を示唆することができる．

また，生物は，特定の固有種以外は国を越えて分布しており，そのために，分類や分布の知見を報告するためには，近隣諸国の情報も参考にすることは従来から一般的であったし，近縁種との関係では世界的なレベルで論じられてきた．さらに近年，国際的な流通が頻繁となり，様々な経路で外国の植物や物品がもたらされており，外国産の生物，いわゆる外来種が増え続けている．こうした状況下で，分類や分布に関係する報告書でも，国外における研究者・同好者にも参考となるように，言語だけでなく，内容についても考慮し記述したほうが役立つことと思われる．また，文章だけでなく，使用する図や表なども他の分野の研究者にもわかりやすくする工夫もしたほうがよいと筆者は考えている．とくに形態については，同じ鱗翅類でもそれぞれの分類群で特殊な用語が使用されることがあり，使用した用語がどの部分を指すかを示すことで，他の分野の読者が参考するうえでのストレスを少なくでき，理解を早められ，誤解をなくし，ひいては著者の利益にもかなうと思われる．

近年，近縁群を扱った分類・系統学的研究において形態だけでなく，いわゆるDNAバーコードをはじめとしたミトコンドリアDNA（*mt*DNA）の塩基配列が一般的に利用され，隠蔽種の発見も含めて，議論・報告されるようになった．これに加え，核DNAの塩基配列も系統考察の手法として用いられている．また，最近ではある場所の生態系構造の解明に環境DNAが利用されるようになった．これらの情報や技術については，利用標本の保存方法を含めて本書の第4章に詳述されているので参照されたい．これに関する研究では，設備や器具類，試薬などが必要になり，個人ではこの遺伝子情報を得ることは難しいが，多くの大学や研究施設ではDNA解析設備は一般的になっているので，共同で研究することにより，論文・報告書に上記の解析結果を利用した内容を盛り込むことも可能になった．生物の歴史を推定する重要な手法の一つであるので，これらを用いた論文を参照するとともに，積極的に利用するようにしたい．

4）報告書・論文の雑誌などへの投稿

学会誌や同好会誌に投稿する場合はそれらの会員になって報告書・論文を投稿することになる．それぞれの年会費は1,000円から12,000円くらいまで幅がある．投稿したあとは，多くの学会誌では査読（レフェリー）制度があり，通常2～3週間の期日をもうけて2名の査読者が論文の妥当性を判断することになり，そのための時間がかかる．さらに修正論文の作成を要することになる．最近の電子ジャーナルでは，会員登録もなく（投稿料がかかる場合もある），また投稿から掲載までの時間が短縮される傾向もある．さらに「材料と方法」が適正に記載されていると認められれば，編集者判断でレフェリー制のない雑誌もある．これらの雑誌の中には，一般にその雑誌の引用の多寡，すなわち雑誌の価値を表すインパクト・ファクターが非常に高いものもある．一方，商業誌では投稿に会費の必要はなく，特別の査読制度もない．ただし，編集者の裁量で統一や修正などは求められることはある．公表の場として選択幅が広くなっているので，記事の内容にあった対応をとりやすくなったともいえる．

これらの雑誌や同好会誌には，それぞれ独自の投稿規定がある．冊子体の雑誌では，表紙か裏表紙に投稿様式が示されていて，用いる言語，引用文献の挙げ方，投稿の方法など細かな注意点が記載されているので，それに沿って原稿を作成する必要がある．原稿一式は郵送あるいはパソコンから電子ファイル添付で送付するが，近年は事実上後者による投稿が主になっている．電子ファイルの作成には様々なソフトが使われるが，筆者の場合，文章はMicrosoftのWord，表は同社のExcelを用いている．線画はスキャナーでとりこみ，写真とともに，同じくMicrosoftのPublisherかPower Pointを用い画面上に貼り付けるようにしている．しかし，線画はJPEGでなくTIFFファイルなどの無圧縮形式で，写真もそれぞれ別々のファイルとして（Power Pointに貼り付けるのではなく）送った方がいい場合もある．これらの投稿に関する詳しい方法は投稿規定に指示されているので注意してほしい．

最後に投稿にあたり，できれば原稿を多くの人に読んでもらうことは，文章表現や誤字・脱字のミスの発見になるだけでなく，意図した内容の理解に誤解を与えることがないかをチェックする意味でも重要である．英文の場合は，校閲をしてくれる会社があるので，有料となるが，校閲依頼をしたほうがよい．学会でその会社を推薦しているところもある．

3. 文献の探索と整理　神保宇嗣

研究を行う際には，書籍・学術雑誌など，様々な文献類を探索する必要がある．たとえば，研究計画を立てる際には，関連する既存の研究や記録を整理し，研究の位置づけを理解し，未知なこと，調べるべきことを明確にすることが必要である．結果を解釈し公表する際にも，関連研究を参照しつつ，得られた成果の意義を示さなければならない．

一口に文献といっても，必要なものは研究によって様々である．たとえば，分類学的研究では2, 3百年前の原記載文献を参照することがあるし，地域鱗翅類相の研究の際には，市区町村誌・地方同好会誌など，対象地域の情報を幅広く集める必要がある．ここでは，文献を探索し取得するための様々な方法と，注意すべき権利やライセンスの問題，および収集した文献の整理方法について解説する．

(1) 文献の探索

文献を探し出すには，そもそもどんな文献があるかを知る必要がある．そのため，興味のある分野の文献情報を調べ，必要な文献の著者・発行年・タイトルなどの情報（書誌情報）を得る．

1）出版物を利用した文献探索

① 総説や図鑑類など（図 5.5）：鱗翅類全般を扱った日本語の書籍としては『日本の鱗翅類』（駒井ら，2011），『日本産蝶類標準図鑑』（白水，2006），『日本産蛾類標準図鑑』（岸田，2011a, 2011b；広渡ら，2013；那須ら，2013）などが，海外の書籍では『The Handbook of Zoology』（Kristensen, 1999, 2003），『The Lepidoptera』（Scoble, 1992）などがある．興味を持つ事項を読んだ後，参考文献にあたると良い．

② 学術雑誌の解説記事：『Annual Review of Entomology』などの専門誌のほか，最近では学術雑誌にも定期的に解説記事が掲載されている．たとえば，日本昆虫学会の英文誌『Entomological Science』に毎号解説記事が掲載されており，ウェブサイトより自由に閲覧できる．こちらも興味を持つ事項の記事を読んだ後，参考文献にあたる．

③ 分野別の索引誌：『Zoological Record』は，全世界の昆虫学記事を著者別・分類群別・トピック別に整理した索引で，毎年発行されている．昆虫学の研究室がある機関の図書館などに置いてあることが多い．分類群名やトピック一覧を参考に文献を探す（詳しくは第 5 章 1.（2）を参照）．このほか，昆虫全般の研究のタイトルおよび抄録が見られる『Entomology Abstracts』も有用である．日本のガ類については，日本蛾類学会の『日本産蛾類大図鑑以後の追加種と学名の変更』（杉，2000；杉・神保，2004）で，1982 年の『日本産蛾類大図鑑』出版以降，2004 年までの分類学的研究を一覧できる．

④ チェックリスト：分類群名（シノニムなどを含む）とその原記載をまとめた目録．原記載を調べる際の足がかりとなる．鱗翅類全般を扱った日本語の書籍としては『日本昆虫目録』のチョウ類の巻（猪又ら，2013）や，『日本産蛾類大図鑑』（井上ら，1982）のシノニミックカタログなどがある．リストに雑誌名や書籍名と巻号しか掲載されていない場合，複写依頼（後述）する際には，別の方法で記事全体のページ番号を調べた方が良い場合

図5.5　主な総説類および図鑑類.（左上）『日本の鱗翅類』.（右上）『日本産蛾類標準図鑑』.（左下）『The Handbook of Zoology』.（右下）『The Lepidoptera』

もある.

⑤　都道府県の昆虫誌・目録：各都道府県，あるいは各地の昆虫同好会などによって，既知の文献記録をまとめあげた書籍が作られている．必要に応じてもとの文献を参照して確認する.

⑥　商業誌のレビュー記事：『月刊むし』の毎年5月号に掲載される前年の昆虫界のレビューや解説記事，『昆虫と自然』の様々な特集記事なども，様々な記事への足がかりとなる.

2）データベースを利用して文献を探索する

最近では，国内外で様々な文献データベースの整備が進み，その多くがインターネット経由で公開されている．目的に応じて使い分けることで，効率的に文献を探し出すことができ，場合によっては本文も入手できることもある．主なデータベースとその特徴を示す.

① Google Scholar（https://scholar.google.co.jp/）：グーグル社の提供する論文検索サービス．無料．国内外の学術誌を検索できるほか，Google アカウントがあれば，気になった論文情報をチェックして保存する「マイライブラリ」，指定したキーワードに関係する新着論文を通知する「アラート」などの機能も利用できる．

② CiNii（http://ci.nii.ac.jp/）：国立情報学研究所が提供する論文検索サービス．「サイニィ」と読む．日本国内で出版された学術誌を検索できる．無料．CiNii Articles と CiNii Books がある，CiNii Articles は記事自体の検索サービスで，著者・タイトルなどによる論文検索，著者とその人が書いた論文一覧を調べる著者検索，論文の本文をキーワードで検索する全文検索ができる．CiNii Books は図書館の蔵書検索サービスであり，「文献の取得」の項で触れる．

③ Web of Science（http://ip-science.thomsonreuters.jp/products/web-of-science-core-collection/）：トムソン・ロイター社が提供する書誌情報データベース．1900 年以降の 12,000 誌以上の学術雑誌などに掲載された書誌情報と，指定した文献や記事を引用した文献（被引用文献）の情報を検索できる．有料であり，基本的に契約した機関からのみ利用でき，上記ページの「製品ログイン」からデータベースに接続することができる．導入している機関は比較的多い．

④ Zoological Record（http://ip-science.thomsonreuters.jp/products/zr/）：冊子体以外に，上記 Web of Science の追加データベースとして提供されている．最近の昆虫に関する文献情報のデータベースとしては最も網羅的．有料．国内で契約している研究機関は少ない．

⑤ Biodiversity Heritage Library（http://www.biodiversitylibrary.org/）：生物多様性や博物学に関する，おもに著作権の切れた文献類をデジタル化（電子化）して公開しているデータベース．著者名，文献タイトル，分類群名などで検索できるほか，本文も閲覧・取得できる．欧米の古い記載論文を探す際に重要であるが，日本の古い雑誌や書籍が思いがけず見つかることもある．

⑥ 三橋ノート画像データベース（http://www.niaes.affrc.go.jp/inventory/insect/inssys/m_note01.html）：故三橋信治氏がノートにまとめあげた日本

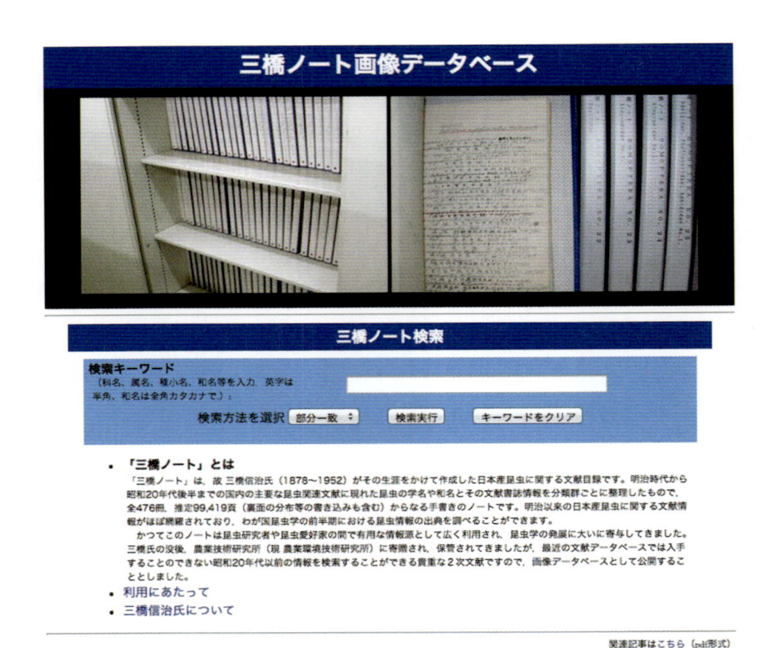

図 5.6　三橋ノート画像データベースのトップページ

産昆虫に関する文献目録をデジタル化したもので，農業環境技術研究所（現・農研機構農業環境変動研究センター）によって公開された（図 5.6）．ノート用紙に約 100,000 ページという膨大な情報量で，明治から昭和 20 年代半ばまでの主に日本産昆虫に関する文献検索に非常に有用である．

⑦　分類群名および原記載に関するデータベース：鱗翅類全般の属名「Butterflies and Moths of the World Generic Names and their Type-species」(http://www.nhm.ac.uk/research-curation/research/projects/butmoth/)，イギリス自然史博物館の種名カードをデジタル化した「The Global Lepidoptera Names Index (LepIndex)」(http://www.nhm.ac.uk/research-curation/research/projects/lepindex/)，生物全般の種名および文献情報を集めた「Index to Organism Names (ION)」(http://www.organismnames.com/) などの分類群全体をカバーしているデータベースのほか，科ごと・地域ごとに様々なデータベースが存在する．チェックリスト同様，雑誌名や書籍名と巻号しか掲載されていない場合も多い．

データベースを利用した文献探索は，利用するデータベースによって操作は異なる．一般的な利用方法を下記にまとめる．

① どのデータベースも，基本的には各ウェブサイトにアクセスし，提供されるフォームに検索用語を入力して検索ボタンをクリックすることで検索できる．多くの場合，項目がなく，1行のフォームだけがある検索が最初に提供される．ここに著者名，分類群名などのキーワードを入れて検索すれば良い．

② 単純に単語で検索する以外に，指定したすべてのキーワードを含む「AND検索」，指定したキーワードのどれかを含む「OR検索」，指定したキーワードを含まない「NOT検索」などが提供されることがある．Google Scholarでは，「Lepidoptera Hymenoptera」ならAND検索，キーワードを大文字のORでつなぎ「Lepidoptera OR Hymenoptera」ならOR検索，キーワードにマイナスをつけて「Lepidoptera -Hymenoptera」ならNOT（Lepidopteraを含みHymenopteraを含まない）となる（図5.7A〜C）．

③ 複数の単語をまとめフレーズをキーワードとして検索することも可能である．一般的に，二重引用符で囲うことで対応できる．Google Scholarでは，「swallowtail butterfly」で検索すると，swallowtailとbutterflyのAND検索，「“swallowtail butterfly”」では“swallowtail butterfly”という一続きのフレーズを検索することになる（図5.7D）．

④ Google Scholar，Web of Scienceなどでは，指定した文献や記事を引用した文献（被引用文献）も調べることができる．

⑤ 検索結果の書誌情報は，ウェブサイトで見られるほか，様々な文献管理ソフトやサービスで利用できるフォーマットでダウンロードできることが多い．

このほか，最新情報を取得できる様々なサービスがある．CiNii，Google Scholar，Web of Scienceなどでは，指定したキーワードに関係する新着論文の通知機能がある．メールによる通知のほか，ウェブサイトの新着更新情報の配信に用いられるRSSフィードでの発信が用いられている．出版社の各雑誌のウェブページでも，最新号の情報をRSSフィードで配信している．最近では，Twitterなどのソーシャル・ネットワーク・サービス（SNS）を利用して最新情報を公開している出版社も多い．

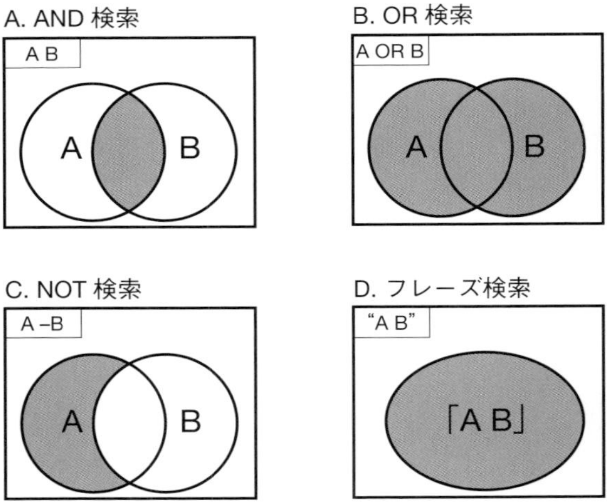

A. AND 検索
A B
A B

B. OR 検索
A OR B
A B

C. NOT 検索
A –B
A B

D. フレーズ検索
“A B”
「A B」

図 5.7　文献検索ウェブサイトで複数のキーワードで調べる際の検索オプション.（A）AND 検索.（B）OR 検索.（C）NOT 検索.（D）フレーズによる検索. それぞれ灰色に塗った範囲の書籍がヒットする

(2) 文献の取得

文献の詳細な書誌情報をもとに，実際に文献を取得する．文献を自分で購入するほか，図書館に購入依頼をする方法，著者にメールや手紙などで記事の抜き刷り（別刷）を依頼する方法，図書館を利用して複写依頼する方法，インターネット上を利用して取得する方法がある．ここでは，図書館およびインターネット上で取得する方法を解説する．

1）図書館を利用した文献取得

① ほしい文献がどこの図書館にあるのか調べる．機関の図書館や図書室で，それぞれの館の所蔵文献資料検索システム（Online Public Access Catalog（OPAC）という）を公開していることが多い．大学や研究所の図書館や図書室の所蔵文献情報は，国立情報学研究所の CiNii Books（http://ci.nii.ac.jp/books/）で検索できる（以前は，『学術雑誌総合目録』という冊子体で提供されていたが，2001 年発行の 2000 年度版で刊行が終了している）．このほか，国立国会図書館の統合検索「国立国会図書館サーチ」（http://iss.ndl.go.jp/），農林水産省関係の所蔵資料を提供する Agropedia の『図書資料総合目録』（http://www.agropedia.affrc.go.jp/opac），様々な公立図

書館の OPAC を横断検索できる「カーリル」（https://calil.jp/）などが利用できる．

② 図書館に複写を依頼する．各図書館のウェブサイトで，複写を自分でやるか依頼するか・開館時間・事前連絡が必要かどうか・開架か閉架かなど，外部利用に関する注意書を熟読すること．貴重図書など，閲覧や複写に制限があるものもある．自分でコピー可能な場合には，図書館へ実際に行ってコピー機で複写することもできる．それ以外の場合は，所属機関の図書館を通じ，所蔵先の図書館へ複写依頼を出す．紙媒体ではなく，マイクロフィルムなどの保存用写真フィルムで保存されている場合は，専用の映写機などを使って閲覧，複写を行う．

2）データベースなどを利用した文献取得

最近では，インターネットを利用して，記事を文書ファイル（PDF が多い）で取得することが主流になりつつある．様々な目的のデータベースが多く存在するので，必要に応じて使い分けることが必要である．

① 各学会のウェブサイト：学会によって，会員向けのウェブサイトから論文をダウンロードできる．ユーザー名やパスワードが必要なことが多い．論文誌の冊子は郵送されず，ダウンロードでしか論文を取得できない学会もある．

② 出版社のウェブサイト：様々な雑誌の出版社ウェブサイトから記事を検索・ダウンロードできる．個人で所属している学会の場合は，前述のようにユーザー名やパスワードを入力することで，所属研究機関が該当雑誌の電子体を購読している場合は，機関内からアクセスすることで，それぞれダウンロードできる．非会員かつ所属機関が購読していない場合，一般的には有料で一論文ごとに購入できるが高価なことが多い．一部の出版社は，バックナンバーの一部ないしすべてを無償で公開している．このように，論文などが誰でもダウンロードが可能になっている状態をオープンアクセス（open access）という．

③ J-STAGE（https://www.jstage.jst.go.jp/browse/-char/ja）：科学技術振興機構（JST）が提供する電子ジャーナル公開ウェブサイト．日本国内の様々な分野の雑誌を検索・取得できる．日本応用動物昆虫学会の学会誌な

どが見られる．基本的にオープンアクセスだが，最新号から1年あるいは数年分まで非公開あるいは有料のことも多い．

④ CiNii（http://ci.nii.ac.jp/）：CiNii 自体は論文検索サービスだが，その検索結果から論文を取得できることがある．とくに，情報学研究所が実施してきた電子図書館事業によってデジタル化された雑誌記事が重要である．初期のものは，冊子を白黒スキャンしており，解像度もよくないものが多く，写真や線画がつぶれているなどの難点がある．情報学研究所の電子図書館事業は2016年3月で終了し，新しい記事の公開を前述のJ-STAGEに移行中のものも多いが，検索サービスとしてのCiNiiは継続する．CiNiiはJ-STAGEのシステムより使い勝手がよく，またJ-STAGEや機関リポジトリの記事もまとめて検索できるので便利だろう．

⑤ 機関リポジトリ：各研究機関に所属する研究者の著作（論文・教材・知財など）を集約し公開しているウェブサイト（リポジトリ repository は「貯蔵庫」のこと）．各研究機関で発行している紀要記事のほか，学術雑誌から公表された論文もダウンロードできることが多い．ただし，機関リポジトリへの収録は，学協会や出版社のポリシーに従う必要があるため，印刷発行された記事ではなく，その前の最終原稿しか公開できない場合，そもそも原稿を含め公開が許可されない場合もある．

⑥ Google Scholar（https://scholar.google.co.jp/）：このサービス自体は本文を提供しないが，検索結果の該当論文が電子体で入手できる場合，本文へのリンクが表示される．研究機関によっては，研究機関が購読している雑誌記事へのリンクも表示されるので便利である．また，同社の書籍の本文を検索できるサービス Google Books（https://books.google.co.jp/）においても，著作権が消滅した印刷物を公表している．

⑦ Biodiversity Heritage Library（http://www.biodiversitylibrary.org/）：前述の通り，生物多様性や博物学に関する膨大な文献を自由にダウンロードし利用できる．公開タイトル数は約95,000件，ページ数は4億ページを超えている（2015年5月現在）．タイトルから巻号を選択すると，1ページずつスキャン画像で見られ，文字認識（OCR）の結果テキストも参照できるほか，一括ダウンロードもできる．文献全体をスキャンしたファイルは容量が非常に大きいので注意すること．

このほか，明治以降に出版された書籍をデジタル化した国会図書館の「近代デジタルライブラリー」（http://kindai.ndl.go.jp/，2016年5月に国立国会図書館デジタルコレクション http://dl.ndl.go.jp/ に統合），農林水産省系の研究報告などを閲覧できる農林水産研究情報総合センターの「農林水産研究成果ライブラリ AGROLib」（http://www.agropedia.affrc.go.jp/agriknowledge/agrolib），ヨーロッパの古い文献を中心に動物の原記載をデジタル化した「AnimalBase」（http://www.animalbase.org/），研究者の SNS で論文共有も行っている Research Gate（http://www.researchgate.net/）なども有用である．

なお，ネット上でダウンロードできる資料であっても，著作権・ライセンス・利用規約などによって使用は制限されていることに注意が必要である．その具体的な内容については次項で示す．

(3) 著作権とライセンス

印刷物あるいは電子媒体で公表されている資料には基本的に著作権があり，著作権法により保護されている．そのため，著作権法で決められた範囲で複写および利用をすることが求められる．商用利用など，個人的利用の範囲を超えて利用する場合には，学術誌の場合には出版社・学会事務局・著作権協会など，冊子に明記されている連絡先と調整を行う．データベースの場合には，ホームページ上に「利用規約」が明記されていることも多いので熟読すること．

オープンアクセス，すなわち無料で入手可能なものでも，利用条件に注意が必要である．多くの学術雑誌は，オープンアクセスとして公開されていても，著作権は出版社あるいは学会が保有している．そのため，利用に関しては，有料の資料と同様に，著作権法で決められた範囲での利用になる．

著作権をはじめとする知的財産権は，その権利が消滅することがある．たとえば，現在，日本では著作者の死後50年，アメリカでは70年で保護期間が終了し権利が消滅する．権利が消滅した著作物はパブリックドメイン（public domain）と呼ばれる．

著作権よりも緩い利用条件の下で公開している場合がある．一般的に広く使われている利用条件として，いくつかの条件下で著作物の自由な利用を許可するクリエイティブ・コモンズ（Creative Commons）（CC）ライセンスがある．CC では，条件は，著作権者の明記（表示 =BY），非商用に限定（NC）などの組み合わせで表現される．たとえば，ZooKeys 誌は「クリエイティブ・コモ

ンズ 表示（CC BY）」ライセンスで公開されているので，著作権者を明記することさえ守れば，商用も含めてすべてのコンテンツを許諾なしに自由に利用できる（投稿者もその点を理解しておく必要がある）．関連して，CC0 ライセンスは，パブリックドメインのように著作権による利益をすべて放棄する意思を示す．CC ライセンスについては「クリエイティブ・コモンズ・ジャパン」のウェブサイト（http://creativecommons.jp/）を，コンテンツの自由な利用の推進を目的としたオープンデータの動向については大澤ら（2014）なども参照されたい．

(4) 文献の整理

文献，とくに別刷や複写で取得した論文・PDF などの電子ファイルはすぐにいっぱいになってしまうため，整理しておかないと，いざというときに参照できない．

別刷や複写で取得した論文については，筆頭著者ごとにクリアホルダーや封筒などを用意して整理し（図 5.8 左），ABC 順あるいはアイウエオ順に並べて整理するのが効率的である．テーマごとなどに分けると，あとからわからなくなることがある．専用の引き出し型書類キャビネット（図 5.8 中）もあるが，紙製のボックスファイルに並べて本棚に立てておくのも安価で良い．スペースが少ないときは，ドキュメントスキャナを利用してデジタル化し，PDF ファイルとして保存しておくのも手である．雑誌についても，ボックスファイルに並べておくと，あとでレイアウトし直す際に楽である（図 5.8 右）．

PDF ファイルの場合は，ディスク内で行方不明にならないように，「papers」といった名前のフォルダをつくり，そこにすべて保存しておくのが良い．必要に応じて，フォルダの中にさらにフォルダを作って整理する．

必要な PDF ファイルを見つけるには，ファイル中の単語を検索できる「全文検索機能」を使うのが良い．Windows の場合，標準では PDF は全文検索の対象とならないので，専用のソフトウェア（たとえば Adobe PDF iFilter）をインストールし，PDF も検索対象とするよう設定する必要がある．Macintosh の場合は，とくに設定をしなくても標準の全文検索機能である Spotlight が利用できる．ドキュメントスキャナでデジタル化した PDF ファイルは文字情報がないため全文検索を利用できないが，文字認識（OCR）ソフトウェアを使って文字を読み込み，透明テキストとして PDF に保存することで，検索でき

図 5.8　文献の整理方法．（左）クリアホルダー・封筒などでの整理．（中）引き出し型書類キャビネット．（右）ボックスファイルへの収納（雑誌・別刷）

図 5.9　Mendeley（Macintosh 版）のメイン画面

るようになる．また，ファイル名を著者や年号が入るように変更するとわかりやすいが，全文検索で十分なことも多い．もしファイル名を変更したい場合，手作業では時間がかかるので，後述の論文情報管理ソフトウェアの自動ファイル名変換を使うのが効率的である．

論文情報管理には，専用のソフトウェアを利用するのが効率的である．代表的なものとして，有料の EndNote や Papers，無料で利用できる Mendeley や Zotero などがあり，Windows および Macintosh などのパソコン版のほか，スマートフォン・タブレットなどのモバイル端末版もある（図 5.9）．これらのソフトウェアは，PDF の管理にとどまらず，文献データベースを利用した書誌情報（著者・発行年・雑誌名・タイトル・アブストラクトなど）の自動取得，ファイル名の一括変更，文献の閲覧やファイル上へのメモ，投稿先の雑誌のスタイルに合致した参考文献リストの作成など，論文ファイル情報を包括的に管理できる．さらに，クラウドを利用したファイル共有，SNSを利用した論文情報の共有など，高度な機能を有するものもある．詳しくは堀（2012）などの入門書，各ソフトウェアの専門書やインターネット上の記事などを参照されたい．

引用文献

広渡俊哉・那須義次・坂巻祥孝・岸田泰則（編），2013．日本産蛾類標準図鑑，3．359 pp．学研教育出版．東京．

堀　正岳，2012．理系のためのクラウド知的生産術．ブルーバックス B1753．198 pp．講談社，東京．

猪又敏男・植村好延・矢後勝也・神保宇嗣・上田恭一郎，2013．鱗翅目（セセリチョウ上科—アゲハチョウ上科）．日本昆虫学会編，日本昆虫目録，7 (1)．119 pp．櫂歌書房，福岡．

井上 寛ほか．1982．日本産蛾類大図鑑．1: 968 pp．2: 556 pp., 392 pls．講談社，東京．

岸田泰則（編）．2011a．日本産蛾類標準図鑑，1．352 pp．学研教育出版，東京．

岸田泰則（編）．2011b．日本産蛾類標準図鑑，2．416 pp．学研教育出版，東京．

駒井古実・吉安　裕・那須義次・斉藤寿久（編），日本の鱗翅類．1305 pp．東海大学出版会，神奈川．

Kristensen, N.P. (ed.), 1999. Lepidoptera, Moths and Butterflies, Volume 1, Evolution, Systematics, and Biogeography. The Handbook of Zoology, 35. 491 pp. de Gruyter, Berlin/New York.

Kristensen, N.P. (ed.), 2003. Lepidoptera, Moths and Butterflies, Volume 2, Morphology, Physiology, and Development. The Handbook of Zoology, 36. 564 pp. de Gruyter, Berlin/New York.

那須義次・広渡俊哉・岸田泰則（編），2013．日本産蛾類標準図鑑，4．552 pp．学研教育出版，東京．

大澤剛士・神保宇嗣・岩崎亘典，2014．「オープンデータ」という考え方と，生物多様性分野への適用に向けた課題．日本生態学会誌，64: 153–162．

Scoble, M.J., 1992. The Lepidoptera, Form, Function and Diversity. 404 pp. Oxford University Press, New York.

白水　隆，2006．日本産蝶類標準図鑑．336 pp．学習研究社，東京．

杉　繁郎編，2000．日本産蛾類大図鑑以後の追加種と学名の変更 第2版．171 pp．日本蛾類学会，東京．

杉　繁郎・神保宇嗣編，2004．日本産蛾類大図鑑以後の追加種と学名の変更 第2版 追録1，60 pp．日本蛾類学会，東京．

第6章　標本の保存と利用

1. パソコンによる標本データ管理

神保宇嗣

特定の標本やそのデータをコレクションの中から探し出す際には，分類群別に整理された標本箱を順番に見ていくことになる．しかし，ある研究で使われた特定の標本や，ある場所で採集された様々な分類群の標本などを探し出すのは難しい．パソコンによる情報処理を導入することで，このような大量の標本情報を効率よく管理できる．具体的には，標本1個体ごとに番号を振って区別可能にした上で，各標本の情報をどの標本かわかるような形でパソコンに入力し整理する．一度入力をすれば，標本棚にあたる前にある標本の有無を検索することや，標本を再確認せずに条件に合う標本の個体数を集計することが可能になる．

標本がもつ情報は，分類学・生態学・保全活動など，様々な生物多様性を扱う分野に不可欠な情報である．最近では，分布情報を用いたデータ解析技法も発展している．このような解析には，解析に使えるようにデジタル化した情報が蓄積されていることが必要である．標本情報の整理はこのような今後の研究にもつながる．

そこで，標本データをパソコンで入力し管理するためのノウハウを，とくに表計算ソフトであるMicrosoft Excel（以下Excel）を利用する方法を中心に紹介する．さらに，その活用例や国内外のプロジェクトについても紹介する．

(1) 標本データのデジタル化

標本データをデジタル化し管理する作業の具体的なステップを下記に示す．

① 各標本に通し番号をつけ，それを記したラベルを各標本につける．
② 使用するソフトウェアを決める．
③ パソコンで入力する項目を決める．
④ 各標本のデータを，通し番号とともにパソコンで入力する．

⑤　入力されたデータをチェックし，入力ミスや入力形式の誤りを訂正する．

1）準備：各標本を区別する整理法

パソコンで標本データを管理する前提として，それぞれの標本が区別できるようになっている必要がある．具体的には，各標本に通し番号をつけ，その番号を記したラベルを各標本につける．

個人で標本データをデジタル化して管理する際には，標本につける通し番号はどのような形でもかまわない．たとえば著者の私（Utsugi Jinbo）がハマキガ科（Tortricidae）の標本に番号をつけるときを考えてみる．単純な番号（例：123）をつける方法のほか，自分のイニシャル（UJ）と番号の組み合わせ（例：UJ-123），採集年ごとに通し番号をつける（例：UJ-2015-123），科ごとに分ける（例：UJ-Tort-123，Tort は Tortricidae の略）などの方法が考えられる．

所属機関のコレクションに通し番号をつける場合には，いくつか配慮が必要である．まず，自機関だけでなく世界のあらゆるコレクションの中で重複しない番号を作ることが望ましい．最近では，様々な機関が標本コレクション情報を公開しており，それらをまとめて利用することが一般的になっているので，別々の機関に同じ番号の標本があると混乱が生じるからである．また，各機関の中に様々な標本がある場合は，分類群別や寄贈者別など，標本のまとまった単位ごとに分類して番号を振ると管理を効率化できる．そこで，現在通し番号のつけかたとして一般的に用いられているのが，「機関略称」「コレクション略称」「標本番号」を組み合わせる方法である．種名が「属名」「種小名」「亜種小名」から構成されているのに似た構造である．たとえば，国立科学博物館の鱗翅類コレクションの通し番号は，「NSMT-I-L-123」となっている．これは，機関略称 NSMT（以前の英語名称 National Science Museum, Tokyo の頭文字），コレクション略称 I-L（Insect-Lepidoptera の略），標本番号 123 を並べてハイフンでつないだものである（図 6.1 左）．ただし，これだと機関略称とコレクション略称の境界がわかりづらいことにも注意が必要である．

このようにして通し番号を作成したら，その番号を記したラベルを作製し，採集ラベルや同定ラベルなどとともに，各標本につけておく（図 6.1 右）．

Lepidoptera Collection
NSMT-I-L-30001
National Museum of
Nature and Science, Tokyo

図 6.1　標本につけるコレクションラベル．（左）通し番号の構造．（右）コレクションラベルの例

2）使用するソフトウェアの決定

標本データをパソコンで入力する際には，ワープロ（ワードプロセッサー），表計算，データベースなどのソフトウェアが用いられる．利用のしやすさや，可能なことはソフトウェアによって異なる．

① ワープロソフト：Microsoft Word のような文章を入力・レイアウトするソフトウェアである．標本情報を文章と同じように入力する方法で，生物相調査報告書の標本目録の作成で用いられることが多い．

② 表計算ソフト：Microsoft Excel のように，縦横のマス目に区切った中にデータを入力するソフトウェアである．基本的には，様々な数値計算で用いられるが，検索機能をはじめ，数値以外のデータを扱う機能も充実している．

③ データベースソフト：データを保存・活用することに特化したソフトウェアであり，Microsoft Access（Windows）や FileMaker Pro（Windows, Macintosh）などがよく使われる．

利用するソフトウェアの種類には一長一短がある．ワープロソフトは，生物相目録の作成などに広く使われているが，基本は文章のようにデータがつながっており，項目ごとの細かな検索ができないので，標本情報管理には不適である．データベースソフトは，まさに大量のデータの保存と検索に特化している点では理想的だが，情報技術の知識を必要とするため，他のソフトウェアと比較して利用のハードルが高い．表計算ソフトは，データベースソフトと比較して利用のハードルが低く使い勝手も良いため，日常的な標本データの管理には十分だが，数万件以上の大量のデータを扱うと動作が重くなり実用は難しくなる．本項では，個人的な標本管理に主眼を置くことにし，広く使われている表計算ソフト Excel を利用した管理方法を紹介する．

3）入力するデータ項目の決定

標本データをデジタル化する際には，標本の持つ様々な情報を項目に分けて入力する．これによって，たとえば特定の場所や日付の標本を検索したり，その個体数を数えたりするなど，検索や加工が簡単になる．

標本に含まれる情報でもっとも基本となるのは，「いつ，どこで採集された何という種の標本なのか」，すなわち，採集した日付・地点・種名の情報である．これに付随する情報としては，「誰が同定したのか」を示す同定者の情報，「どのように採集したのか」など調査に関する情報などがある．さらに，調査地点番号，標本の入っている標本箱やキャビネット（標本棚）の番号など，各調査や各機関に固有の情報も考えられる．

項目を決める際には，自分で一から決めるのではなく，既存の標本データベースで使われている項目を参考にしながら決定するのが効率的である．設計の手間が省けるだけでなく，将来，他のデータベースと連携する際にも，同じ項目を使って同じように入力しておけば，まとめて利用する際に変換などの手間を省けるからである．標本データの項目については，国際的な標準規格としてダーウィン・コア（Darwin Core）が定められている．設計をする際には，できるだけダーウィン・コアで定義された項目に従うのが望ましい．詳しくは，地球規模生物多様性情報機構日本ノードの解説ページ http://www.gbif.jp/gbif_search/darwincore.html などを参照されたい．

項目決定における注意点

やや細かい話になるが，標本データの項目を決定する際に注意しておくべき点を以下に示す．

① 日本語と英語の情報：国内外両方に発信したい場合には，「科名（学名）」「科名（和名）」などとして，各分類群に学名だけでなく和名の項目も追加する．また，地名や採集者なども日本語と英語（ローマ字表記）の両方の項目があるのが望ましい．1つの項目に，日本語と英語表記が混じるのは好ましくないので，「国名（英語）」「国名（日本語）」など別々の項目にす

る．ラベルに日本語と英語のうち片方の表記しかない場合は，もう片方は空白にしておくか，あるいは入力して補完する．

② オリジナル表記の情報：標本データの中には，時が経つと変化するものがある．たとえば，学名は分類学的な変更があれば変わるし，地名も自治体の併合や地名自体の変更などで変わっていく．また，地名の場合は，ラベルには最低限の情報しか明記されておらず，所属する都道府県や市区町村などの情報を補完して入力する場合がある．一般的に，最初の入力時の情報，すなわちオリジナルの種名や地名，および最新の種名や地名のどちらでも検索したいニーズがある．そのため，可能であれば，入力時あるいは同定時の学名や和名，ラベルの地名などをそのまま，オリジナル表記の学名あるいは地名といった別項目として残しておくと便利である．

③ 緯度経度の扱い：緯度経度の表記法には，123 度 45 分 6 秒あるいは 123° 45'6" といった度分秒表記と，123.7517 といった小数点表記がある．この 2 つを比較すると，度分秒表記はあとの機械的処理が難しいため，解析での利用を考えると小数点表記にするのが良い．度分秒表記を小数点表記する際には，度＋分 ÷60 ＋秒 ÷3600 で計算できる．度分秒表記しかない場合は，度分秒を別々のカラムに入力し，上記の式で小数点表記を計算するのが良い．もう一つ重要なのは北緯と南緯，東経と西経の表記である．これも，「北緯」あるいは「N」などと文字で書くと機械的処理が難しいため，小数点表記では，北緯と東経はプラスの数値，南緯と西経はマイナスの数値で表現する．たとえば西経 123 度 45 分 6 秒の小数点表記は -123.7517 になる．

④ 緯度経度の精度：精度は，解析に用いる際に必須の情報なので，その精度がどれくらいかの情報（GPS で取った場合はピンポイント，メッシュであればその半径など）をつけておくことが強く望まれる．レッドリスト掲載種や，乱獲の危険性がある種など，緯度経度情報をそのまま公開するとリスクがある場合には，緯度経度の精度を落とす（たとえば小数点第 2 位までにする），あるいは公開しない，といった選択肢がある．その場合も，精度を落としている旨をメモに残しておくのがいい．

以上を考慮したデータベース項目の一覧を表 6.1 にあげる．もちろん，これらすべてをカバーする必要はない．また，ほかにも，飼育に関する情報（羽化

表 6.1　おもなデータベース項目およびダーウィン・コアで定義されている項目との関係．右列に標本データ例を示した．左列の日本語の項目名は筆者が独自につけたもの

項目名	ダーウィン・コア項目名	例
機関略称	institutionCode	NSMT
コレクション略称	collectionCode	I-L
標本の通し番号	catalogNumber	1234567
学名	scientificName	Stauropus fagi persimilis Butler, 1879
界（学名）	kingdom	Animalia
界（和名）		動物界
門（学名）	phylum	Arthropoda
門（和名）		節足動物門
綱（学名）	class	Insecta
綱（和名）		昆虫綱
目（学名）	order	Lepidoptera
目（和名）		鱗翅目
科（学名）	family	Notodontidae
科（和名）		シャチホコガ科
亜科（学名）	未定義	Notodontinae
亜科（和名）		ウチキシャチホコ亜科
族（学名）	未定義	Stauropini
族（和名）		シャチホコガ族
属（学名）	genus	Stauropus
属（和名）		シャチホコガ属
種小名	specificEpithet	fagi
亜種小名	infraspecificEpithet	persimilis
分類群の著者と発表年	scientificNameAuthorship	Butler, 1879
和名	vernacularName	シャチホコガ
学名（オリジナル表記）	未定義	Stauropus fagi (Linnaeus)
和名（オリジナル表記）		シャチホコガ
同定者	identifiedBy	U. Jinbo
同定者（日本語）		神保宇嗣
同定日付	dateIdentified	2015
タイプ情報	typeStatus	
性別	sex	Male
生育ステージ	lifeStage	Adult
生育ステージ（日本語）		成虫
大陸（英語）	continent	
大陸（日本語）		
水域（英語）	waterBody	
水域（日本語）		

国（英語）	country	Japan
国（日本語）		日本
諸島（英語）	islandGroup	
諸島（日本語）		
島（英語）	island	
島（日本語）		
都道府県など（英語）	stateProvince	Ibaraki
都道府県など（日本語）		茨城県
市区町村など（英語）	county	Tsukuba
市区町村など（日本語）		つくば市
詳細地名（英語）	locality	Amakubo
詳細地名（日本語）		天久保
地名（オリジナル表記）	verbatimLocality	Amakubo, Tsukuba-shi / Ibaraki, JAPAN
最低標高 (m)	minimumElevationInMeters	100
最高標高 (m)	maximumElevationInMeters	100
緯度	decimalLatitude	36.101
経度	decimalLongitude	140.110
緯度経度（オリジナル表記）	verbatimCoordinates	36°6'3"N, 140°6'36"E
測地系	geodeticDatum	wgs84
緯度経度の精度 (m)	coordinateUncertaintyInMeters	100
採集日（はじめ）	eventDate, year, month, day	2015.6.4
採集日（おわり）		2015.6.6
採集日（オリジナル表記）	verbatimEventDate	4-6. VI. 2015
採集者（英語）	recordedBy	U. Jinbo
採集者（日本語）	recordedBy	神保宇嗣
サンプリング方法（英語）	samplingProtocol	light trap (screen)
サンプリング方法（日本語）		灯火（スクリーン法）
標本の保存方法（英語）	preparations	dried
標本の保存方法（日本語）		乾燥標本
羽化日（はじめ）	未定義	
羽化日（終わり）		
寄主植物の属名	未定義	
寄主植物の種形容語	未定義	
寄主植物の種内分類群ランク	未定義	
寄主植物の種内分類群形容語	未定義	

	A	B	C	D	E	F	G	H	I
1	標本番号	種名(和名)	属名(学名)	種小名(学名)	亜種以下のタ	命名者名	種記載発表年	目名(和名)*	目名(学名)*
2	43024	フタモンコハ	Neocalyptis	liratana		(Christoph)	1881	鱗翅目	Lepidoptera
3	43025	アカトビハマ	Pandemis	cinnamomeana		(Treitschke)	1830	鱗翅目	Lepidoptera
4	43026	トビハマキ	Pandemis	heparana		(Denis & Sch	1775	鱗翅目	Lepidoptera
5	43027	アミメキハマ	Ptycholoma	imitator		(Walsingham	1900	鱗翅目	Lepidoptera
6	43028	トウヒオオハ	Lozotaenia	coniferana		(Issiki)	1961	鱗翅目	Lepidoptera
7	43029	トウヒオオハ	Lozotaenia	coniferana		(Issiki)	1961	鱗翅目	Lepidoptera
8	43030	クロタテスジ	Archips	abiephaga		(Yasuda)	1975	鱗翅目	Lepidoptera
9	43031	ナガレボシハ	Archips	stellata		Jinbo	2006	鱗翅目	Lepidoptera
10	43032	マツアトキハ	Archips	oporana		(Linnaeus)	1758	鱗翅目	Lepidoptera
11	43033	ギンスジカバ	Acleris	askoldana		(Christoph)	1881	鱗翅目	Lepidoptera
12	43034	シロオビギン	Acleris	dealbata		(Yasuda)	1975	鱗翅目	Lepidoptera
13	43035	トウヒオオハ	Lozotaenia	coniferana		(Issiki)	1961	鱗翅目	Lepidoptera
14	43036	ナガレボシハ	Archips	stellata		Jinbo	2006	鱗翅目	Lepidoptera

図 6.2　Excel によるデータ入力画面の例

日，寄主植物など），DNA 情報（DDBJ ／ NCBI などのアクセッション番号など），文献情報，キャビネット番号のように，必要に応じて項目を追加する必要もある．ダーウィン・コアに含まれていない項目や，うまく入力できない項目は，名称も書き方も独自で決めてしまってかまわない．

4）データの入力

項目が決定したら，Excel を立ち上げ，新規ブックを作成して入力する．基本的には，最初の行に項目名を入れ，2 行目から標本データを入れていく（図 6.2）．

データ入力の際の注意点

データ入力の際には，文字化けや表記揺れなどのトラブルを避けるため，以下の点に気をつける．

① 日本語は全角，英数字や記号類（カンマなど）は半角を使い，半角カタカナや全角英数字は使わない．下記の文字コードの項目も参照．

② セル内での改行は，トラブルが生じることがあるので使わない方が良い．

③ 属名・種小名・文献タイトルなど，ふつうはイタリックで表記する項目を，イタリックにする必要はない．

④ データの入力形式を必ず揃える．たとえば，前述した各標本につける通し番号の付け方，日付の形式（例：2015/4/1 のようにスラッシュで区切る），緯度経度は小数点にする（123.7517）などである．数値の場合は，基本的に桁区切りのカンマを自分で入力しない．

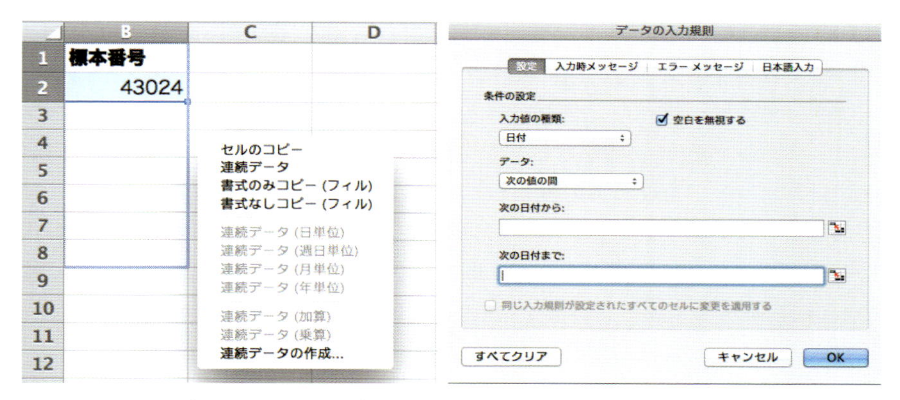

図 6.3　データ入力に有用な機能.（左）右ドラッグによるデータ補完.（右）入力規制機能のダイアログ

Excel のデータ入力支援機能

Excel は，様々な手作業での入力を効率化する機能を持っている．これらを活用し，入力の量や手間を減らすことで，入力ミスもあわせて減らすことができる．いくつかの例をあげる．

① 連続データ補完機能：Excel のセルの右下をドラッグすると，セルの内容をコピーしたり，1, 2, 3…… と連番を振ったりできる．マウスの右ボタンでドラッグするとコピーか連番かを選択できる（図 6.3 左）.

② データの入力規制機能：日本語変換オンオフの自動設定や，入力できるデータ範囲を指定して範囲を外れると警告を出す，といったことができる．英数字のセルの場合は日本語変換を自動でオフする，日付を限定する，などの入力支援ができる（図 6.3 右）.

③ 対訳表による補完：和名に対応する学名のように，機械的に入力できるデータは，一つ一つ手で入力しなくても，対訳表を使って後から自動的に補完できる．あわせて，対訳表で変換できないものから，入力ミスを見つけることもできる．この機能は次項で詳しく紹介する．

文字コード問題

もう一つ注意しておきたいのが文字コードである．文字コードとは，コンピューター内での文字情報の表現方法であり，日本語の文字コードとしてシフト

JIS や EUC がよく使われている．一方，これらの文字コードでは，日本語以外の様々な言語の文字を一緒に扱うことができず，場合によっては文字化けを起こす．そこで，様々な言語を文字化けせず一緒に扱える文字コードとしてユニコード（unicode）が提唱され，こちらも広く使われている．Excel は，内部的にはユニコードを使っているため，複数の言語の文字を扱っても文字化けなどは起こらない．ただし，Excel から別のシステムで使うためにテキスト形式に変換する，あるいは逆にテキスト形式のファイルを Excel で読み込む際には，Excel の制限（ユニコードの中で一般的に用いられている UTF-8 形式を直接読み書きできない）に注意が必要である．

5）データのクリーニング

手作業で入力したデータには，いくら注意をしても様々な誤記や表記の揺らぎなどが含まれる．そこで，ある程度の数を入力した後に，まとめてデータをチェックし修正するのがよい．また，機械的に入力できる項目については，チェックとあわせて補完し，誤りを直すことになる．このような，データのチェックや補完を行う過程は，データクリーニング（あるいはクレンジング）といわれる．データクリーニングには，Excel のほか，専用のソフトウェアである Open Refine などが使用できる．本書では，Excel を利用したクリーニング方法のノウハウを紹介する．

データの先頭や末尾に入ってしまった余計なスペースを削除する（図 6.4）

データチェックで見逃すことが多いのが，「Bombyx mori □」のように，データの末尾に空白（便宜上□で表す）が誤入力されたケースである．表示されないので見落としやすく，また空白を一括削除すると学名が「Bombyxmori」とくっついてしまうことになる．Excel には，データの先頭や末尾の空白（半角・全角両方）を除去する TRIM 関数があるので，この関数を使って削除したデータを上書きすれば良い．前後に空白がないデータの場合 TRIM 関数を使っても文字列は変わらないので，列全体を一度に変換・上書きすると効率的である．

① クリーニングしたい項目の列を選択してコピーし，新しいワークシート（別のファイルでも良い）の最初の列（A 列）に貼り付ける．

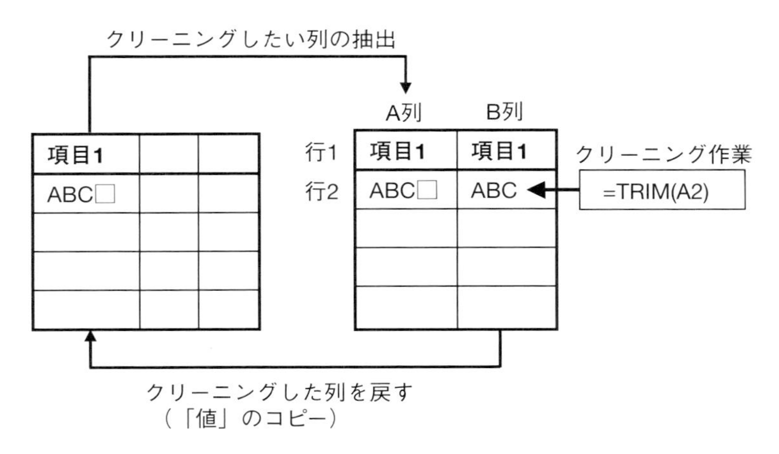

図 6.4　データクリーニング作業の基本．先頭と末尾の空白削除の例

② 先頭のセル（A1）の右隣のセル（B1）に，式として「=TRIM (A1)」と入力する．A1 から余計な空白を除去したデータが B1 に表示される．
③ B2 列を下に最後まで連続コピーする．これにより，B 列には，A 列のデータから余計な空白を除去したデータが並ぶことになる．
④ B 列を選択してコピーし，元データのクリーニングした項目の列を選択して「形式を選択して貼り付け」を選び，「値」をチェックして貼り付ける．これにより，B 列の数式ではなく，数式の結果として得られたデータそのものが貼り付けられる．また，この方法だと，元データの一部にセルの色を塗ったり文字色を変えたりしていても，影響せずに貼り付けられる．

全角のアルファベットや数字を半角にするには，ASC 関数が利用できる．具体的な作業は基本的に上記の空白削除の方法と同等で，入力する式が「=ASC(A1)」に変わる．さらに，全角半角の変換と，スペースの削除をまとめてやりたい場合は「=ASC (TRIM(A1))」と入れ子にした式にすれば良い．

属名・種小名・亜種小名から学名を組み立てる

個人的にデータベースを作成している際には気にとめる必要はないが，多くの公的なデータベースでは，属名・種小名・亜種小名といった個別の項目のほかに，それを組み合わせた学名（ダーウィン・コアの scientificName）という

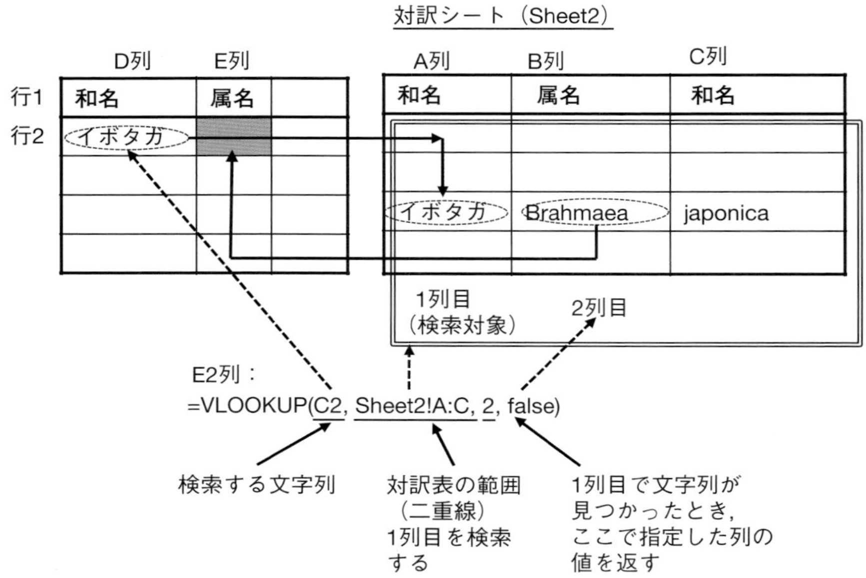

対訳シート（Sheet2）

D列 E列 A列 B列 C列

行1 和名 属名 和名 属名 和名

行2 イボタガ

イボタガ Brahmaea japonica

1列目
（検索対象）

2列目

E2列：
=VLOOKUP(C2, Sheet2!A:C, 2, false)

検索する文字列

対訳表の範囲
（二重線）
1列目を検索
する

1列目で文字列が
見つかったとき，
ここで指定した列の
値を返す

図 6.5　VLOOKUP 関数を利用した学名の補完

項目が必須なことがある．個別項目から学名を組み立てるには，文字列の足し算（連結）ができる & 演算子を用いる．命名者や記載年を追加すると煩雑なので，ここではこの 3 つの項目の連結だけを考える．

① 属名を E 列，種小名を F 列，亜種小名を G 列とする．2 行目を考えると，学名のセルに「= E2 & " " & F2 & " " & G2」と入力する．間の「" "」は，半角空白を表し，属名・種小名・亜種小名は半角空白をはさみつつ連結する，という指示になる．

② 亜種がない場合は，末尾に余計な空白が残る．この場合，指定したデータの前後にあるスペースを削除する関数である TRIM 関数を用いて，「=TRIM (E2 & " " & F2 & " " & G2)」とすれば良い．

③ 学名の列を下に最後まで連続コピーする．

和名を手がかりに学名を追加する（図 6.5）

和名と学名のように一対一関係にあるデータの場合，片方を元にもう片方を補完することができる．この作業で重要な役割を果たすのが VLOOKUP 関数である．

① 和名と学名の対訳表を用意する．チョウの和名と学名の一覧は日本産蝶類和名学名便覧（http://binran.lepimages.jp/）から，ガの和名と学名の一覧は List-MJ: 日本産蛾類総目録（http://listmj.mothprog.com/）から入手できる．

② 入手したデータをもとに，A 列に和名，B 列に属名，C 列に種小名を入れた対訳表を作成する．

③ 標本データの Excel ファイルに新しいワークシートを作成し，対訳表をコピーして貼り付ける．

④ 入力データの和名の列を D 列，属名の列を E 列とする．最初のデータの行の E 列のセル（2 行目ならセル E2）を選択し，「=VLOOKUP (D2, Sheet2!A:C, 2, FALSE)」と入力する．

⑤ 属名が入力されたセルを選択し，下に最後まで連続コピーする．これにより，E 列には，対訳表にその和名があれば，D 列の和名に対応した属名が入力される．

VLOOKUP 関数は最初に指定したセル（上記の例では「D2」）の値を，2 番目に指定した範囲（「Sheet2!A:C」これは，Sheet2 ワークシートの A 列から C 列までを表す）の左端の列から探し 3 番目で指定した数だけ右にずらした（1 だと A 列，2 だと B 列となる）対応する列の値を返す．たとえば，D2 で指定した和名が，対訳表の A 列の 256 番目すなわちセル A256 で見つかったなら，指定した B 列のセル B256 の値，すなわち和名に対応した属名が返される．同様に，「=VLOOKUP (D2, Sheet2!A:C, 3, FALSE)」とすれば，和名に対応する種小名が返される．見つからない場合には，エラーが表示される（#N/A と表示される）．

表記のゆらぎを解消する（図 6.6）

VLOOKUP の別の使い方を示そう．ここでは，県名の表記に「東京都」「神奈川県」など都道府県が入っている場合と，「東京」「神奈川」と入っていない場合を想定し，前者に統一する方法を示す．

① 都道府県の列を選択してコピーし，新しいワークシート（以下では修正用ワークシートという）の最初の列（A 列）に貼り付ける．

② さらに，もう一つ新しいワークシート（以下では対訳表ワークシートとい

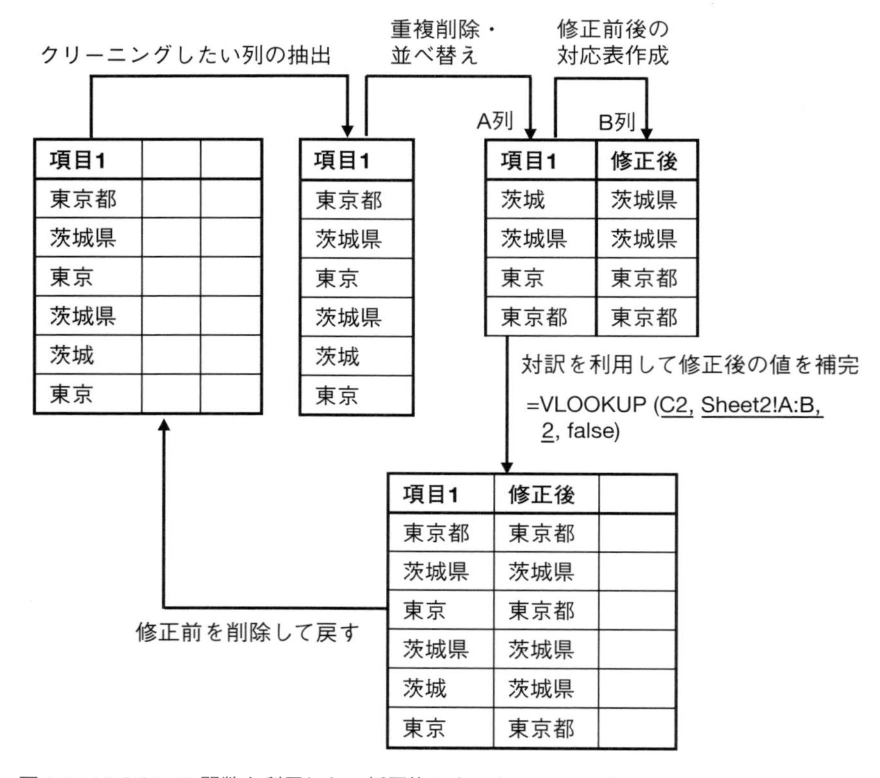

図 6.6　VLOOKUP 関数を利用した一括置換によるクリーニング

う）を用意し，同じく都道府県の列を貼り付ける．

③　対訳表ワークシートの貼り付けた列を選択し，「データ」タブの「重複の削除」を行い，さらに「並び替え」を行う．これにより，データ中に含まれるすべての入力パターンが一覧表となる．

④　A 列を B 列にコピーし，B 列で都道府県が抜けている所に適宜都道府県を入力していく．これで，A 列が修正前，B 列が修正後の表記という対訳表ができあがる．

⑤　修正用ワークシートに戻り，最初のデータ（1 行目がデータ項目とすればセル A2）の右隣のセルに，式として「=VLOOKUP (A2, Sheet2!A:B, 2, FALSE)」と入力する．

⑥　B2 列を下に最後まで連続コピーする．

⑦ B 列を選択し，元データのクリーニングした項目の列を選択して「形式を選択して貼り付け」を選び，「値」をチェックして貼り付けを実行する．

この 2 つを組み合わせて，まず和名の表記揺らぎを解消し，さらに揺らぎを解消した和名に対する学名を入力することも可能である．

(2) 電子化したデータの活用

標本データをデータベース化することで，どのような標本がどれだけあるかを調べることが容易になる．Excel を利用していれば，フィルタ機能を使って絞り込むことで，効率的にデータを探索できる．さらに，このデータを加工することで，集計や地図化なども可能になる．

自分のデータだけでなく，他の人が作成し公開したデータを組み合わせれば，その可能性は大きく広がる．標本や分布に関するデータの共有と公開に関しては，国内外で共有するプロジェクトが進んでおり，日本であれば国立科学博物館のサイエンスミュージアムネット（http://science-net.kahaku.go.jp/）や，環境省のいきものログ（http://ikilog.biodic.go.jp/），世界であれば地球規模生物多様性情報機構（http://www.gbif.org/）のウェブサイトからダウンロードできる．

ここでは，サイエンスミュージアムネットからデータを取得し，その情報を利用した集計と地図化の例をあげて，データの利用法を解説する．Excel に入力したデータから，印刷物として刊行されている標本目録のようにレイアウトされた文書を作成することも可能だが，プログラミングの知識が必要となるため本編では紹介しない．

1) サイエンスミュージアムネットからのデータ取得

まずは，公開されているデータをウェブサイトから取得する方法を解説する．例として，サイエンスミュージアムネットから北海道から記録されたアゲハチョウ科の標本データを取得してみる．

① サイエンスミュージアムネットのウェブサイト http://science-net.kahaku.go.jp/ にアクセスし，「自然史標本検索」の「詳細ページ」に移動する（図 6.7 左）．

② 科名を「アゲハチョウ」，都道府県名を「北海道」として検索する（図 6.7 右）．

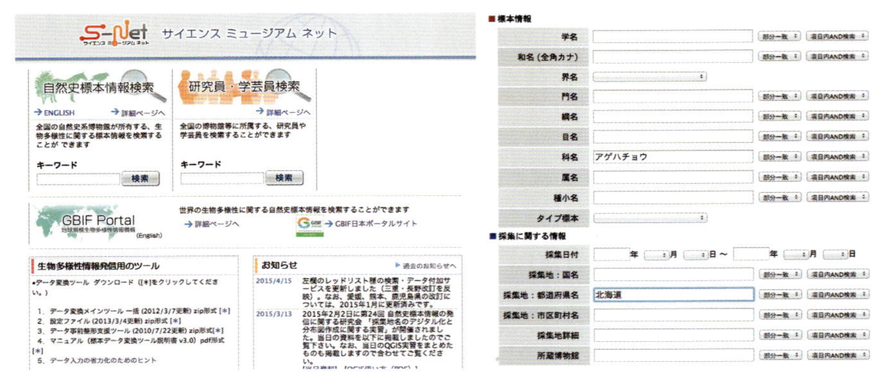

図 6.7 サイエンスミュージアムネットのウェブサイト.（左）トップページ.（右）詳細検索画面

③ 検索結果ページの下にある「ダウンロード」をクリックすると，データが Excel で読み込める形式（カンマ区切りテキスト＝CSV ファイル）でダウンロードできる.

2）各種の博物館ごとの個体数をカウントする

次に，ダウンロードしたデータを加工して，各種が何個対含まれているか，博物館ごと集計する. Excel の集計機能であるピボットテーブル機能を使う.

① ダウンロードしたファイルを Excel で読み込み，シート全体を選択して「ピボットテーブル」を作成する. ピボットテーブルは，様々な集計を行うことができる機能である.

② ピボットテーブル作成画面で，左上に項目一覧（シートの先頭行）が表示されている. これをドラッグして，行を「和名」，列を「博物館名」，値を「データの個数：和名」にすると，各種の博物館ごとの個体数が集計される.

サイエンスミュージアムネットの和名や学名にも，別名など表記の違いが見られるため，別々にカウントしてしまう. 前述した表記のゆらぎ解消の方法を用いて和名をあらかじめ統一しておくことで，回避できる.

3）分布地図を作る

緯度経度情報を地図上に表示するには，専用の GIS ソフト（QGIS, ArcGIS

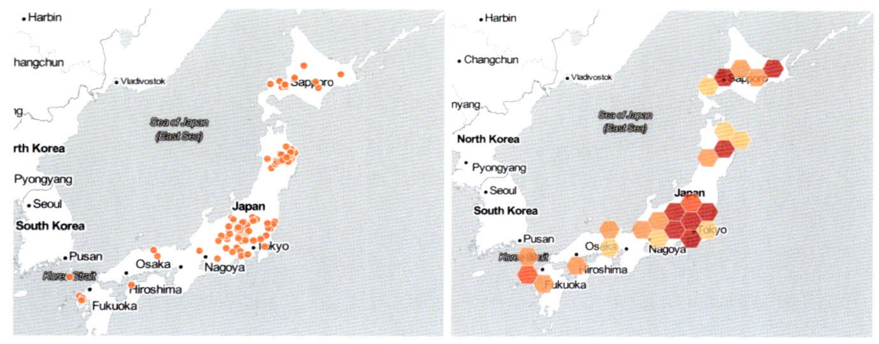

図 6.8　CartoDB で作成した分布地図．地図はサイエンスミュージアムネットから公開されているミヤマカラスアゲハの緯度経度情報を示している．左はシンプルな分布地図，右は各地域のレコード数の大小を色分けしている．背景地図は Open Street Map のデータを元に Stamen Dsign が作成したタイルマップ（Stamen Map）を使用

など）を使う方法，地図化サービス（Google map, Google earth, CartoDB など）を使う方法がある．ここでは CartoDB を使って地図を作成する方法を示す．

CartoDB は，Excel ワークシートに決められた方法で緯度と経度を入れてアップロードするだけで，様々なデータを地図上に表すことのできるシステムである．

① CartoDB のウェブサイト http://cartodb.com/ にアクセスし，予めアカウントを作成しておく．
② CartoDB に投入するデータのひな形を作成する．Excel で新しいワークシートを作成し，A1 セルに Title，B1 セルに Longitude，C1 セルに Latitude と入力する．CartoDB にこのデータを投入すると，B 列と C 列で指定された地点にポイントが打たれ，各ポイントをクリックすると A 列の内容が表示される．
③ データを入力する．簡単に試したい場合には，サイエンスミュージアムネットなどからデータをダウンロードし，標本番号を Title に，緯度経度をそれぞれのセルに貼り付ければ良い．
④ CartoDB のウェブサイトにアクセスし，ユーザー名とパスワードでログインする．
⑤「New Table」をクリックして新しい地図データを作成する．「select a file...」をクリックし，先ほど作成した Excel ファイルを選択後「Create

Table」をクリックする．

⑥ しばらく待つと，指定したデータがアップロードされる．Tableにデータが入っていることを確認後「Map View」をクリックすると，地図上に緯度経度がプロットされる．「Change base map」で背景の地図を，「Map Wizard」でデータの表示方法を．それぞれ変更できる（図6.8）．

生物多様性情報に特化したサービスとして，最近，国立環境研究所で様々な分布情報を地図上に表示（マッピング）するサービスBioWMが公開されており，この中でもファイルをアップロードすることで地図上に採集地点がプロットされる機能が提供されている．詳しくはウェブサイト（http://www.nies.go.jp/biowm/index.php?lang=jp）を参照されたい．

ここでは，標本情報のデジタル化と活用に関する基本的な概念と作業について触れた．生物多様性に関する情報を，情報技術を利用して集約・活用することを目的とした研究分野は，生物多様性情報学（あるいは生物多様性インフォマティクス）（biodiversity informatics）として確立されており，今後重要性はさらに増すと思われる．

詳しい情報が必要な場合，分類学における情報学のインパクトと利活用方法については神保（2015）を，鱗翅類の保全における分布情報の意義については神保（2016）を，生態学研究におけるダーウィン・コアを利用した生物多様性情報活用のより実践的な内容については三橋（2010）を，分布情報を用いた解析については倉島ら（2016）を，データベースとしてExcelを利用する方法については吉川（2010）を，それぞれ参照されたい．

引用文献

神保宇嗣，2015．分類学研究の新しい可能性としての情報技術と情報学．Panmixia 18: 10–18．
神保宇嗣，2016．蛾類の絶滅危惧種はどこまで分かっているのか？ 現状と今後．矢後勝也・平井規央・神保宇嗣（編）日本産チョウ類の衰亡と保護，7: 23–30．日本鱗翅学会，大阪．
倉島 治・斎藤昌幸・伊藤元己，2016．チョウ類の分布解析から分かること．矢後勝也・平井規央・神保宇嗣（編）日本産チョウ類の衰亡と保護，7: 15–21．日本鱗翅学会，大阪．
三橋弘宗，2010．生物多様性情報の整備法．鷲谷いづみ・宮下 直・西廣 淳・角谷 拓（編），保全生態学の技法 調査・研究・実践マニュアル．342 pp．東京大学出版会，東京．
吉川昌澄，2010．エンジニアのためのExcel再入門講座．173 pp．翔泳社，東京．

2. 博物館などの標本保存機関における標本の受け入れと保存

神保宇嗣

標本は研究には不可欠であるが，標本コレクションを構築するには長い年月と多くの努力が必要である．一方で，標本は，温度湿度の変化や光に弱く，対処を怠るとすぐに虫害やカビの害が生じてしまったり，脱色してしまったりするため，管理者なしで保存することは不可能である．また，研究で使用した標本は，後の研究者による再検証を担保するため，証拠標本（voucher specimen）として保存することが望ましい．

したがって，様々な調査で得られた標本や研究で用いられた証拠標本は，将来の検証や研究に寄与するように，恒久的に保存できる機関に管理を依頼することが求められる．とくに，ホロタイプなどの担名タイプ標本については，記載論文中に，標本を保存機関に供託すること，および保存期間の所在地を明記することが必須となっており（国際動物命名規約第4版 16.4），学術標本の補完と研究への利用が可能な設備を有する機関に供託することが勧告されている（同 勧告 16C）．

(1) 寄贈前の標本の準備

寄贈先の作業軽減のため，標本はできるだけ整理しておくことが望ましい．

① 標本は乾燥標本の場合は展翅し，分類群別に整理し，採集ラベル・同定ラベル・タイプラベルなどをつける．同定ラベルも個体ごとが望ましいが，余裕がない場合には分類群ごとに種名ラベルをつけても良い．

② 交尾器などのプレパラート標本がある場合には，対応関係がわかるように番号をふり，標本とプレパラート双方にラベルをつけておく．

③ DNA シークエンスを決定した標本の場合も，対応関係がわかるように個体にラベルをつけ，データを整理しておく．たとえば個体に DNA1, DNA2, …などの番号をつけ，Excel などで作成した表形式で，個体番号とアクセッション番号の一覧表を作っておくと便利である．

④ 論文誌によっては，論文中に収蔵機関から発行される標本番号を明記することが求められることがある．その場合には，寄贈依頼の際に何個体分の番号がほしいかを伝える．所蔵予定期間から受け入れ可能な連絡と番号が届いたら，その番号の仮ラベルを作整し，それぞれの標本につけておく．

図 6.9 虫体が回る場合の対応方法．（左）標本をピンセットで上げる．（中）針に接着剤をつける．（右）標本を下ろして戻す

図 6.10 昆虫針での胴体の固定．両側からV字になるように刺して固定する

⑤ 移動のことを考え，標本が針でとまっておらず回ってしまう場合には，回らないように，ピンセットで虫体を持ち上げるようにし，持ち上げたところにボンドなどの接着剤を塗り，ふたたび虫体を下げて接着する（図 6.9）．また，大型の種の場合には，昆虫針で腹部の両側を固定する（図 6.10）．標本針は箱に深く刺し，搬送中に取れないようにする．

(2) 保存機関への依頼

① 保存の依頼先を決定する．保存を依頼する機関としては，恒久的な昆虫コレクションを保存している国公立の博物館・大学博物館・研究所などが望ましい．例としては，国立科学博物館・農研機構農業環境変動研究センター（旧農業環境技術研究所）・北海道大学総合博物館・九州大学博物館などがある．情報は古いが，『新版昆虫採集学』（馬場・平嶋，2000）に，昆虫標本を所蔵する博物館および昆虫館が一覧で掲載されているほか，主な博物館の状況が解説されている（八尋，2000）．

② 依頼先に寄贈希望を連絡する．それぞれ依頼方法が異なるので，各機関の

図 6.11　移動に使う標本箱.（左）木製の小型標本箱,（右）紙製の移動用標本箱（昆虫文献　六本脚製, 現在は製造中止）

ウェブページなどに掲載されている情報を参考に，事務などの連絡先に寄贈を依頼する．依頼の際には，所属・連絡先・寄贈標本の概要・分類群・個体数・標本箱の種類と箱数などを伝える．また，前述のように，保存機関の標本番号が必要な場合には，前述のように個体数とともに依頼する．標本箱などの写真があるとより望ましい．

(3) 保存機関への寄贈

寄贈依頼後，事務あるいは標本管理担当者より受け入れ可能という連絡があった後，寄贈の手続きおよび標本の移動を行う．

① 手続きについては，受け入れ機関からの指示に従い，必要な書類などを作成する．この際に，あわせて寄贈までの流れや注意事項を確認する．標本箱数が多い大きなコレクションの場合には，郵送費用や方法について担当者と相談する．

② 実際に標本を移動する．基本的には，受け入れ先の担当者と日程調整した上で，自分で寄贈先へ持って行くのが望ましい．研究で用いられた論文の場合には，別刷を添付すると良い．小型のインロー型標本箱のほか，木製の小型標本箱やポリフォームが厚い移動用の紙製標本箱が利用しやすい（図 6.11）．

③ 自分で持って行くのが難しい場合には郵送・宅配も可能である．郵送の場合には，標本箱に深く針が刺さっていること，梱包材をあつく隙間のない

図 6.12　梱包の一例．新聞紙やエアクッションなどを活用し，できるだけ動かないようにする

図 6.13　ドイツ箱の移動．丈夫な段ボールで，上下を含む各面は発泡スチロールで保護する．標本箱を購入したときの梱包をそのまま活用している

ように詰めること，パラゾールなどは中で転がらないよう入れないことを確認し（図 6.12），「われもの」として送る．破損のリスクを考えると，ガラス板の標本箱はできれば避けたいが，ドイツ型標本箱の場合には，標本箱の梱包で使われている段ボールなどを利用して梱包する（図 6.13）．

(4) 注意点：とくに ABS との関わりについて

標本を寄贈する際の受け入れに関して，いくつか注意点を挙げておく．

保存機関に寄贈した後は，基本的に，寄贈者も例外なく，保存機関の標本資料の利用規程に従って利用することになる．したがって，寄贈した標本を借用する場合には，正規の手続きをする必要がある．

保存機関では，不正な方法で取得した標本を受け取ることはできない．特別保護地域や天然記念物など，採集許可を得て採集した標本については，該当する許可書類を一緒に提出することが望ましい．また，「絶滅のおそれのある野生動植物の種の保存に関する法律」（種の保存法）で定められた国内希少野生生物種および国際希少野生生物種（ワシントン条約附属書 I 掲載種など）など譲渡が基本的に禁止されている種の標本も注意が必要である．正当な手段で取得したこれらの種の標本を保存機関に寄贈することは可能だが，事前にそのような種の標本が含まれることを伝えるべきである．

海外についても，採集許可や輸出許可など，取得した許可書類を一緒に提出することが望ましい．また，とくに取得する標本については，生物多様性条約で定められた「遺伝資源の取得の機会及びその利用から生ずる利益の公正かつ衡平な配分（ABS）」の枠組みの元で，調査した国あるいは標本が採集された国（以下では提供国と標記する）の関連法令に従っていることを証明する書類を添付すべきである．ABSは，提供国の遺伝資源（標本を含む）を利用する際には，その利益を提供国に還元することを定めたもので，1993年12月に発効された生物多様性条約によって規定され，その国際的なガイドラインは2002年に策定された（ボン・ガイドライン）．利用には，商用だけで無く学術研究も利用に含まれ，その利益還元としては，共著論文，ワークショップやガイドブック作成などの普及活動などが考えられる．海外で調査する際には，提供国の法令に従い，提供国の政府機関との間で結ぶ「事前の情報に基づく同意（Prior Informed Consent，PIC）」，提供国の共同研究機関との間で結ぶ「相互に合意する条件（Mutual Agreed Terms，MAT）」の2つが必要である．法令が遵守されているかどうかをチェックするための国際的な枠組みが2014年10月に発効された「名古屋議定書」で定められている．この中で利用者は，利用国に設置されるチェックポイントを通じて，生物多様性条約の提供するモニタリング機関（ABSクリアリングハウス）にPICとMATの情報を登録することが求められる．これらの登録に基づき，「国際的に認められた遵守証明書（Internationally-Recognised Certificate of Compliance，IRCC）」が発行され，遺伝資源が正当に利用されていることが証明される．2015年末現在，日本では国内措置の策定段階だが，状況は刻一刻と変わっているので，最新情報をチェックすることが望ましい．ABSの概要と学術研究に関しては国立遺伝学研究所のABS学術対策チームのウェブサイトを（http://www.idenshigen.jp/），昆虫学研究との関係や課題については，荒谷（2014）や堀上（2015）などの総説を，それぞれ参照されたい．

引用文献

荒谷邦雄，2014．フォーラムABS問題に楽観視は禁物である：「名古屋議定書に関する学術関係者意見交換会」で垣間見えた危機的状況．昆蟲ニューシリーズ 17: 39-46.
堀上　勝，2015．名古屋議定書と昆虫研究の関わりについて．やどりが (244): 38-45.
八尋克郎，2000．昆虫が学べるわが国の博物館・昆虫館・昆虫の森・水族館など．馬場金太郎・平嶋義宏編，2000．新版　昆虫採集学．九州大学出版会．

和名索引

事項索引

し

す

せ

N

O

P

Q

R

執筆者一覧（ABC 順）

平井規央　HIRAI Norio

大阪府立大学農学研究科博士前期課程修了．博士（緑地環境科学）．大阪府立大学大学院生命環境科学研究科准教授．主な著書は，『日本産チョウ類の衰亡と保護第 7 集』（共同編集，日本鱗翅学会），『地球温暖化と南方性害虫』（分担執筆，北隆館）．専門は，昆虫生態学，保全生態学．チョウ類や水生動物などを中心に研究を行っている．

広渡俊哉　HIROWATARI Toshiya

別記

神保宇嗣　JINBO Utsugi

東京都立大学大学院理学研究科博士課程修了．博士（理学）．（独）国立科学博物館動物研究部研究員．主な著書は『日本の鱗翅類』（分担執筆，東海大学出版会），『日本産蛾類標準図鑑 2, 4』（分担執筆，学研教育出版）．小蛾類とくにハマキガ類の分類および系統，および生物多様性情報のデータベース化を専門にしている．

小林茂樹　KOBAYASHI Shigeki

大阪府立大学大学院生命環境科学研究科博士後期課程修了．博士（緑地環境科学）．大阪府立大学大学院生命環境科学研究科客員研究員．主な著書は，『日本産蛾類標準図鑑 3, 4』（分担執筆，学研教育出版），『絵かき虫の生物学』（分担執筆，北隆館）．チビガ科，ホソガ科の系統分類と生活史．最近は，先の分類群以外のリーフマイナーやスガ上科に含まれる小型蛾類も研究対象としている．

中　秀司　NAKA Hideshi

岐阜大学連合農学研究科博士課程修了．博士（農学）．鳥取大学農学部准教授．主な著書は，『育てて，しらべる日本の生きものずかん 7 イモムシ』（監修，集英社）．性フェロモン研究の基礎－成分同定，野外誘引試験，農業分野への応用と今後の展望．蚕糸・昆虫バイオテック 83(2): 77-92. (2014)．蛾類の性フェロモンと配偶行動を研究対象としており，近年は主にスカシバガ，ノメイガを扱っている．系統解析，個体群動態に関する研究も行っており，日本国内のキリギリスも研究対象としている．

那須義次　NASU Yoshitsugu

別記

新津修平　NIITSU Shuhei

東京都立大学大学院理学研究科博士課程修了．博士（理学）．首都大学東京大学院理工学研究科客員研究員．組織形態学的手法を用いて，鱗翅目昆虫における翅の退化機構に関する発生生物学を専門にしている．近年はミノガ科の雌特異的な翅退化と性的二型の進化的起源にも興味をもち，ミノガ科の多様性についても研究対象にしている．

大島一正　OHSHIMA Issei

北海道大学農学研究科博士課程修了．博士（農学）．京都府立大学大学院生命環境科学研究科助教．主な著書は，『絵かき虫の生物学 』（分担執筆，北隆館），『種間関係の生物学』（分担執筆，文一総合出版），『日本産蛾類標準図鑑 3, 4』（分担執筆，学研教育出版）．小蛾類，とくにホソガ科やネマルハキバガ科の体系学や，植食性昆虫における寄主適応の遺伝基盤，寄主転換に伴う種分化のメカニズムとプロセスなどを研究している．

吉安　裕　YOSHIYASU Yutaka

別記

編著者紹介

那須義次 NASU Yoshitsugu

大阪府立大学大学院農学研究科修士課程修了．博士（農学）．（地独）大阪府立環境農林水産総合研究所農業大学校講師．主な著書は，『日本の鱗翅類』（共同編集，分担執筆，東海大学出版会），『日本産蛾類標準図鑑 3, 4』（共同編集，分担執筆，学研教育出版）．ハマキガ科の系統分類を専門にしているが，鳥の巣の共生鱗翅類にも興味をもち，最近はコウモリのグアノ食の蛾も研究対象に含めている．

広渡俊哉 HIROWATARI Toshiya

九州大学大学院農学研究科単位取得退学．農学博士．九州大学大学院農学研究院教授．主な著書は，『屋内でみられる小蛾類－食品に混入するガのプロフィール』（文教出版），『絵かき虫の生物学』（編集，分担執筆，北隆館）．スイコバネガ科，ヒゲナガガ科などの原始的グループの他，潜葉性や腐食性の鱗翅類の分類学的研究を行っている．

吉安　裕 YOSHIYASU Yutaka

九州大学大学院農学研究科修士課程修了．農学博士．元京都府立大学教授．主な著書は，『日本の鱗翅類』（共同編集，分担執筆，東海大学出版会），『日本産水生昆虫－科・属・種への検索』（分担執筆，東海大学出版会）．主にメイガ上科の系統分類と生活史の研究を行っている．

鱗翅類学入門（りんしるいがくにゅうもん）
飼育・解剖・DNA研究のテクニック（しいく・かいぼう・けんきゅう）

2016年8月20日　第1版第1刷発行

編著者　那須義次・広渡俊哉・吉安　裕
発行者　橋本敏明
発行所　東海大学出版部
〒259-1292　神奈川県平塚市北金目4-1-1
TEL 0463-58-7811　FAX 0463-58-7833
URL http://www.press.tokai.ac.jp/
振替　00100-5-46614
印刷所　港北出版印刷株式会社
製本所　誠製本株式会社

 ISBN978-4-486-02111-7